上海市高校本科重点教学改革项目

智能家居设计

树莓派上的Python实现

贺雪晨　仝明磊
谢凯年　杨佳庆
编著

清華大学出版社
北京

内容简介

本书采用开源硬件树莓派 3B+/4B，通过开源软件 Home Assistant，结合 Python 程序编写，实现了"全屋智能"的智能家居设计开发。内容包括 Internet 信息服务、语音与媒体播放、摄像头与图像处理、通知提醒、家电控制等，通过物联网技术控制家中的各种设备，包括小米、亚马逊、飞利浦等的照明设备、空气净化器、扫地机器人、电源插座、智能摄像头、电动窗帘等，实现个人计算机、智能手机、平板电脑混合访问控制上述设备。

本书介绍了通过 Dlib、微软 Azure 认知服务、OpenCV 等实现人脸识别，通过 TensorFlow 实现物体识别等人工智能技术在智能家居中的应用，希望读者通过树莓派 GPIO 控制硬件设备，开启制作智能硬件之旅。

本书可作为高等院校计算机类、信息类、电子类等相关专业物联网技术相关课程的教材，也可供从事人工智能项目开发的读者参考。

图书在版编目(CIP)数据

智能家居设计：树莓派上的 Python 实现/贺雪晨等编著.—北京：清华大学出版社，2020.12(2023.3 重印)
ISBN 978-7-302-56557-4

Ⅰ.①智…　Ⅱ.①贺…　Ⅲ.①软件工具－程序设计－应用－住宅－智能化建筑－建筑设计
Ⅳ.①TU241

中国版本图书馆 CIP 数据核字(2020)第 187404 号

责任编辑：汪汉友　战晓雷
封面设计：常雪影
责任校对：时翠兰
责任印制：丛怀宇

出版发行：清华大学出版社
网　　址：http://www.tup.com.cn，http://www.wqbook.com
地　　址：北京清华大学学研大厦 A 座　　**邮　　编**：100084
社 总 机：010-83470000　　**邮　　购**：010-62786544
投稿与读者服务：010-62776969，c-service@tup.tsinghua.edu.cn
质量反馈：010-62772015，zhiliang@tup.tsinghua.edu.cn
课件下载：http://www.tup.com.cn，010-83470236
印 装 者：涿州市般润文化传播有限公司
经　　销：全国新华书店
开　　本：185mm×260mm　　**印　　张**：14.5　　**字　　数**：349 千字
版　　次：2020 年 12 月第 1 版　　**印　　次**：2023 年 3 月第 2 次印刷
定　　价：59.00 元

产品编号：086475-01

前　言

物联网是国家新兴战略产业中信息产业发展的核心领域之一，智能家居是物联网技术的重要应用。经过3年多的校企合作卓越工程师教学实践，我们采用开源硬件树莓派、开源软件 Home Assistant 并结合 Python 程序设计开发的第三代智能家居系统（“全屋智能”）解决了教学与实际应用中的脱节问题。

本书由上海电力大学“嵌入式智能技术”产教融合教学团队编写，是上海市2019年高校本科重点教学改革项目“基于人工智能应用场景的产教深度融合实践教学改革与探索”的成果，也是2019年上海市高水平应用型大学建设上海电力大学重点教改项目“新工科背景下卓越工程师培养模式探索”的成果。

本书以开源软件 Home Assistant 贯穿全书的内容。

第1章介绍“全屋智能”的背景以及 Home Assistant 所需要的 Python 环境的安装。

第2章和第3章介绍如何采用纯配置的方式实现 Internet 信息服务、语音与媒体播放、摄像头与图像处理、通知提醒、家电控制等功能。第2章还介绍了如何通过前端配置、编写代码两种方式实现自动化功能；第3章还介绍了树莓派的环境配置和 Linux 常见命令，通过 Dlib 和微软 Azure 认知服务进行人脸识别，Home Assistant 界面优化，手机访问 Home Assistant，使用 TensorFlow 进行物体识别等内容。

第4章介绍 Python 编程基础知识，以及如何通过 Python 编程增加新的组件和平台，以扩充 Home Assistant 的能力，实现二维码组件编写和 GPIO 设备控制。

第5章介绍在开源计算机视觉环境（OpenCV）下进行图像和视频处理的基本方法，通过 Python 编程在 Home Assistant 中实现人脸识别、检测和计数。

第6章应用前5章的知识进行智能音箱、魔镜两个综合项目的开发。其中，智能音箱项目完成了小米、百度等智能音箱所具有的基本功能，包括听、说以及根据听到的内容执行指定的任务等；魔镜项目实现了将镜子转换成个人助理的功能，并实现了与智能音箱的联动。

书中难免有不妥之处，恳请同行专家及读者批评指正。请将意见和建议发至邮箱 heinhe@126.com，与作者交流。

作者
2020年11月

学习资源

目　录

第1章　概　　述

智能家居是在互联网影响下物联化的体现，它通过物联网技术将家中的各种设备连接起来，提供家电控制、照明控制、电话远程控制、室内外遥控、防盗报警、环境监测、暖通控制、红外转发以及可编程定时控制等功能。

物联网教学所用的第一代智能家居系统只能通过实验箱搭建，包含温湿度传感器等器材，操作和显示都不直观。第二代智能家居系统采用沙盒技术，虽有改进，但实用性不强。以上两种方式最大的问题是学生不能直接将学到的知识应用到日常生活中。

经过3年多的校企合作，在开源硬件树莓派上，通过开源的Home Assistant，用Python程序实现了对小米、亚马逊、飞利浦等的照明设备、空气净化器、扫地机器人、电源插座、智能摄像头、电动窗帘等市场上常见品牌的电器进行控制。学生通过实践操作，能够利用个人计算机、智能手机、平板计算机混合访问实验室中的设备，实现了第三代智能家居系统——“全屋智能”。

图1.1是在2019年4月上海教育博览会现场远程展示“全屋智能”项目的情景，使用笔记本计算机远程控制实验室中的各种设备，将实验室中的摄像头拍摄的实时画面传输到手机上。图1.2是2019年5月上海教育电视台教视新闻相关报道的画面。

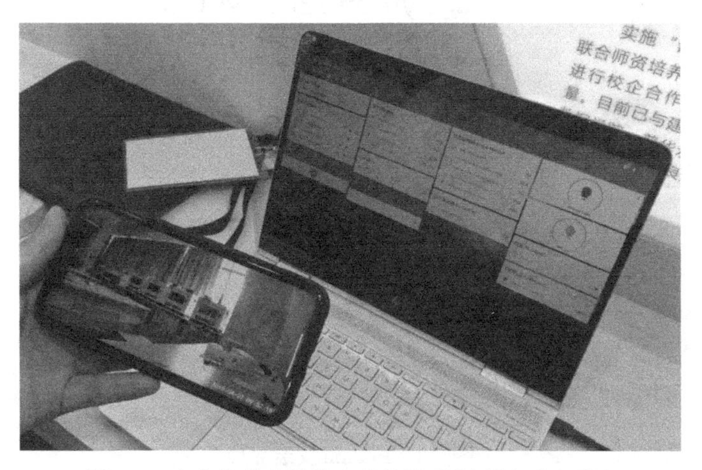

图1.1　在上海教育博览会现场展示“全屋智能”项目

由于部分读者还没有购买树莓派或对树莓派还不够熟悉，为了实现Home Assistant的快速入门，本书首先介绍在Windows环境下采用纯配置的方式对市场上常见的飞利浦灯具和小米设备等进行控制的方法；其次介绍通过树莓派如何进一步实现人脸识别和物体识别等相关功能；最后使用Python和OpenCV实现更强大的功能。

目前，“全屋智能”系统用到的Home Assistant只支持Python 3.5.2以上版本，同时TensorFlow 3.5及以上版本只支持64位的Python版本，因此在实际操作时要选择64位3.5.3或以上版本的Python。

图 1.2　教视新闻相关报道的画面

1.1　Python 安装

在 Python 官网下载页面(https://www.python.org/downloads/)选择合适的 Python 版本,下载后进行安装(或双击本书配套资源 ch1 文件夹中的 python-3.5.4-amd64.exe 文件进行安装)。安装时要选择 Add Python 3.5 to PATH 复选框,如图 1.3 所示。

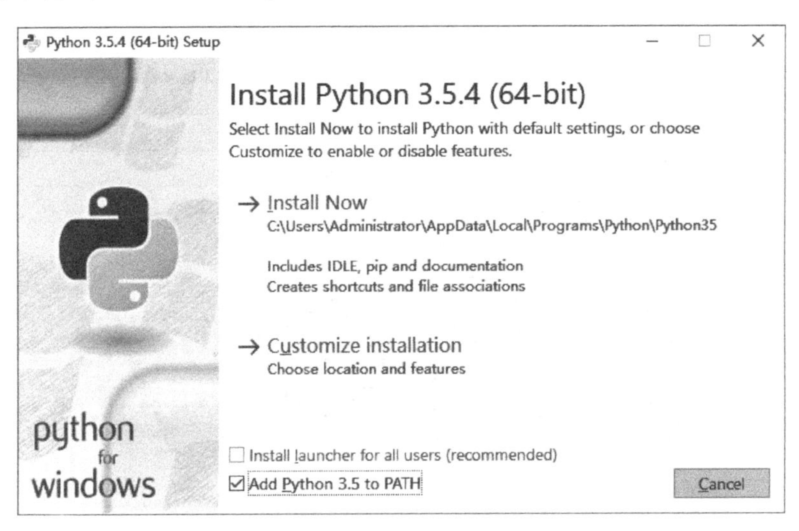

图 1.3　Python 安装界面

下面 3 种方法都可以判断 Python 是否安装成功。

(1) 在命令行输入命令 python -V,查看 Python 版本,出现如图 1.4 所示的版本信息,表示 Python 安装成功。

(2) 在命令行输入命令 python,进入编程模式(出现＞＞＞提示符),输入 print ("hello world"),出现如图 1.4 所示的 hello world(要退出编程模式,按 Ctrl＋C 键即可),表示 Python 安装成功。

(3) 右击本书配套资源 ch1 文件夹中的 Python 程序文件 hello.py,用 IDLE 打开该文件,按 F5 键运行程序,出现如图 1.5 所示的内容,表示 Python 安装成功。

```
管理员: C:\Windows\system32\cmd.exe
Microsoft Windows [版本 10.0.17763.107]
(c) 2018 Microsoft Corporation。保留所有权利。

C:\Users\Administrator>python -V
Python 3.5.4

C:\Users\Administrator>python
Python 3.5.4 (v3.5.4:3f56838, Aug  8 2017, 02:17:05) [MSC v.1900 64 bit (AMD64)] on win32
Type "help", "copyright", "credits" or "license" for more information.
>>> print ("hello world")
hello world
>>>

C:\Users\Administrator>
```

图 1.4　在命令行验证安装是否成功

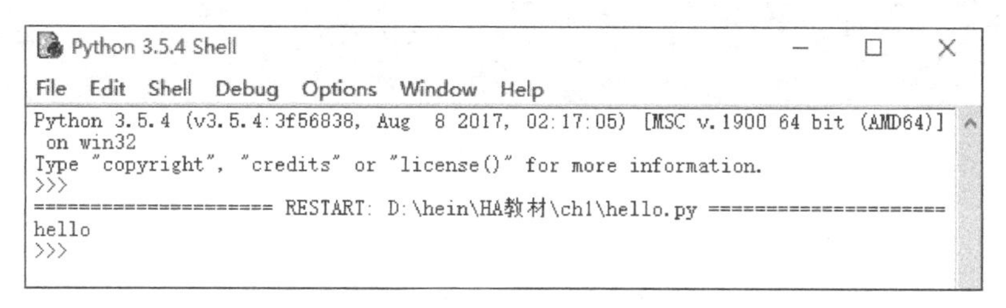

图 1.5　运行程序验证 Python 安装成功

1.2　查看安装的库

安装 Python 时会自动安装 pip。pip 是通用的 Python 包管理工具，提供了对 Python 包的查找、下载、安装、卸载等功能。

在命令行输入命令 pip3 list，可以查看已经安装的库。如果出现如图 1.6 所示的信息，说明 pip 版本需要升级。

```
命令提示符
Microsoft Windows [版本 10.0.16299.611]
(c) 2017 Microsoft Corporation。保留所有权利。

C:\Users\Administrator>pip3 list

pip (9.0.1)
setuptools (28.8.0)
You are using pip version 9.0.1, however version 19.1 is available.
You should consider upgrading via the 'python -m pip install --upgrade pip' command.

C:\Users\Administrator>
```

图 1.6　表明 pip 需要升级的信息

根据图 1.6 中的提示信息，在命令行输入命令 python -m pip install --upgrade pip 进行升级。升级完成后，再次执行命令 pip3 list，可以看到已经安装的库，如图 1.7 所示。

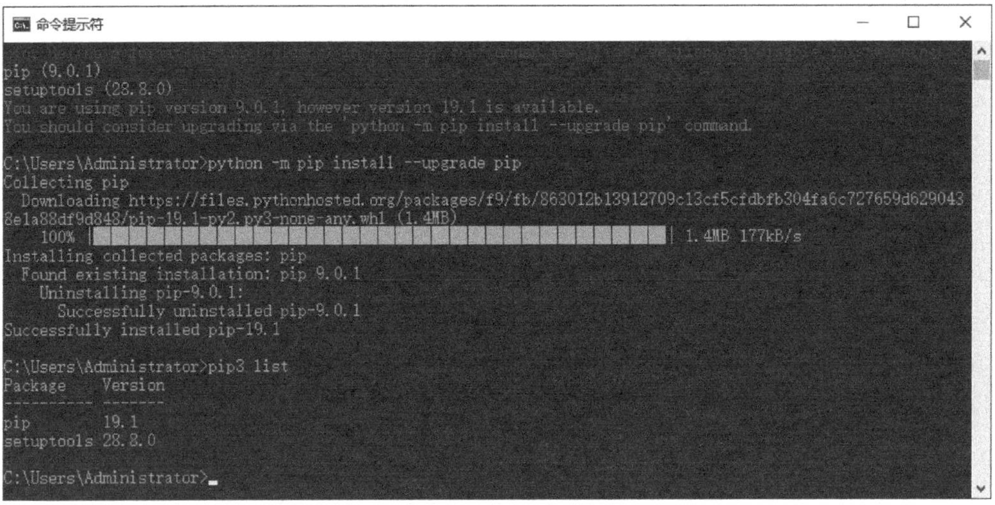

```
pip (9.0.1)
setuptools (28.8.0)
You are using pip version 9.0.1, however version 19.1 is available.
You should consider upgrading via the 'python -m pip install --upgrade pip' command.

C:\Users\Administrator>python -m pip install --upgrade pip
Collecting pip
  Downloading https://files.pythonhosted.org/packages/f9/fb/863012b13912709c13cf5cfdbfb304fa6c727659d629043
8e1a88df9d848/pip-19.1-py2.py3-none-any.whl (1.4MB)
    100% |████████████████████████████████| 1.4MB 177kB/s
Installing collected packages: pip
  Found existing installation: pip 9.0.1
    Uninstalling pip-9.0.1:
      Successfully uninstalled pip-9.0.1
Successfully installed pip-19.1

C:\Users\Administrator>pip3 list
Package    Version
---------- -------
pip        19.1
setuptools 28.8.0

C:\Users\Administrator>
```

图 1.7　已经安装的库

1.3　思　考　题

1. 如果需要同时安装多个 Python 版本,如何进行?

2. 了解 Anaconda、Miniconda 的作用,尝试进行安装。

第 2 章　Home Assistant

Home Assistant 是一个基于 Python 3 开发的家庭自动化平台。Home Assistant 是开源的，它不属于任何商业公司，用户可以免费使用。

基于 Home Assistant，可以跟踪和控制家庭中的各种外部设备（如智能设备、摄像头、邮件、短消息、云服务等，成熟的、可以连接的组件有近千种，详见 Home Assistant 官网 https://www.home-assistant.io）。其中涉及各种商业化的智能产品（如小米公司的系列产品、飞利浦公司的智能灯系列、亚马逊公司的音响、苹果公司的 Siri、Google Assistant、博联公司的产品、特斯拉公司的汽车等），互联网上的各种实时信息（股票、汇率、交通、天气等），开源或开放的各种智能软件（如人脸识别、车牌识别、文字识别、文字转语音、语音转文字等），以及各种联动机制（如短信、电子邮件等）。

通过简单的安装与配置（不需要编程开发），就可以方便地手动或按照自己的需求自动联动这些外部设备，实现自动化控制。

hass 是 Home Assistant 运行的程序实例（进程），运行在操作系统之上，Python 环境为其提供必要基础的支持。作为 Home Assistant 的使用者，并不需要掌握 Python 编程语言，只要能够安装它的环境就可以了。

2.1　安装和测试 Home Assistant

不管是在 Windows、Mac OS 还是在 Linux（包括树莓派的嵌入式 Linux）上，都可以用常规的方式安装 Home Assistant。

1. 安装 Home Assistant

在已正确安装并能正常运行 Python 3 后，在命令行执行命令 pip3 install homeassistant 进行 Home Assistant 的下载和安装。安装时会下载一些库文件，时间会比较长。

如果下载过程中出现如图 2.1 所示的错误，再次执行上述命令即可（如果要安装指定版本，安装时可以在命令中指定版本信息，如 pip3 install homeassistant==0.86.2）。

图 2.1　下载过程中可能出现的错误

安装成功后，执行命令 pip3 list，查看安装 Home Assistant 后的库文件，如图 2.2 所示。对比图 1.6，可以发现在安装 Home Assistant 时又安装了一些库文件。

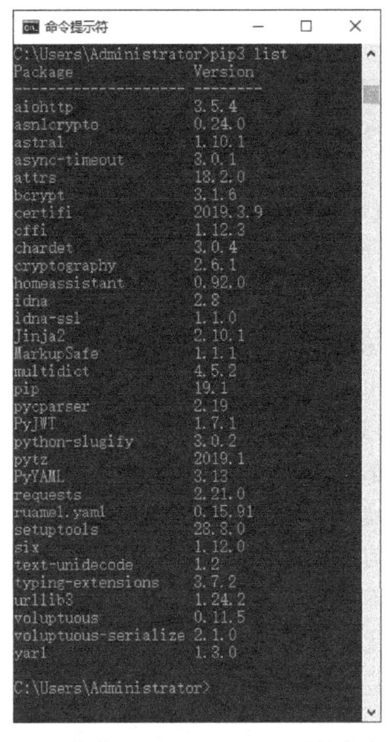

图 2.2　安装 Home Assistant 后的库文件

2. 启动 Home Assistant

Home Assistant 安装完成后，在命令行中输入 hass，启动系统。

Home Assistant 启动的机制如下：

(1) 读取配置文件。

(2) 如果没有与配置文件中包含的组件对应的依赖库，会自动从网络下载相应的库文件并进行安装。

hass 由两部分组成：内核(core)和组件(component)。如果将 hass 比作人体的神经系统，那么内核就是中枢神经系统(大脑)，组件就是周围神经系统。

hass 内核并不与外部世界直接互动，而是通过组件连接外部世界。这类似于大脑并不直接与感觉器官、运动器官连接，而是通过周围神经系统进行连接。例如，light.hue 组件负责与飞利浦 HUE 智能灯进行互动。

当 hass 第一次启动或者升级版本时，因为大量组件依赖的库没有被安装，因此可能会有比较大的安装工作量，甚至网络不好的时候会安装失败(如果发生这种情况，可以关闭再启动命令行界面，多运行几次)。这就是 hass 第一次启动时间往往会比较长的原因。

当出现 Timer:starting 时，表示 Home Assistant 服务器启动成功，如图 2.3 所示。

3. 访问 Home Assistant

通过浏览器访问 Home Assistant，建议使用谷歌公司的浏览器 Chrome。

(1) 在浏览器中输入 127.0.0.1:8123 访问 Home Assistant，第一次访问时需要创建账户，如图 2.4 所示。

(2) 单击“创建账户”按钮。创建账户后的登录界面如图 2.5 所示。

```
C:\Windows\system32\cmd.exe - hass
2019-03-20 13:18:48 INFO (MainThread) [homeassistant.setup] Setup of domain pers
on took 0.3 seconds.
2019-03-20 13:18:48 INFO (MainThread) [homeassistant.setup] Setting up default_c
onfig
2019-03-20 13:18:48 INFO (MainThread) [homeassistant.setup] Setup of domain defa
ult_config took 0.0 seconds.
2019-03-20 13:18:50 ERROR (MainThread) [homeassistant.core] Error doing job: Exc
eption in callback _ProactorReadPipeTransport._loop_reading(<_OverlappedF...op_r
eading()]>)
Traceback (most recent call last):
  File "c:\users\gc\appdata\local\programs\python\python36-32\lib\asyncio\events
.py", line 145, in _run
    self._callback(*self._args)
  File "c:\users\gc\appdata\local\programs\python\python36-32\lib\asyncio\proact
or_events.py", line 190, in _loop_reading
    data = fut.result()  # deliver data later in "finally" clause
asyncio.base_futures.InvalidStateError: Result is not set.
2019-03-20 13:18:50 INFO (MainThread) [homeassistant.setup] Setup of domain sens
or took 1.9 seconds.
2019-03-20 13:18:50 INFO (MainThread) [homeassistant.bootstrap] Home Assistant i
nitialized in 2.58s
2019-03-20 13:18:50 INFO (MainThread) [homeassistant.core] Starting Home Assista
nt
2019-03-20 13:18:50 INFO (MainThread) [homeassistant.core] Timer:starting
```

图 2.3　Home Assistant 服务器启动成功

Home Assistant

准备好唤醒你的家、找回你的隐私，并加入世界级的极客社区了吗?

让我们从创建用户账户开始吧。

姓名

hein

用户名

hein

密码

•••••••••

确认密码

•••••••••

创建账户

图 2.4　第一次启动时创建账户

图 2.5　登录界面

(3) 单击 NEXT 按钮，Home Assistant 首页如图 2.6 所示。

4. YAML 文件

在配置目录(Window 的%APPDATA%一般位于 C:\Users\用户名\AppData\Roaming\,如 C:\Users\Administrator\AppData\Roaming\.homeassistant)下有一个文件名为 configuration.yaml，这就是 Home Assistant 的主配置文件，包含了要加载的组件以及这些组件的配置信息。

YAML 是一种可读性高、用来表达资料序列的编程语言。YAML 参考了其他多种语言(包括 XML、C、Python、Perl)以及电子邮件格式 RFC 2822，是专门用来编写配置文件的语言，语法简洁，功能强大。

需要注意的是，YAML 是一个对缩进以及空格等元素敏感的编程语言，而 configuration.yaml 中的语法错误会导致 Home Assistant 无法正常运行。

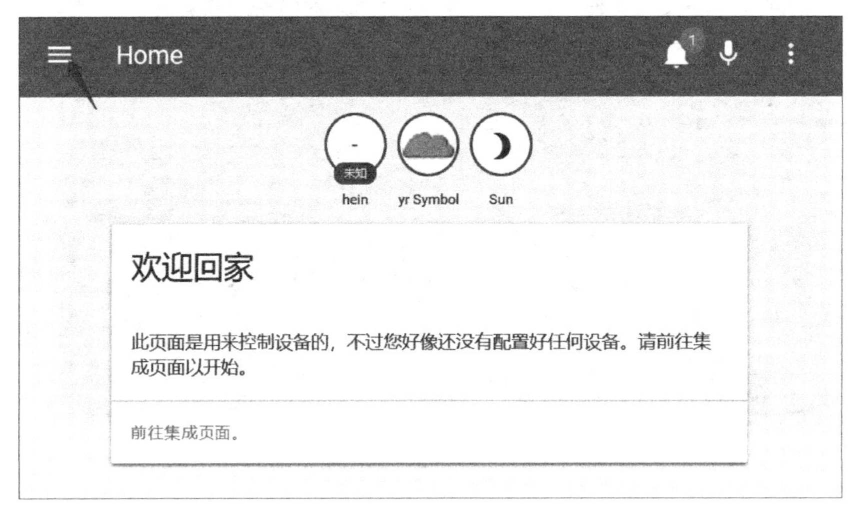

图 2.6　Home Assistant 首页

YAML 基本语法规则如下：

(1) 区分大小写。

(2) 使用缩进表示层级关系。

(3) 缩进时不允许使用 Tab 键，只允许使用空格键。

(4) 缩进的空格数目不重要，只要相同层级的元素左侧对齐即可。

建议配置文件采用 Notepad++ 等代码编辑器进行编辑。对配置文件进行更改后，需要重新启动 Home Assistant 使新的配置生效。

5. 主配置文件

图 2.7 是主配置文件 configuration.yaml 的内容。

主配置文件决定 Home Assistant 加载哪些组件，以及这些组件该如何运行。例如，sensor.yr 组件的配置信息可以包含获取哪个地方的、什么时间的天气预报，tts 组件的配置信息指定采用哪种文字转语音服务组件。

以图 2.7 中的配置为例，有一些信息对于 Home Assistant 来说是基础性的，例如名字、位置、时区等。这些信息配置在 homeassistant 域中，如表 2.1 所示，均为可选配置项。

表 2.1　主配置文件 homeassistant 域中的基础配置项

基础配置项	说　　明
name	一般设置为 Home Assistant 所在的空间位置名称
latitude	纬度，在有些组件中会用到此信息，例如天气预报、位置追踪
longitude	经度，在有些组件中会用到此信息，例如天气预报、位置追踪
elevation	海拔高度(单位：米)，在有些组件中会用到此信息，例如天气预报

续表

基础配置项	说　　明
unit_system	度量衡单位，metric 代表公制，imperial 代表英制
time_zone	时区，可以从 http://en.wikipedia.org/wiki/List_of_tz_database_time_zones 中选择
customize	定制一个实体(entity)的属性值

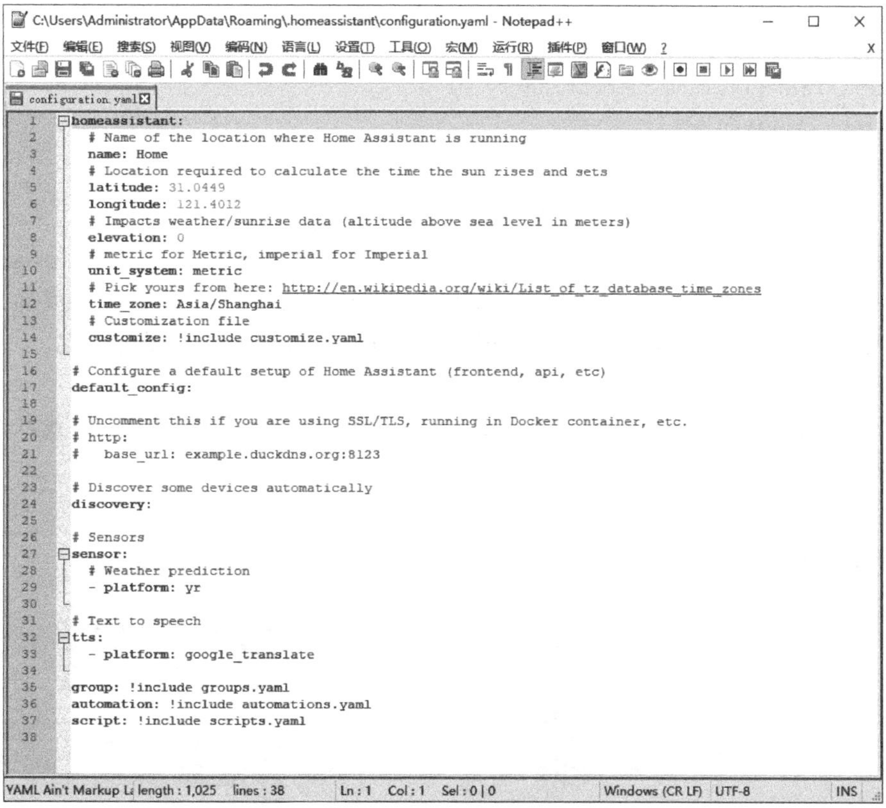

C:\Users\Administrator\AppData\Roaming\.homeassistant\configuration.yaml - Notepad++

文件(F) 编辑(E) 搜索(S) 视图(V) 编码(N) 语言(L) 设置(T) 工具(O) 宏(M) 运行(R) 插件(P) 窗口(W) ?

configuration.yaml

```
homeassistant:
  # Name of the location where Home Assistant is running
  name: Home
  # Location required to calculate the time the sun rises and sets
  latitude: 31.0449
  longitude: 121.4012
  # Impacts weather/sunrise data (altitude above sea level in meters)
  elevation: 0
  # metric for Metric, imperial for Imperial
  unit_system: metric
  # Pick yours from here: http://en.wikipedia.org/wiki/List_of_tz_database_time_zones
  time_zone: Asia/Shanghai
  # Customization file
  customize: !include customize.yaml

# Configure a default setup of Home Assistant (frontend, api, etc)
default_config:

# Uncomment this if you are using SSL/TLS, running in Docker container, etc.
# http:
#   base_url: example.duckdns.org:8123

# Discover some devices automatically
discovery:

# Sensors
sensor:
  # Weather prediction
  - platform: yr

# Text to speech
tts:
  - platform: google_translate

group: !include groups.yaml
automation: !include automations.yaml
script: !include scripts.yaml
```

YAML Ain't Markup La length : 1,025 lines : 38 Ln : 1 Col : 1 Sel : 0 | 0 Windows (CR LF) UTF-8 INS

图 2.7　主配置文件内容

只要记住 4 条规则，就能理解 Home Assistant 的主配置文件。

(1) 井号(#)右边的文字用于注释，不起实际作用。

(2) 冒号(:)左边的字符串代表配置项的名称，冒号右边是配置项的值。例如，图 2.7 中的“time_zone:”右边的值 Asia/Shanghai 表示选择的时区。

(3) 如果冒号右边是空的，那么从下一行开始，所有缩进的行都是这个配置项的值，例如图 2.7 中的 sensor 和 tts。

(4) 如果配置项的值以连字符(-)开始，则表示这个配置项有若干个并列的值(也可能仅有一个值)，每个值都以相同缩进位置的连字符开始。

6. 基本语法规则

如果检查主配置文件时出现错误，可以首先从以下几方面尝试消除错误：

(1) 冒号和连字符后面要加一个空格。

(2) 缩进必须使用空格(不能按 Tab 键),一般用两个空格代表一层缩进。

(3) 如果在配置文件中存在中文字符,必须保存为 utf-8 编码格式。

当 configuration.yaml 文件越来越大的时候,可以将其拆分成若干文件,以方便阅读和编辑。

在默认的 configuration.yaml 中,通过"!include"可以在主配置文件中包含子配置文件。例如,可以在图 2.7 所示的 configuration.yaml 中包含以下 3 行语句(具体含义在后面的相应内容中介绍)。

```
group: !include groups.yaml
automation: !include automations.yaml
script: !include scripts.yaml
```

2.2 修改经纬度

单击图 2.6 左上角箭头所指的按钮,选择"地图"选项,出现系统默认经纬度的地图,默认经纬度由主配置文件 configuration.yaml 中的 latitude 和 longitude 的值确定。

修改经纬度的步骤如下:

(1) 访问 http://www.gpsspg.com/maps.htm,输入"上海电力大学",查找其经纬度,如图 2.8 所示。

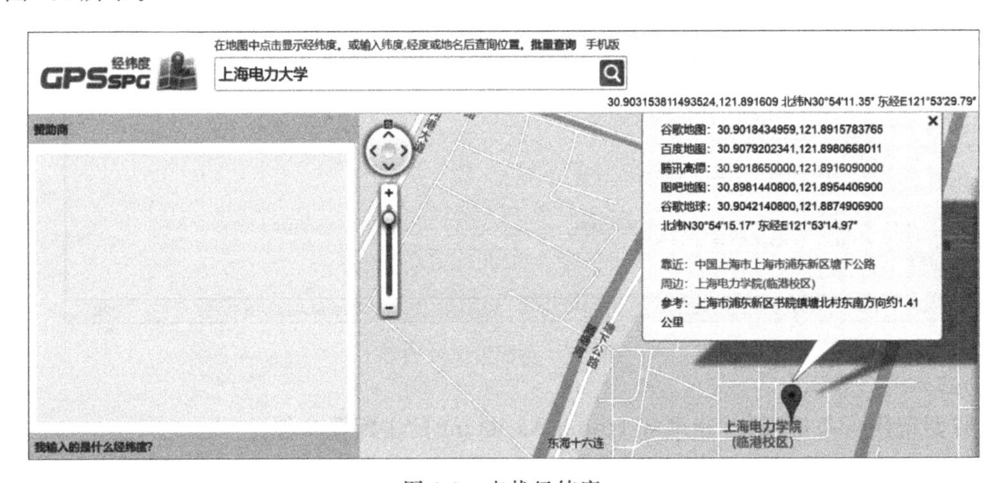

图 2.8 查找经纬度

(2) 使用代码编辑器打开 configuration.yaml 文件,修改 latitude 为 30.9032、longitude 为 121.8916,保存文件。

(3) 单击"配置"|"通用"|"检查配置"按钮,显示"配置有效!",如图 2.9 所示,说明 configuration.yaml 文件没有语法错误。

(4) 单击下方的"重启服务"按钮,重启 Home Assistant。

(5) 重启后,单击"地图",用鼠标缩放地图,可以看到上海电力大学临港校区的地理位置,如图 2.10 所示。

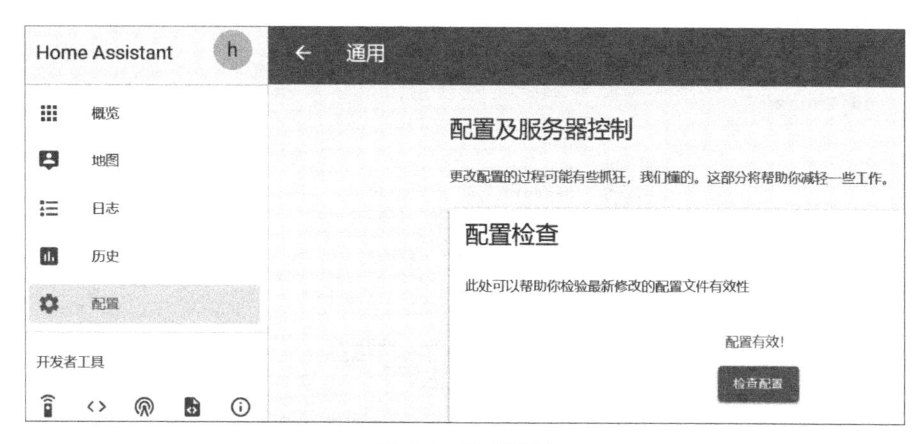

图 2.9　检查配置

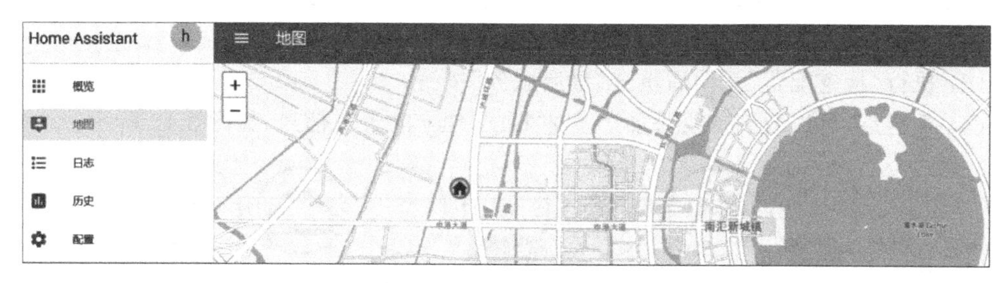

图 2.10　展现地理位置

2.3　Internet 信息服务中的天气预报

启动 Home Assistant 后，默认的天气信息 yrSymbol 比较简单（如图 2.6 中的 yrSymbol 图标所示），在主配置文件 configuration.yaml 中由下列两行代码实现：

```
sensor:
  -platform: yr
```

Dark Sky 是美国著名的天气服务提供商，可以提供世界多地详细的天气实况及预报服务，包括降水、温度、湿度、风速、风向、气压、能见度、臭氧浓度、紫外线强度等。

添加 Dark Sky 天气预报的步骤如下：

（1）访问 Dark Sky 官网 https://darksky.net/dev/register，注册 Dark Sky API，获取密钥（secret key）。

（2）修改配置文件 configuration.yaml，在- platform：yr 后按 Enter 键，在如图 2.11 所示的位置添加如下代码：

```
-platform:darksky
 api_key:（此处为注册时获取的密钥）
 monitored_conditions:
   -summary
```

```
-minutely_summary
-hourly_summary
-uv_index
```

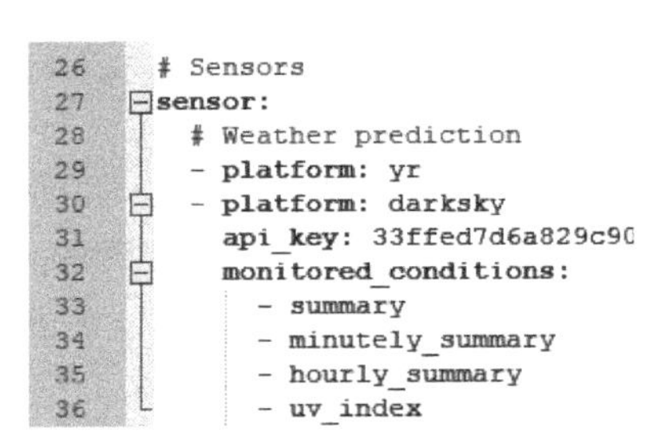

```
26  # Sensors
27  sensor:
28    # Weather prediction
29    - platform: yr
30    - platform: darksky
31      api_key: 33ffed7d6a829c9C
32      monitored_conditions:
33        - summary
34        - minutely_summary
35        - hourly_summary
36        - uv_index
```

图 2.11　添加 Dark Sky 天气服务组件

其中，summary 为概述，minutely_summary 为未来 1h 概述，hourly_summary 为明日概述，uv_index 为紫外线强度，详见其官网中的说明。

(3) 执行“检查配置”无误后单击“重启服务”按钮。

(4) 重启后，可以看到首页添加了上述 Dark Sky 的天气信息，如图 2.12 所示。

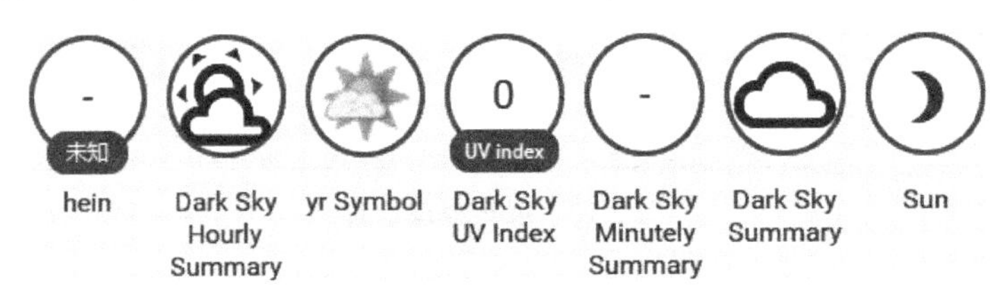

图 2.12　Dark Sky 天气信息

2.4　语音与媒体播放器——百度语音与 Kodi

百度语音提供对自然语言文本的解析服务，它可以基于 HTTP 请求，将文本转换为可以播放的音频。

百度语音支持中文、英文、中英文混读合成，基础音库和精品音库共提供 9 种发音人供选择，适用于泛阅读、订单播报、智能硬件等应用场景。

(1) 泛阅读。通过阅读类 App 阅读小说或新闻时，使用语音合成技术为用户提供多种发音人的朗读功能，解放人的双手和双眼。

(2) 订单播报。应用于打车软件、餐饮叫号、排队软件等场景，通过语音合成进行订单播报，以便乘客、顾客便捷获得通知信息。

(3) 智能硬件。集成到儿童故事机、智能机器人、平板设备等智能硬件设备中，使用户与设备的交互更自然、更亲切。

百度语音支持多种参数配置，可根据场景需求对发音人的语速、音调、音量进行灵活设置，以满足个性化需求。

2.4.1 创建百度语音应用

类似于2.3节的Dark Sky天气服务，大部分的应用都需要API Key，百度语音服务的申请步骤如下：

(1) 访问百度云官网(https://cloud.baidu.com)，注册、登录账户后，单击图2.13中的"百度语音"。

图2.13 百度云提供的百度语音服务

(2) 进入百度语音，单击"创建应用"按钮后可以在"应用列表"中查看并记录Home Assistant的AppID、API Key和Secret Key，如图2.14所示。

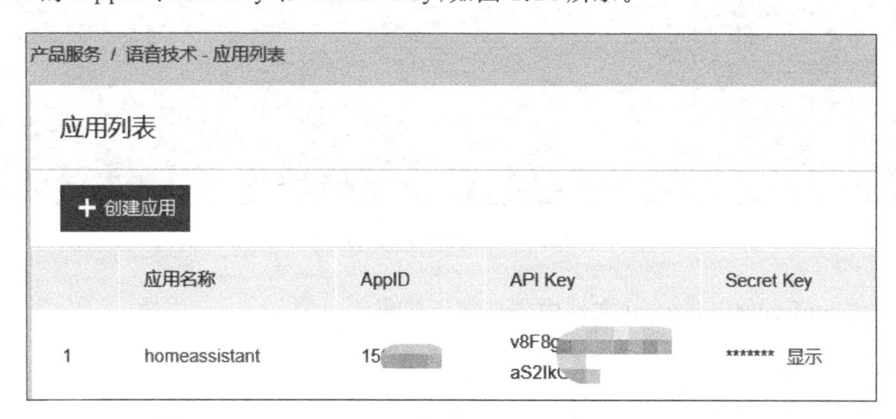

图2.14 Home Assistant的AppID、API Key和Secret Key

2.4.2 配置Home Assistant

修改configuration.yaml文件tts域中的内容，代码如下：

```
tts:
```

```
  -platform: baidu
   app_id: (此处为注册时获得的 AppID)
   api_key: (此处为注册时获得的 API Key)
   secret_key: (此处为注册时获得的 Secret Key)
```

保存文件,单击“检查配置”按钮,确认无误后,单击“重启服务”按钮使配置生效。重新启动过程中将自动安装 Home Assistant 所需的其他依赖组件。

2.4.3 使用 Kodi 进行语音播报

Kodi 是一个开源的媒体播放软件,支持 Windows、Linux、MacOS、Android、iOS 等多种操作系统。Home Assistant 中的 Kodi 组件连接 Kodi 媒体播放软件,通过服务调用进行声音播放。

在 Kodi 安装完成之后,使用 Kodi 的步骤如下:

(1) 选择 Settings Services | Control,开启 Allow remote control via HTTP 选项,如图 2.15 所示,以便 Home Assistant 通过网络控制 Kodi 系统。

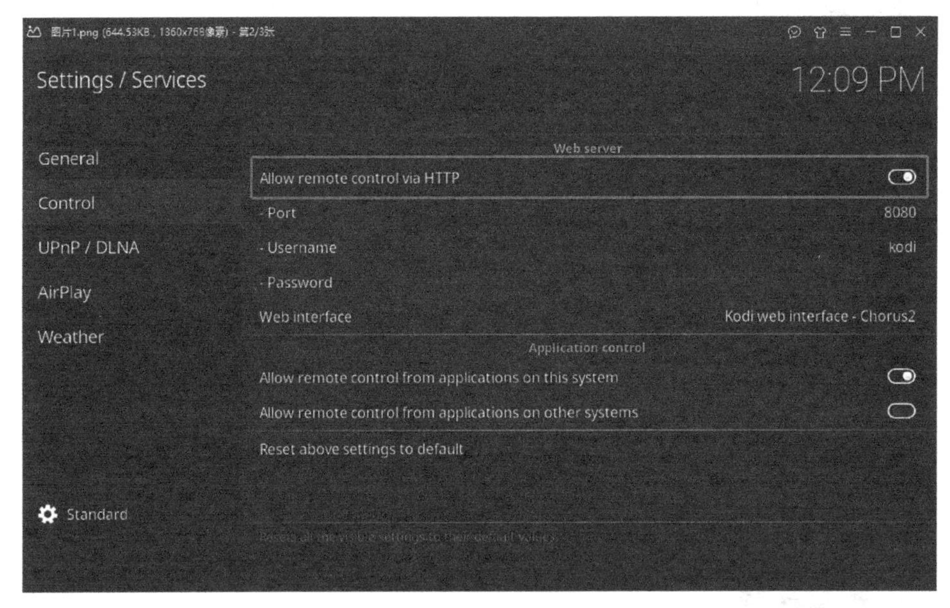

图 2.15 设置 Kodi 播放器

(2) 在 configuration.yaml 文件中添加如下代码:

```
media_player:
  -platform: kodi
   host: 127.0.0.1
```

(3) 单击“检查配置”按钮,确认无误后,单击“重启服务”按钮,在 Home Assistant 页面中出现 Kodi 播放器,如图 2.16 所示。开启 Kodi 后(一般将其最小化),就可以进行语音播放了。

(4) 单击图 2.16 中箭头所指的按钮,出现如图 2.17 所示的对话框。

图 2.16　Home Assistant 中的 Kodi 播放器

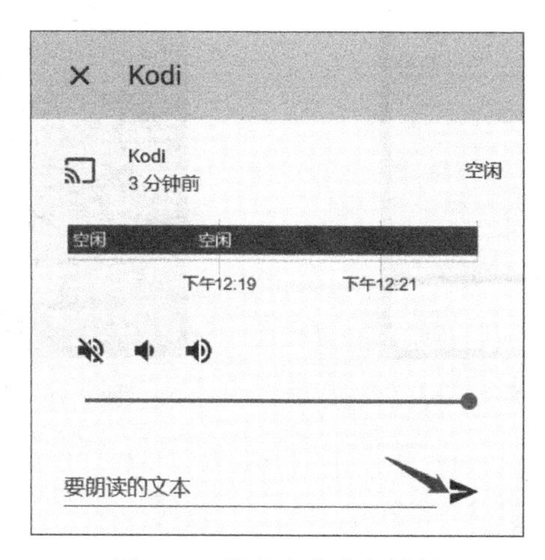

图 2.17　输入文字进行播报

(5) 输入要朗读的文本，单击图 2.17 中箭头所指的播放按钮，就可以听到输入的中英文文本所对应的语音了。

2.5　摄像头与图像处理——IP 摄像头

通过在手机上安装 IP 摄像头(ip_webcam) App，将手机作为 Home Assistant 的摄像头使用。利用该 App 可远程调整拍摄参数，还可以实现根据画面内容变化情况进行报警等功能。

2.5.1　安装 IP 摄像头

在手机应用市场搜索"IP 摄像头"，安装后进行设置，步骤如下。

(1) 记录手机的默认配置，如 192.168.2.108:8081(手机与 Home Assistant 必须位于同一个局域网中)，单击图 2.18 中箭头所指的菜单按钮。

(2) 选择菜单中的"设置"命令，出现如图 2.19 所示的"设置"页面。

(3) 将端口号 8081 改成 8080，去除用户名和密码。

2.5.2　修改配置文件

修改配置文件 configuration.yaml，步骤如下。

(1) 添加如下代码：

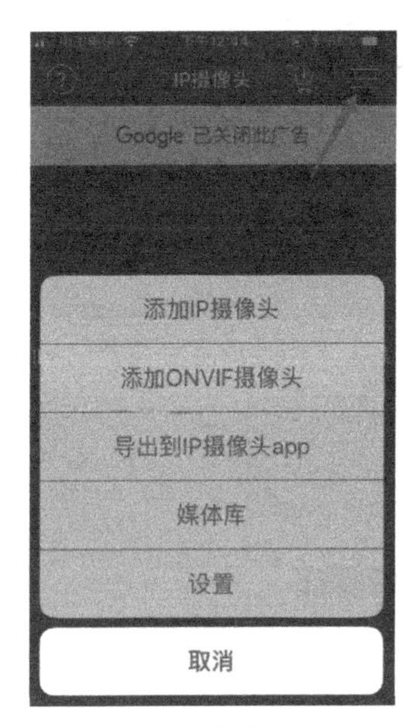

图 2.18　IP 摄像头 App

图 2.19　“设置”页面

```
android_ip_webcam:
  -host: 192.168.2.108
```

(2) 单击“检查配置”按钮，确认无误后，单击“重启服务”按钮。页面中新增 IP Webcam 卡片，如图 2.20 所示。

图 2.20　Home Assistant 中新增的 IP Webcam

(3) 单击 IP Webcam，页面中出现手机摄像头拍摄的实时画面，如图 2.21 所示。

图 2.21　IP Webcam 播放实时画面

2.6 利用 Twilio 实现通知提醒

利用 Twilio 提供的免费云服务，可以发送定制的短信到指定的手机，实现通知提醒功能，具体步骤如下：

(1) 在 Twilio 官网(https://twilio.com)上注册，获取 ACCOUNT SID 和 AUTH TOKEN，如图 2.22 所示。

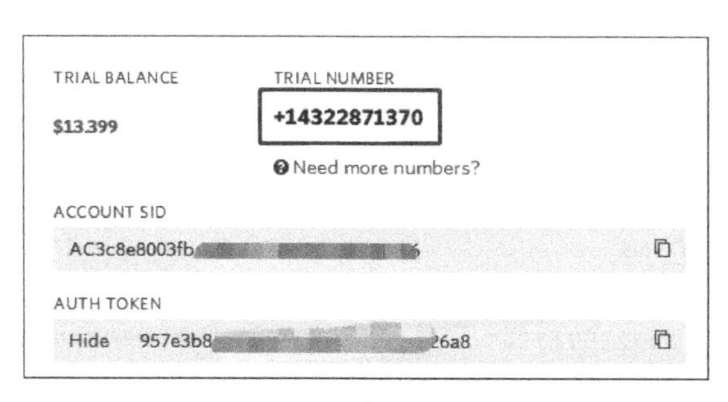

图 2.22　获取 ACCOUNT SID 和 AUTH TOKEN

(2) 在命令行中输入命令 pip3 install twilio，安装 Twilio 组件。

(3) 进入 Home Assistant 页面，选择“配置”|“脚本”，单击“+”按钮，创建脚本。

(4) 在如图 2.23 所示的脚本编辑页面中输入参数 Name 为 SMS，“服务”为 notify.my_twilio_sms，“服务数据”如下：

```
{
  "message": "hello!",
  "target": [
```


图 2.23　脚本编辑

```
    "+86××××××××××××"
  ]
}
```

其中,××××××××××××为接收短信的手机号码。

(5) 单击“检查配置”按钮,确认无误后,单击“重启服务”按钮。前端“概览”页面上显示如图 2.24 所示的“脚本”卡片。

(6) 在配置文件 configuration.yaml 中添加如下代码:

```
twilio:
  account_sid: (此处为注册时获取的 ACCUNT SID)
  auth_token: (此处为注册时获取的 AUTH TOKEN)
notify:
  - name: my_twilio_sms
    platform: twilio_sms
    from_number: "+14322871370"
```

其中,14322871370 来自图 2.22,是注册时系统分配的号码。

(7) 在图 2.24 中单击“执行”按钮,触发脚本执行。

(8) 手机收到短信,如图 2.25 所示(来电手机号码是系统随机产生的)。

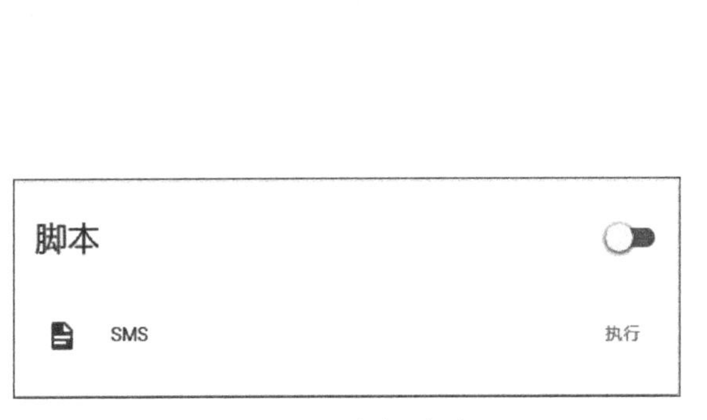

图 2.24 “脚本”卡片

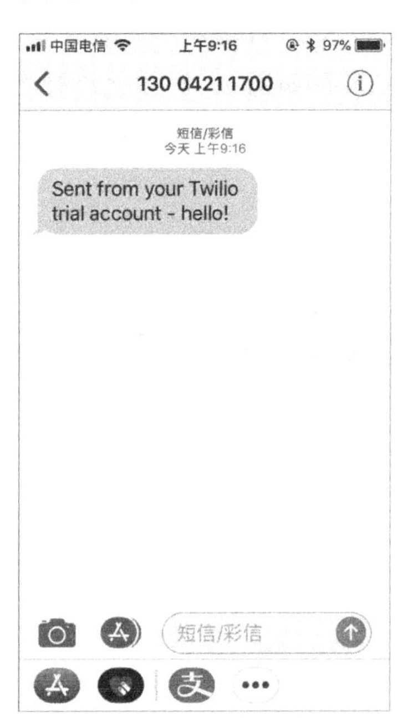

图 2.25 手机接收短信

2.7 家电控制——飞利浦灯具

智能家居是一个系统工程,设备之间的通信就是基础建设。消费级智能家居硬件设备的爆发式增长,使得人们能够轻松地搭建个人智能家居系统,而平台与产品的多样性也带来了多种多样的通信方式,如 ZigBee、蓝牙、WiFi、LAN 等。

Home Assistant 兼容的设备如图 2.26 所示,其中包括飞利浦 Hue,它可以直接集成在 Home Assistant 中。

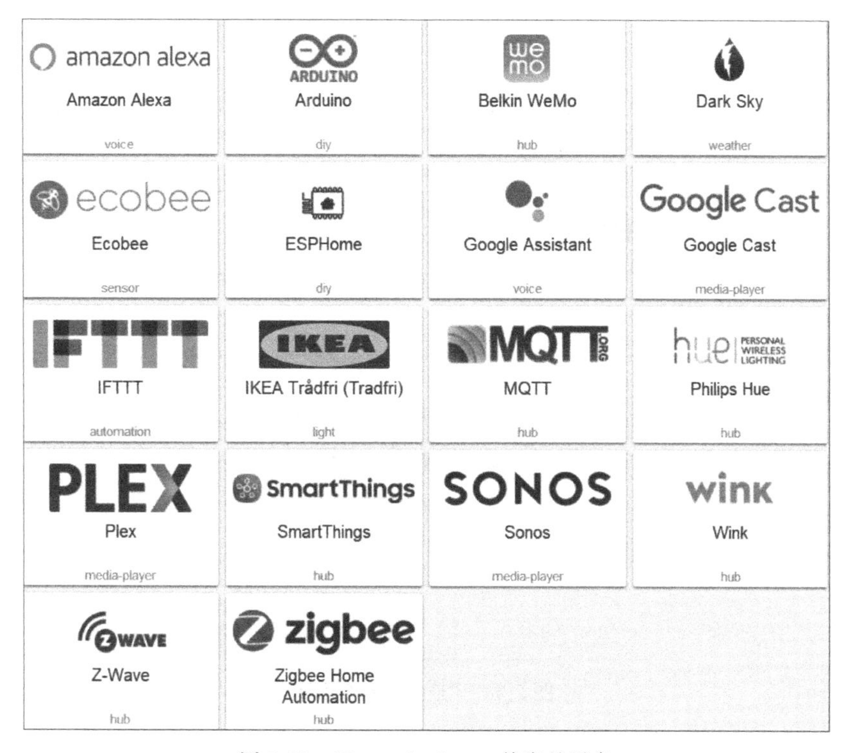

图 2.26 Home Assistant 兼容的设备

飞利浦 Hue 是一款明星级智能遥控多色照明系统,有彩色灯泡、灯带及组合灯具等多种产品形态,可遥控照明开关,调节亮度,改变颜色及设定闪烁模式。

只要将桥接器(图 2.27)连接家中的路由器,就可以通过手机改变灯泡颜色和亮度。每只灯泡内包含 3 种颜色的 LED 芯(红、蓝、青),色温可从冷到暖任意切换,因此理论上共可调配出 1600 万种颜色。

飞利浦 Hue 系统的强大之处在于,一组桥接器支持多达 50 个 Hue 灯泡,用一部手机就可以对室内照明实现各种设定与互动。

飞利浦 Hue 系统并没有使用传统的 WiFi,而是使用了另一种无线通信技术 ZigBee。ZigBee 技术相对于 WiFi 的好处是,ZigBee 的功耗只有 WiFi 的 1/10,同时 ZigBee 采用的是网状网络,这种技术不是单点传递信息,而是任意两个灯泡之间都能互相沟通,因此能够靠灯泡来扩大网络范围,减少环境局限与中控的压力。兼具节能与稳定特点的 ZigBee 是智能家电

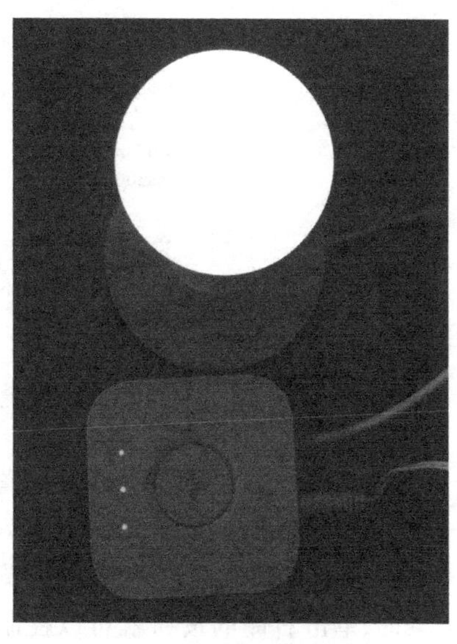

图 2.27 桥接器与灯

的一个非常好的解决方案。

1. 安装

当配置文件中存在 light 组件及 hue 平台时，Home Assistant 系统将在启动时自动安装所需软件。

2. 配置

(1) 在 Home Assistant 的“概览”页面中单击“前往集成页面”，对飞利浦 Hue 桥接器进行配置，出现如图 2.28 所示的“连接中枢”页面。

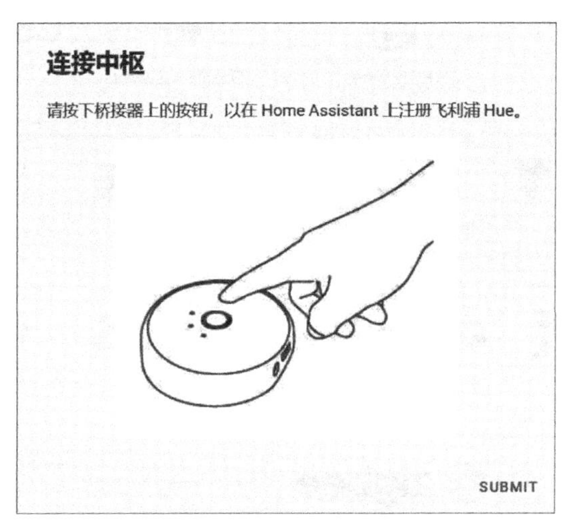

图 2.28 “连接中枢”页面

(2) 按下桥接器上的按钮(详见产品说明书)，单击图 2.28 中 Home Assistant 页面上的 SUBMIT 按钮，出现如图 2.29 所示的提示连接成功的页面。

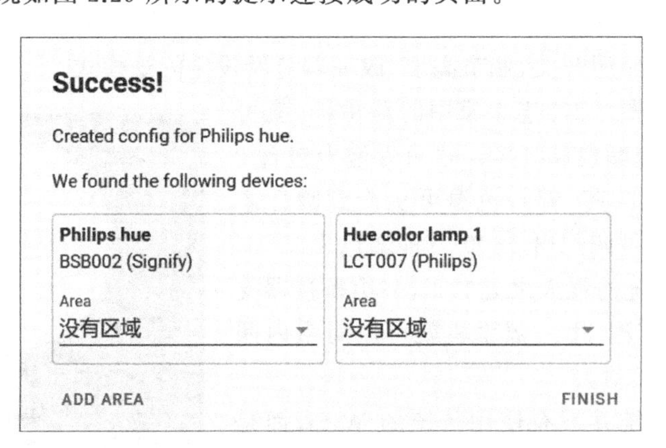

图 2.29 连接成功提示页面

(3) 单击 ADDAREA 按钮，设置 Hue 所在区域，如图 2.30 所示。

(4) 单击“确定”按钮，在 Area 列表中选择 bedroom，如图 2.31 所示。

(5) 单击 FINISH 按钮，在“概览”页面中出现如图 2.32 所示的“灯光”卡片。

(6) 单击右侧的按钮就可以控制灯的开关。单击 Hue color lamp 1，在出现的对话框中可以控制灯的亮度、颜色和效果，如图 2.33 所示。

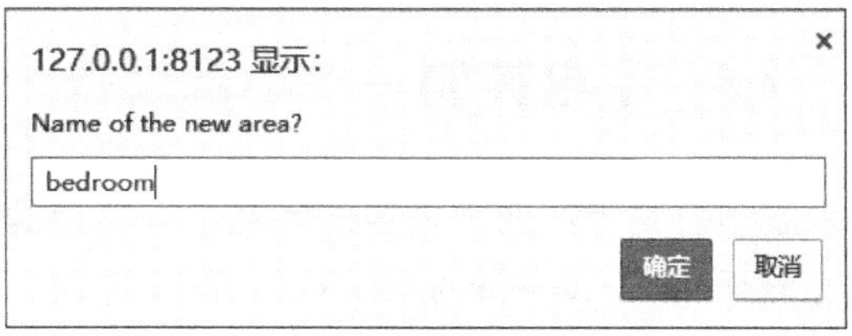

127.0.0.1:8123 显示:
Name of the new area?
bedroom
确定
取消

图 2.30　设置 Hue 所在区域

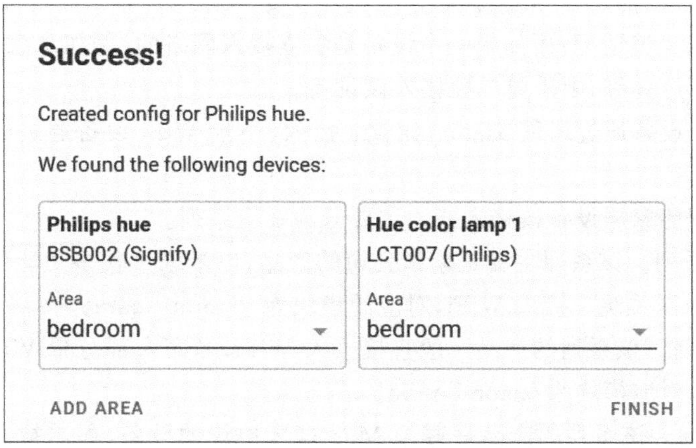

Success!
Created config for Philips hue.
We found the following devices:
Philips hue
BSB002 (Signify)
Area
bedroom
Hue color lamp 1
LCT007 (Philips)
Area
bedroom
ADD AREA
FINISH

图 2.31　在 Area 列表中选择 bedroom

灯光
Hue color lamp 1

图 2.32　“灯光”卡片

Hue color lamp 1
Hue color lamp 1
3 分钟前
效果
colorloop

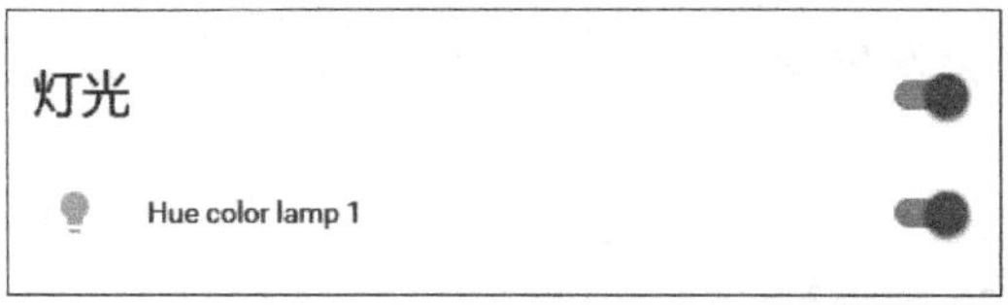

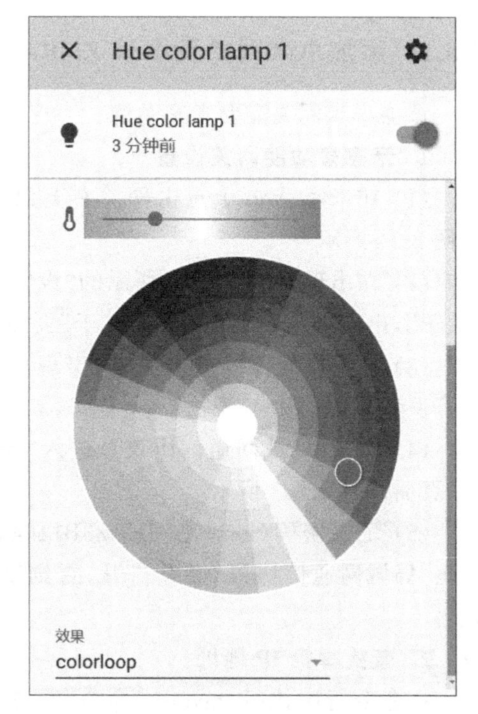

图 2.33　控制灯的亮度、颜色和效果

2.8 家电控制——小米设备

小米生态链企业绿米联创公司生产的米家智能家庭组合使用的是“网关+子设备”的模式，网关通过 WiFi 连入家庭网络，子设备通过 ZigBee 与网关连接。这可能是目前最适合大众的智能家居模式了，具有体积小、功耗低、无须布线、不干扰 WiFi 设备等优点。

小米旗下生态链企业众多，不同的产品也需要不同的连接方式。如果一个设备需要小米多功能网关才可以使用，一般来说它采用的是 ZigBee 协议，那么只要网关接入了 Home Assistant，就可以完美适配；而如果一个设备是独立接入网络的，例如米家 WiFi 插座、扫地机器人、Yeelight 灯具等，则需要单独接入该设备。

小米 ZigBee 设备通过组件 xiaomi_aqara 接入，小米 WiFi 设备通过组件 xiaomi_miio 接入。

米家/小米智能家居设备按接入能力主要分为 3 个系列。

(1) Aqara 系列。该系列主要是紫米公司的产品，以米家 2 代多功能网关为依托，使用 ZigBee 组网，再由网关统一接入 WiFi，对应的模块为 xiaomi_aqara。

(2) Miio 系列。该系列的产品一般直接接入 WiFi，米家大部分带 WiFi 功能的智能设备都属于该系列，对应模块为 xiaomi_miio。

(3) 蓝牙系列。该系列的产品是遵循 Miio 蓝牙协议的设备，如需接入互联网，需要一个带蓝牙网关功能的设备。Yeelight 系列主推蓝牙组网方案，与 Aqara 系列竞争。该系列的语音助手和床头灯带有蓝牙网管功能。

2.8.1 添加小米网关及小米 ZigBee 设备

添加小米网关需要米家 App。

1. 米家多功能网关设置

(1) 在米家 App 上点击网关右上角的“…”按钮，如图 2.34 所示。

(2) 在出现的如图 2.35 所示的“设置”页面中点击“关于”，出现如图 2.36 所示的“关于”页面。

(3) 在空白处连续点击 5 次，出现如图 2.37 所示的开发者页面。

(4) 点击“局域网通信协议”，进入“局域网通信协议”页面，如图 2.38 所示。

(5) 记录密码(key)7578EA23B1464486(注意，右上角“局域网通信协议”必须打开，否则密码会发生变化)。

图 2.34 米家 App

2. 查找本机 IP 地址

在命令行中执行 ipconfig 命令，在图 2.39 中得到本机的 IP 地址 192.168.2.131(小米网关与 PC 必须在同一个局域网中)。

图 2.35　设置页面

图 2.36　关于页面

图 2.37　开发者页面

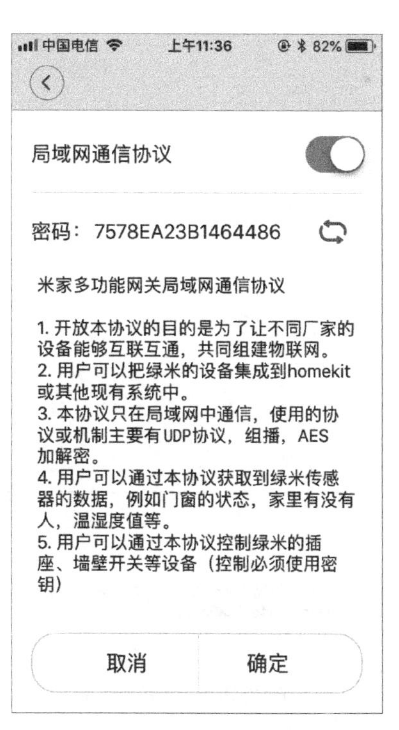

图 2.38　“局域网通信协议”页面

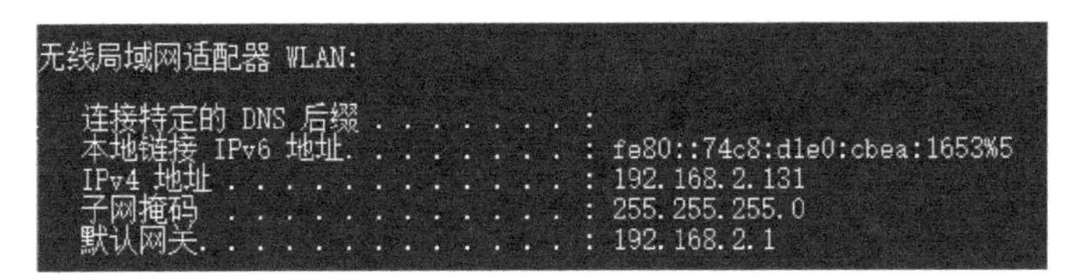

图 2.39 获取本机 IP 地址

3. 修改配置

在 configuration.yaml 文件中加入如下代码：

```
xiaomi_aqara:
  interface: '192.168.2.131'
  gateways:
    key: 7578EA23B1464486
```

4. 运行

(1) 检查配置，然后重启服务，在 Home Assistant“概览”页面显示“灯光”卡片，如图 2.40 所示。

(2) 单击“灯光”卡片中的网关(在图 2.40 中为 Gateway Light_04cf8ca0adcf)，可以对网关的灯光颜色、亮度等进行控制，如图 2.41 所示。

灯光

Gateway Light_04cf8ca0adcf

图 2.40 “灯光”卡片

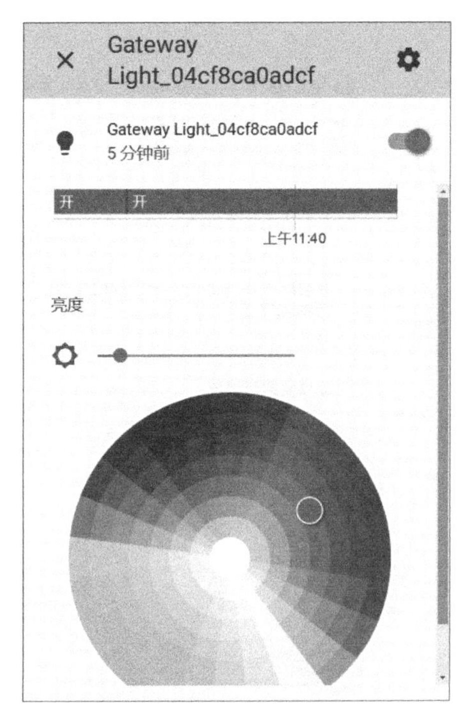

图 2.41 控制网关的灯光颜色、亮度

5. 添加小米 ZigBee 设备

以米家多功能网关为中枢的 ZigBee 设备使用 xiaomi_aqara 组件接入网关。网关接入后，所有配对子设备都会被自动识别和添加。

米家多功能网关支持的小米 ZigBee 设备如下：

- 绿米(Aqara)空调伴侣增强版，米家及前代空调伴侣暂不支持(需 0.69.0 及以上版本的 Home Assistant)。
- 2017 年下半年后出厂的新版墙壁开关、墙贴开关及 86 插座(需 0.65.0 及以上版本的 Home Assistant)。
- 温湿度传感器。
- 人体运动传感器。
- 门窗传感器。
- 无线开关。
- 智能插座 ZigBee 版本(反馈耗电、电力负载、通电、开关状态)。
- 墙壁开关 (反馈耗电、电力负载、通电状态)。
- 绿米(Aqara)全系列墙壁开关，包括单键/双键、单火/零火。
- 绿米(Aqara)无线开关单键/双键。
- 魔方控制器。
- 天然气泄漏传感器 (反馈警报和浓度信息)。
- 烟雾报警器 (反馈警报和浓度信息)。
- 多功能网关 (支持网关灯、亮度传感器及铃声播放)。
- 绿米智能窗帘器。
- 浸水传感器。

2.8.2 添加小米 WiFi 设备

基于 WiFi 传输协议的小米设备使用 xiaomi_miio 平台，所有 WiFi 设备接入 Home Assistant 前都必须获取设备的 Token。

应特别注意，记录 Token 后应直接使用米家 App 对设备进行配对操作，切勿重置网络，否则 Token 会发生变更。

Token 是服务器端生成的一个字符串，作为客户端请求的一个令牌。在第一次登录时，服务器端生成一个 Token，将此 Token 返回给客户端。此后客户端只需带上这个 Token 请求数据即可，无须再次提供用户名和密码。

客户端会频繁地向服务器端请求数据，服务器端也会频繁地在数据库中查询用户名和密码并进行对比，以判断用户名和密码正确与否，并作出相应提示。为了简化这一过程，Token 便应运而生了。Token 的目的是减轻服务器端的压力，避免频繁地查询数据库，使服务器更加健壮。

1. 获取 Token

由于米家新版 App 已屏蔽 Token 的提取，只能通过模拟器安装米家旧版 App，以获取 Token。

(1) 安装雷电模拟器，在其中安装 Mi Home App version 5.4.49 for Android(安装文件为 com-xiaomi-smarthome-62841-43397902-234a8c0c5b562d70b7294aaab12606c3.apk)。

(2) 在手机上运行米家 App，添加 WiFi 设备。

(3) 在雷电模拟器中运行刚才安装的米家旧版 App，通过如图 2.42 所示的雷电模拟器内置的文件管理器打开文件夹 SmartHome/logs/plug_DeviceManager 下最新的日志文件，查看手机上的米家 App 连接过的所有设备的 IP 地址和 Token。

图 2.42 日志文件

图 2.42 中的日志文件的相关内容如下，粗体文字分别为 Token、小米 WiFi 设备和 IP 地址。

[{"did":"88221050","token":"**5cecb87d263462ea7fec3f789d1b0d15**","longitude":"121.48662542","latitude":"31.28276810","name":"**小米万能遥控器**","pid":"0","localip":"**192.168.2.201**","mac":"7C:49:EB:24:FE:ED","ssid":"@PHICOMM_98","bssid":"FC:7C:02:06:D6:9B","parent_id":"","parent_model":"","show_mode":1,"model":"chuangmi.ir.v2","adminFlag":1,"shareFlag":0,"permitLevel":16,"isOnline":false,"desc":"设备离线 ","extra":{"isSetPincode":0,"fw_version":"1.2.4_37","needVerifyCode":0,"isPasswordEncrypt":0},"uid":162911599,"pd_id":23,"password":"","p2p_id":"","rssi":-44,"family_id":0,"reset_flag":0},{"did":"61437142","token":"**9152fbd57791fdc1029c3012ca1c187f**","longitude":"121.48667716","latitude":"31.28289657","name":"**插座** 2","pid":"0","localip":"**192.168.2.167**","mac":"34:CE:00:C8:92:5E","ssid":"@PHICOMM_98","bssid":"FC:7C:02:06:D6:9B","parent_id":"","parent_model":"","show_mode":1,"model":"chuangmi.plug.m1","adminFlag":1,"shareFlag":0,"permitLevel":16,"isOnline":true,"desc":"电源开 ","extra":{"isSetPincode":0,"fw_version":"1.2.4_16","needVerifyCode":0,"isPasswordEncrypt":0},"prop":{"power":"on"},"uid":162911599,"pd_id":130,"method":[{"allow_values":"on off","name":"set_power"}],"password":"","p2p_id":"","rssi":-46,"family_id":0,"reset_flag":0},{"did":"87866457","token":"**8aab9c776b851e8b21b4a31885f16562**","longitude":"121.89544681","latitude":"30.90189506","name":"**插座**","pid":"0","localip":"**192.168.31.247**","mac":"7C:49:EB:1F:95:CC","ssid":"Xiaomi_D021","bssid":"40:31:3C:FB:D0:22","parent_id":"","parent_model":"","show_mode":1,"model":"chuangmi.plug.m1","adminFlag":1,"shareFlag":0,"permitLevel":16,"isOnline":false,"desc":"设备离线 ","extra":{"isSetPincode":0,"fw_version":"1.2.4_17","needVerifyCode":0,"isPasswordEncrypt":0},"prop":{"power":"on"},"uid":162911599,"pd_id":130,"method":[{"allow_values":"on off","name":"set_power"}],"password":"","p2p_id":"","rssi":-45,"family_id":0,"reset_flag":0},{"did":"94535239","token":"**e029775ae38a33dc15a36d855735c326**","longitude":

"121.89540222","latitude":"30.90184179","name":"插排","pid":"0","localip":**"192.168.1.160"**,"mac":"7C:49:EB:8C:F4:19","ssid":"lab101","bssid":"B0:95:8E:AB:3F:5E","parent_id":"","parent_model":"","show_mode":1,"model":"zimi.powerstrip.v2","adminFlag":1,"shareFlag":0,"permitLevel":16,"isOnline":true,"desc":"电源关 ","extra":{"isSetPincode":0,"fw_version":"1.2.4_51","needVerifyCode":0,"isPasswordEncrypt":0},"prop":{"power":"off"},"uid":162911599,"pd_id":126,"method":[{"allow_values":"on off","name":"set_power"}],"password":"","p2p_id":"","rssi":-61,"family_id":0,"reset_flag":0},{"did":"mitv.1d8a66a876b56a208d8b681e98587d2d:44662526b2cf587f46d56725ca2773ee","token":" **3fc2914be69d989de458e5c3d7022116** "," longitude ":" 0.00000000 ","latitude":"0.00000000","name":"**客厅的小米电视**","pid":"2","localip":"**192.168.2.208**","mac":"E4:DB:6D:4C:56:B9","ssid":"@PHICOMM_98","bssid":"FC:7C:02:06:D6:9B","parent_id":"","parent_model":"","show_mode":1,"model":"xiaomi.tv.v1","adminFlag":1,"shareFlag":0,"permitLevel":16,"isOnline":true,"desc":"","extra":{"isSetPincode":0,"fw_version":"16777510","needVerifyCode":0,"isPasswordEncrypt":0,"wol":1,"platform":"644","active_mac":"0C:9A:42:82:F4:F7"},"uid":162911599,"pd_id":28,"password":"","p2p_id":"","rssi":0,"family_id":0,"reset_flag":0},{"did":"mitv.687735078df70ecb08eeaf9095c7bf7d:4e3d93e302464ce3b92716e97e844161","token":"**4c307459744851593166336a30794a67**","longitude":"0.00000000","latitude":"0.00000000","name":"**小米电视盒子**","pid":"0","localip":"**192.168.2.180**","mac":"3c:bd:3e:1a:d2:93","ssid":"@PHICOMM_98_5G","bssid":"FC:7C:02:06:D6:99","parent_id":"","parent_model":"","show_mode":1,"model":"xiaomi.tvbox.v1","adminFlag":1,"shareFlag":0,"permitLevel":16,"isOnline":false,"desc":"","extra":{"isSetPincode":0,"fw_version":"2.1.4_227","needVerifyCode":0,"isPasswordEncrypt":0,"wol":0,"platform":"211","active_mac":"3C:BD:3E:1A:D2:93"},"uid":162911599,"pd_id":30,"password":"","p2p_id":"","rssi":-40,"family_id":0,"reset_flag":0},{"did":"61935149","token":" **c422b07c669649d55794afda8d565043** "," longitude ":" 121.89537415 ","latitude":"30.90182592","name":"**空气净化器**","pid":"0","localip":"**192.168.1.108**","mac":"34:CE:00:B4:B4:75","ssid":"lab101","bssid":"B0:95:8E:AB:3F:5E","parent_id":"","parent_model":"","show_mode":1,"model":"zhimi.airpurifier.v6","adminFlag":1,"shareFlag":0,"permitLevel":16,"isOnline":true,"desc":"关机PM2.5: 16","extra":{"isSetPincode":0,"fw_version":"1.4.3_9107","needVerifyCode":0,"isPasswordEncrypt":0},"prop":{"aqi":"16","mode":"favorite","power":"off"},"uid":162911599,"pd_id":322,"method":[{"allow_values":"on off","name":"set_power"}],"password":"","p2p_id":"","rssi":-39,"family_id":0,"reset_flag":0},{"did":"60515877","token":**"e2c4646233d514ce69213d9e93145a93"**, "longitude": "0.00000000", "latitude":"0.00000000","name":"**台灯**","pid":"0","localip":"**192.168.2.156**","mac":"34:CE:00:98:F2:00","ssid":"@PHICOMM_98","bssid":"FC:7C:02:06:D6:9B","parent_id":"","parent_model":"","show_mode":1,"model":"philips.light.sread1","adminFlag":1,"shareFlag":0,"permitLevel":16,"isOnline":false,"desc":"设备离线 ","extra":{"isSetPincode":0,"fw_version":"1.2.8","needVerifyCode":0,"isPasswordEncrypt":0,"mcu_version":"0024"},"prop":{"power":"off"},"uid":162911599,"pd_id":199,"method":[{"allow_values":"on off","name":"set_ power"}],"password":"","p2p_id":"","rssi":-53,"family_id":0,"reset_flag":0},{"did":"71122116","token":"**5c073173f08301182cff553a4c5542bc**","longitude":"121.43107000","latitude":"31.17262600","name":"**台灯 2**","pid":"0","localip":"**192.168.31.240**","mac":"78:11:DC:4E:FE:F7","ssid":"Xiaomi_D021","bssid":"40:31:3C:FB:D0:22","parent_id":"","parent_model":"","show_mode":1,"model":"philips.light.sread1","adminFlag":1,"shareFlag":0,"permitLevel":16,"isOnline":false,"desc":"设备离线 ","extra":{"isSetPincode":0,"fw_version":"1.2.8","needVerifyCode":0,"isPasswordEncrypt":0,"mcu_version":"0024"},"prop":{"power":"on"},"uid":162911599,"pd_id":199,"method":[{"allow_values":"on off","name":"set_power"}],"password":"","p2p_id":"","rssi":-49,"family_id":0,"reset_flag":0},{"did":"889CDA690000029F","**token":""**,"longitude":"","latitude":"","name":"**小米手环**","pid":"","localip":"","mac":"88:0F:10:9C:DA:69","ssid":"","bssid":"","parent_id":"","parent_model":"","show_mode":1,"model":"xiaomi.watch.band1","adminFlag":1,"shareFlag":0,"permitLevel":0,"isOnline":true,"desc":"","extra":null,"uid":0,"pd_id":0,"password":"","p2p_id":"","rssi":0,"family_id":0,"reset_flag":0},{"did":"miwifi.1ae4dd05-8e4d-4177-7bec-584ad9346a4c","token":"qmrBqr1hCRd/zJfSP4cVF+FLuhgm9qnK8Q3TUgYpu8Q=","longitude":"0.00000000","latitude":"0.00000000","name":"Xiaomi_D021","pid":"2","localip":"","mac":"40:31:3C:FB:D0:22","ssid":"","bssid":"40:31:3C:FB:D0:22","parent_id":"","parent_model":"","show_mode":1,"model":"xiaomi.router.r4","adminFlag":1,"shareFlag":0,"permitLevel":16,"isOnline":true,"desc":"设备在线 ","extra":{"isSetPincode":0,"platform":"R4"},"uid":162911599,"pd_id":773,"password":"","p2p_id":"","rssi":0,"family_id":0,"reset_flag":0},{"did":"104862208","token":"**4b6b68346b61477938633947586c3239**","longitude":"121.48661645","latitude":"31.28283849","name":"**小爱音箱** mini","pid":"0","localip":"**192.168.2.187**","mac":"7C:49:EB:EB:58:B3","ssid":"@PHICOMM_98","bssid":"FC:7C:02:06:D6:9B","parent_id":"","parent_model":"","show_mode":1,"model":"xiaomi.wifispeaker.lx01","adminFlag":1,"shareFlag":0,"permitLevel":16,"isOnline":false,"desc":"设备离线 ","extra":{"isSetPincode":0,"fw_version":"1.6.21","needVerifyCode":0,"isPasswordEncrypt":0},"uid":162911599,"pd_id":742,"password":"","p2p_id":"","rssi":0,"family_id":0,"reset_flag":0},{"did":"55681657","token":"**7e674da002b2862546232d4e152e4ee2**","longitude":"121.48625767","latitude":"31.28312882","name":"**空气检测仪**","pid":"0","localip":"**192.168.2.126**","mac":"28:6C:07:FB:A3:0A","ssid":"@PHICOMM_98","bssid":"FC:7C:02:06:D6:9B","parent_id":"","parent_model":"","show_mode":1,"model":"zhimi.airmonitor.v1","adminFlag":1,"shareFlag":0,"permitLevel":16,"isOnline":false,"desc":"设备离线 ","extra":{"isSetPincode":0,"fw_version":"1.2.9_8035","needVerifyCode":0,"isPasswordEncrypt":0},"prop":{"aqi":"32","power":"off"},"uid":162911599,"pd_id":193,"method":[{"allow_values":"on off","name":"set_power"}],"password":"","p2p_id":"","rssi":-42,"family_id":0,"reset_flag":0},{"did":"73650265","token":"**683937346b554d4f46455a4451353556**","longitude":"0.00000000","latitude":"0.00000000","name":"**小方智能摄像机**","pid":"0","localip":"**192.168.31.160**","mac":"78:11:DC:75:92:04","ssid":"Xiaomi_D021","bssid":"40:31:3C:FB:D0:22","parent_id":"","parent_model":"","show_mode":1,"model":"isa.camera.isc5c1","adminFlag":1,"shareFlag":0, "permitLevel":16,"isOnline":false,"desc":"设备离线 ","extra":{"isSetPincode":0,"fw_version":"5.6.2.138","needVerifyCode":0,"isPasswordEncrypt":0},"uid":162911599,"pd_id":434,"password":"","p2p_id":"","rssi":-33,"family_id":0,"reset_flag":0},{"did":"96542351","token":"**534e63526b74316b6b6d3864506d7632**","longitude":"121.89526186","latitude":"30.90179617","name":"**扫地机器人**","pid":"0","localip":"**192.168.1.125**","mac":"7C:49:EB:9C:50:B0","ssid":"lab101","bssid":"B0:95:8E:AB:3F:5E","parent_id":"","parent_model":"","show_mode":1,"model":"roborock.vacuum.s5","adminFlag":1,"shareFlag":0,"permitLevel":16,"isOnline":true,"desc":"充电完成","extra":{"isSetPincode":0,"fw_version":"3.3.9_001344","needVerifyCode":0,"isPasswordEncrypt":0},"event":{"event.back_to_dock":"{\"timestamp\":1557888376,\"value\":[0]}","event.error_code":"{\"timestamp\":1557888376,\"value\":[0]}","event.status":"{\"timestamp\":1558033455,\"value\":[{\"battery\":100,\"clean_area\":0,\"clean_time\":10,\"dnd_enabled\":1,\"error_code\":0,\"fan_power\":38,\"in_cleaning\":0,\"map_present\":1,\"msg_seq\":4,\"msg_ver\":2,\"state\":8}]}","prop.fan_power":"38","prop.ota_state":"idle","prop.ota_state_ts":"1558033455"},"uid":162911599,"pd_id":577,"password":"","p2p_id":"","rssi":-56,"family_id":0,"reset_flag":0}],"virtualModels":[{"model":"zhimi.airpurifier.m1","state":0,"url":""},{"model":"yunmi.waterpurifier.v2","state":0,"url":""}]}}

2. 配置

各种小米 WiFi 设备的基本配置命令如下。

(1) 扫地机器人。

```
vacuum:
  -platform: xiaomi_miio
   name: Xiaomi Vacuum
   host: (此处为设备的 IP 地址)
   token: (此处为设备 Token)
```

(2) 空气净化器及加湿器。

```
fan:
  # 空气净化器
  -platform: xiaomi_miio
   name: Xiaomi Air Purifier 2
   host: (此处为设备的 IP 地址)
   token: (此处为设备 Token)
   model: zhimi.airpurifier.m1
  # 空气加湿器
  -platform: xiaomi_miio
   name: Xiaomi Air Humidifier
   host: (此处为设备的 IP 地址)
   token: (此处为设备 Token)
   model: zhimi.humidifier.v1
```

(3) 小米净水器。

```
sensor:
  -platform: mi_water_purifier
name: (此处为设备名称)
host: (此处为设备的 IP 地址)
token: (此处为设备 Token)
```

(4) PM 2.5 监测仪。

```
sensor:
  -platform: xiaomi_miio
    name: (此处为设备名称)
    host: (此处为设备的 IP 地址)
    token: (此处为设备 Token)
```

(5) 空调伴侣。

```
climate:
  -platform: mi_acpartner
    name: mi_acpartner
    host: (此处为设备的 IP 地址)
    token: (此处为设备 Token)
```

(6) 红外万能遥控器。

```
remote:
  -platform: xiaomi_miio
    name: IR remote
    host: (此处为设备的 IP 地址)
    token: (此处为设备 Token)
```

(7) 小米 WiFi 放大器。

```
device_tracker:
  -platform: xiaomi_miio
    host: (此处为设备的 IP 地址)
    token: (此处为设备 Token)
```

(8) 米家 IH 电饭煲。

```
sensor:
  -platform: xiaomi_cooker
    name: Xiaomi Rice Cooker
    host: (此处为设备的 IP 地址)
    token: (此处为设备 Token)
    model: chunmi.cooker.normal2
```

(9) 小米 WiFi 插座。

```
switch:
```

```
-platform: xiaomi_miio
 name: Xiaomi WiFi Plug
 host: (此处为设备的 IP 地址)
 token: (此处为设备 Token)
```

根据前面查找到的小米 WiFi 插座的 Token 和 IP 地址，在 configuration.yaml 文件中添加代码，如图 2.43 所示。

3. 运行

检查配置，确认无误后重启服务。Home Assistant“概览”页面新增“开关”卡片，如图 2.44 所示，可以通过 Home Assistant 页面控制小米插座的开与关。

```
switch:
  - platform: xiaomi_miio
    name: Xiaomi WiFi Plug
    host: 192.168.2.167
    token: 9152fbd57791fdc1029c3012ca1c187f
```

图 2.43 添加小米 WiFi 插座 IP 地址和 Token

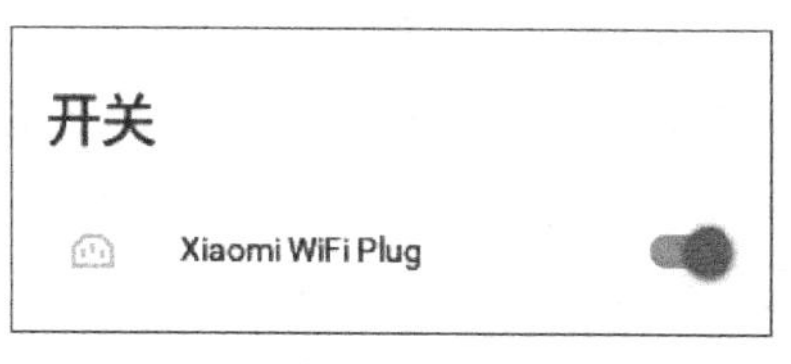

图 2.44 “开关”卡片

2.9 自 动 化

在系统的自动化(automation)组件中，可以设置若干条自动化规则，每条自动化规则由触发器(trigger)、条件(condition)、动作(action)3 部分组成。

触发器启动规则开始执行，程序判断条件是否满足，若满足，则执行动作(如果没有条件部分，则直接执行动作)。

2.9.1 触发器

在任何一条规则中，触发器都是必需的。当它被触发时，规则启动，进入后续执行阶段。

自动化规则中的触发器存在着不同的类型。在配置文件中，不同类型的触发器以 platform 字段进行标识。不同类型的触发器需要配置的信息是不一样的。

1. 时间(time)触发器

时间触发器在指定的时间启动规则。指定的时间可以是以下 3 种类型：

(1) 每小时的某个时刻。例如：

```
trigger:
  -platform: time_pattern
   # 在每小时的第 5 分钟启动，如 9:05,10:05,11:05
   minutes: 5
   seconds: 00
```

(2) 每天的某个时刻。例如：

```
trigger:
```

```
  -platform: time_pattern
   #在每天的 15:32:00 启动
   at: '15:32:00'
```

(3) 一定的时间间隔。例如：

```
trigger:
   -platform: time_pattern
    #当分钟数能被 5 整除时(也就是每隔 5min)启动
    minutes: '/5'
    seconds: 00
```

2. 事件(event)触发器

事件是 Home Assistant 运行的核心机制。事件触发器根据事件类型和事件附加信息启动规则：若配置中未设置事件附加信息，则当事件发生时，不管事件附加的信息是什么，该规则都会被启动。例如：

```
trigger:
  -platform: event
   event_type: MY_CUSTOM_EVENT
   #可选，表示仅当事件附件信息中的 mood 为 happy 时启动
   event_data:
     mood:happy
```

3. homeassistant 触发器

homeassistant 触发器由 Home Assistant 的启动或关闭事件触发，从 0.42 版开始，对于事件 homeassistant_start，需要在 homeassistant 触发器而不是事件触发器中进行配置。例如：

```
trigger:
  -platform: homeassistant
   #event 的另一个可选值是'shutdown'
   event: start
```

4. 状态(state)触发器

状态触发器在对应实体的状态发生改变时启动规则。当仅有实体 ID，而没有 from、to 时，该实体的任何状态变化或者其某一属性的变化都会启动规则。例如：

```
trigger:
  -platform: state
   entity_id: device_tracker.paulus, device_tracker.anne_therese
   #可选，代表状态变化前的值
   from: 'not_home'
   #可选，代表状态变化后的值
   to: 'home'
```

5. 数字状态(numeric_state)触发器

该类触发器监测实体的状态或者它的某一属性(数字类型)，当相应值从高变低(或者从低变高)越过某个阈值时，会启动规则。例如：

```
trigger:
  - platform: numeric_state
    entity_id: sensor.temperature
    #可选,当没有此配置时,判断的是实体的状态值
    #此处使用了模板(详见 3.3.4 节),对这个实体的 battery 属性进行判断
    value_template: '{{ state.attributes.battery }}'
    #如果高于 17 或者低于 25,也就是从(17,25)区间之外进入这个区间
    above: 17
    below: 25
```

2.9.2 条件

条件在自动化规则中不是必须存在的。当条件存在时,启动规则后只有当条件满足时才会执行动作;当条件不存在时,启动规则后直接执行动作。

与触发器类似,自动化规则中的条件也有不同的类型。在配置文件中,不同类型的条件以 condition 字段作为标识。不同类型的条件需要配置的信息内容也是不一样的。

1. 时间(time)条件

时间条件用于判断当前时间是否在某个时刻之前或之后,也可以是判断是否为一个星期中的某一天。例如:

```
#在周一、周三、周五的 15:00—20:00
condition: time
after: '15:00:00'
before: '20:00:00'
weekday:
  - mon
  - wed
  - fri
```

2. 状态(state)条件

状态条件用于判断一个实体的状态是否是特定的值。例如:

```
#判断实体 device_tracker.paulus 的状态是否是 not_home
condition: state
entity_id: device_tracker.paulus
state: not_home
```

3. 数字状态(numeric_state)条件

数字条件状态用于判断一个实体的数字类型的状态是否符合条件(大于某值或小于某值)。例如:

```
#判断实体 sensor.temperature 的状态值是否大于 17 且小于 25
condition: numeric_state
entity_id: sensor.temperature
above: 17
below: 25
```

4. 太阳(sun)条件

太阳条件用于判断太阳的状况是否满足条件,太阳的状况可以是日出前、日出后、日落前、日落后。例如:

```
condition: sun
after: sunset
```

5. 区域(zone)条件

区域条件用于判断一个实体是否在某个区域中。该条件仅支持在主配置文件的 device_tracker 域中基于 GPS 坐标报告的实体。

6. 模板(template)条件

模板条件用于判断一个模板的输出是否为 True。

7. 组合条件

上述条件可以按照 or、and 关系进行组合,形成综合判断。

2.9.3 动作

动作是在触发器被触发并且条件满足的情况下自动执行的内容。

动作可以是调用服务、判断条件、触发事件等内容。例如:

```
trigger:
   platform: sun
  event: sunset
action:
#调用服务,打开灯 light.kitchen 和 light.living_room,并调节到特定的颜色和亮度
service: light.turn_on
entity_id:
  -light.kitchen
  -light.living_room
data:
  brightness: 100
  rgb_color: [0, 255, 0]
```

触发条件是整个自动化流程的起点,一个自动化实例中可以设置多个触发条件。一旦触发条件满足,Home Assistant 将验证环境条件是否满足,如果满足,则执行动作。

环境条件是自动化流程中的可选条件,它可用于避免触发条件满足时动作的执行。

环境条件看起来与触发条件类似,实则大不相同。触发条件监测系统中事件的发生,也就是瞬时动作;而环境条件监测系统的状态。例如,"灯被打开"这个事件属于触发条件,"灯是开着的"这个状态属于环境条件。

2.9.4 在 Home Assistant 前端配置自动化

自动化可以在 Home Assistant 的前端"概览"页面进行配置,也可以在 automations.yaml 文件中进行配置。前端配置自动化的步骤如下:

(1) 在 Home Assistant"概览"页面单击"配置"|"自动化"|右下角"+"按钮,新建自动

化规则。

(2) 在如图 2.45 所示的“新建自动化”界面中，在“名称”下输入 auto_light(注意，名称中不能出现中文)，“触发条件类型”选择“时间”，在“当”下输入具体触发时间。

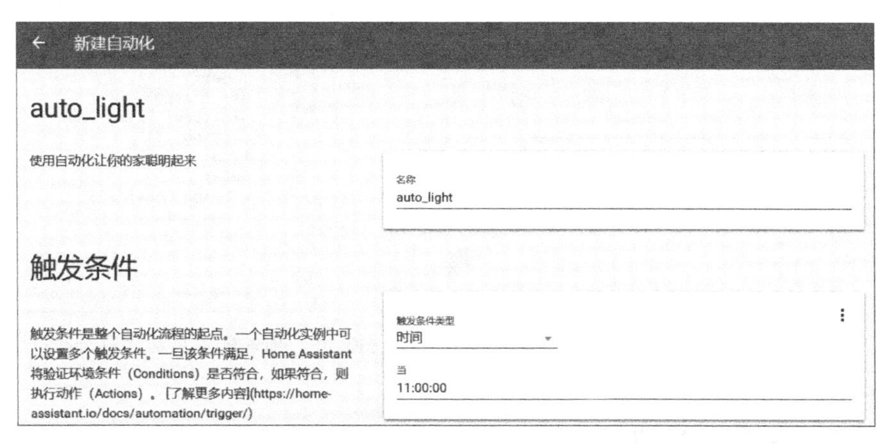

图 2.45　在“新建自动化”界面中设置触发条件

(3) 继续往下拉页面，“动作类型”选择“调用服务”，在“服务”下输入 light.turn_on。

(4) 在“服务数据”下添加如下代码：

```
{
  "brightness": 150,
  "rgb_color": [
    0,
    255,
    0
  ]
}
```

上述操作的结果如图 2.46 所示。

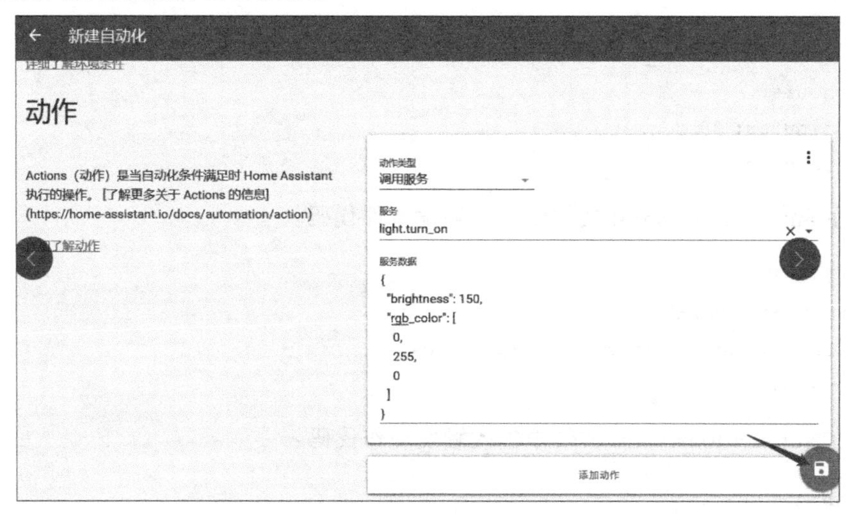

图 2.46　在“新建自动化”界面中设置动作

(5) 单击图 2.46 中箭头所指的保存按钮，在“概览”页面出现如图 2.47 所示的“自动化”卡片。

(6) 查看 automations.yaml 文件，可以看到其中自动新增了代码，如图 2.48 所示。

图 2.47 “自动化”卡片

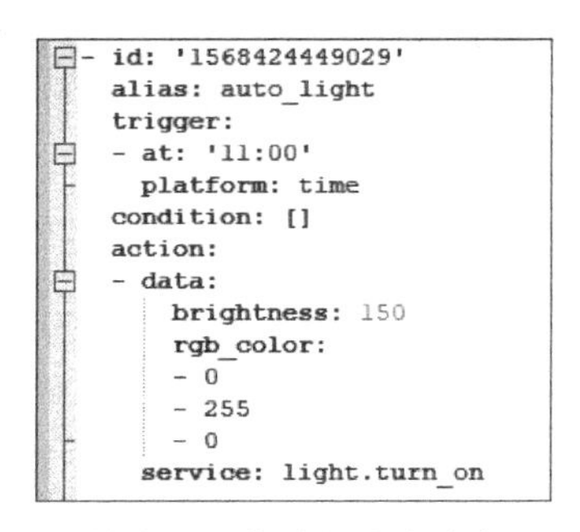

图 2.48 前端配置自动化后自动产生的代码

2.9.5 编写代码实现自动化

除了通过 Home Assistant 前端页面配置外，还可以通过编写代码进行配置。

实现 Home Assistant 自动语音播报天气信息的步骤如下。

(1) 完成 TTS 语音朗读及 Media_player(Kodi)的配置(见 2.4 节)。

(2) 在 configuration.yaml 文件的默认天气 yr 下添加温度、雨量等信息，代码如下：

```
-platform: yr
 monitored_conditions:
   -temperature
   -precipitation
```

(3) 在 automations.yaml 文件中加入触发器代码：

```
-alias: weather_report
 initial_state: true
 trigger:
   -platform: time_pattern
     hours: 7
     minutes: 30
     seconds: 0
```

(4) 在 automations.yaml 文件中加入触发条件代码：

```
condition:
  condition: numeric_state
  entity_id: sensor.weather_temperature
  above: 20
```

(5) 在 automations.yaml 文件中加入触发动作代码：

```
action:
  -service: tts.baidu_say
```

```
    data_template:
      entity_id: media_player.kodi
      message: "现在播报天气信息。温度,{{states('sensor.weather_temperature')}}℃"
```

注意：程序中用到了模板 data_template，在 3.3.4 节中详述。

(6) 保存文件，执行检查配置，确认无误后，单击“重载自动化”按钮。刷新后，在 Home Assistant“概览”页面中的“自动化”卡片与 Kodi 卡片如图 2.49 所示。

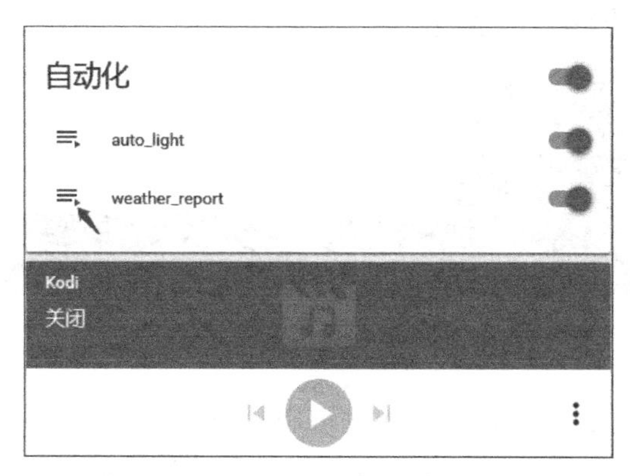

图 2.49　刷新后的“自动化”卡片与 Kodi 卡片

按照此自动化规则，Home Assistant 将在每天早上 7:30 判断气温是否高于 20℃，如果高于该温度，则用语音播报天气信息。

如果想立即体验一下效果，可以手工触发该自动化规则，操作步骤如下：

(1) 单击自动化面板左下角操作图标(图 2.49 箭头所指图标)，出现如图 2.50 所示的 weather_report 对话框。

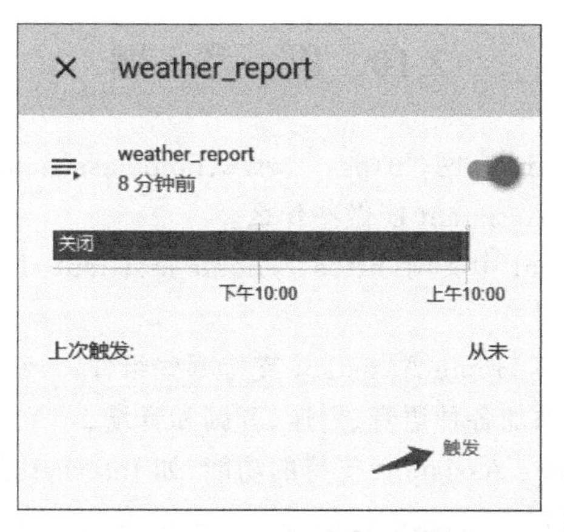

图 2.50　weather_report 对话框

(2) 运行 Kodi，使其最小化。

(3) 单击图 2.50 中的“触发”按钮，Kodi 开始播报，如图 2.51 所示(对比图 2.49 中 Kodi 卡片的状态)，可以听到当前的温度信息。

通过 Home Assistant 的自动化规则，可以实现很多强大的功能。例如：

(1) “如果今天天气预报下雨，网关在我开门时播报语音，提醒我带雨伞出门”，这是一个典型的小米系统无法实现的场景，但用 Home Assistant 实现很简单。

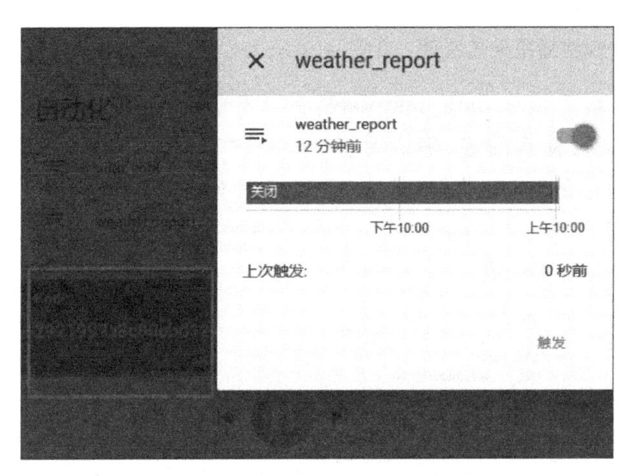

图 2.51　播报温度信息

(2) 小米系统无法用设备状态实现触发机制。“如果打开餐厅灯(设备状态)且坐在餐厅时(动作感应器)，就打开网关的 FM 收音机”，这个场景希望实现人体传感器检测到用户坐在餐厅，同时餐厅灯在打开状态时，才打开收音机。

(3) 通过 WiFi 智能插座，实现当用户打开计算机时，自动帮用户打开显示器、音箱和打印机电源。当 Home Assistant 检测到用户计算机关机后，自动帮用户把这些外设的电源关闭。

(4) 通过 Home Assistant，配合小米系统的花花草草检测仪，可以设置自动灌溉任务，只要发现花花草草检测仪的水分低于建议值，就启动 USB 小水泵浇水。

2.10　思　考　题

1. 访问 Home Assistant 官网(https://www.home-assistant.io/)，通过观看演示视频(View Demo)了解 Home Assistant 能做些什么。

2. 访问 Home Assistant 中文网(https://home-assistant-china.github.io/)，浏览“中文论坛”，了解开发者正在做什么。

3. 访问上述网站，了解 Home Assistant 支持哪些组件。

4. 尝试为百度 TTS 添加各种语音、语速、音调和音量。

5. 了解还有哪些 Home Assistant 支持的功能(如 Internet 信息服务、语音与媒体播放器、摄像头与图像处理、通知提醒、家电控制等)，并尝试将这些功能接入 Home Assistant。

6. 头脑风暴：设想有哪些自动化应用场景，并尝试实践应用。

第3章　树　莓　派

智能家居需要一个常开的低功耗主机，与PC相比，树莓派省电(适合7×24h开机的场景)、性价比高(只需几百元，足够完成日常自动控制的需求)，同时Home Assistant可以完美地在树莓派中运行，因此，树莓派是智能家居最理想的平台。

3.1　树莓派的安装和使用

树莓派由注册于英国的慈善组织——Raspberry Pi基金会开发。2012年3月，英国剑桥大学埃本·阿普顿(Eben Epton)正式发售世界上最小的台式机，又称卡片式计算机。其外形只有信用卡大小，却具有计算机的所有基本功能，这就是Raspberry Pi计算机板，中文译名为树莓派。

树莓派是一款基于ARM的微型计算机主板，以SD/MicroSD卡为内存硬盘，主板周围有USB、以太网、HDMI等接口，可连接键盘、鼠标、网线和显示器。以上部件全部整合在一块比信用卡稍大的主板上。该主板具备PC的所有基本功能，只需连接键盘、鼠标和显示器，就能实现编制电子表格、进行文字处理、玩游戏、播放高清视频等诸多功能。

本章所需的硬件包括树莓派3B/3B+/4B、8GB以上的SD卡以及USB TF卡读卡器。

3.1.1　烧写映像文件至SD卡

首先到树莓派官网下载树莓派映像文件，然后将映像文件烧写到SD卡上。

1. 格式化SD卡

格式化SD卡的步骤如下：

(1) 将SD卡插入USB TF卡读卡器。

(2) 用SDformatter对SD卡进行格式化(不能用Windows自带的格式化工具)。在PC中运行SDformatter软件，在如图3.1所示的窗口中选择要格式化的SD卡的盘符(图3.1中为F，在不同PC中，由于硬盘的数量和分区不同，SD卡的盘符会不同)，单击"格式化"按钮进行格式化。

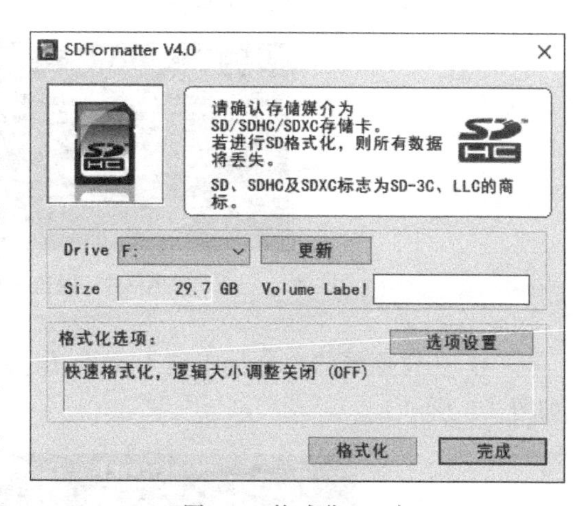

图3.1　格式化SD卡

2. 烧写映像文件

(1) 运行win32diskimager，在如图3.2所示的窗口中，选择映像文件(下载的树莓派映像文件)和SD卡所在设备位置(即盘符)。

(2) 单击"写入"按钮，写入成功后单击"退出"按钮。在此过程中，如果出现如图3.3

所示的对话框，单击“取消”按钮即可（F 盘是 SD 卡的引导分区，G 盘是树莓派的系统文件分区）。

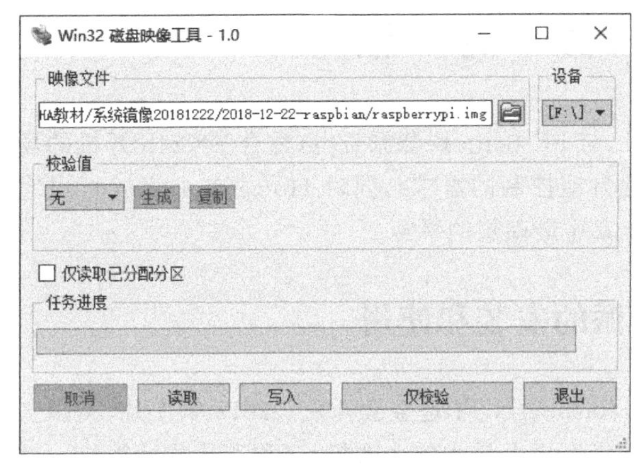

图 3.2　将映像文件写入 SD 卡

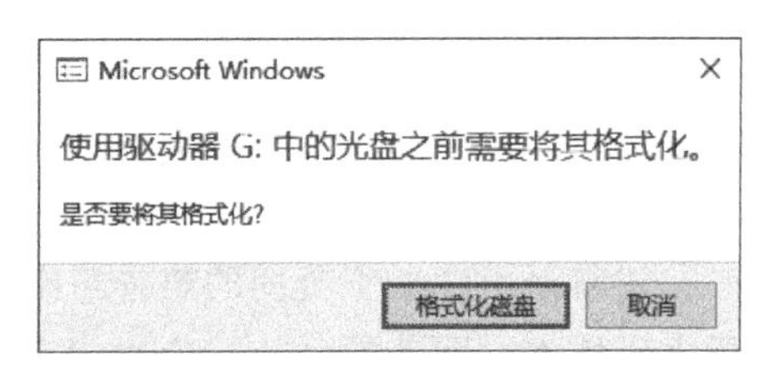

图 3.3　询问是否格式化 G 盘的对话框

树莓派的官方系统是基于 Debian 的，主要有两个分区：引导分区（boot）和根分区（root）。引导分区是 FAT32 格式的，如图 3.4 所示，存放一些系统启动需要的基本文件，包括内核、驱动程序、固件、启动脚本等；根分区是 EXT4 格式的，存放一些用户安装的软件和库文件、系统配置文件、用户数据等。

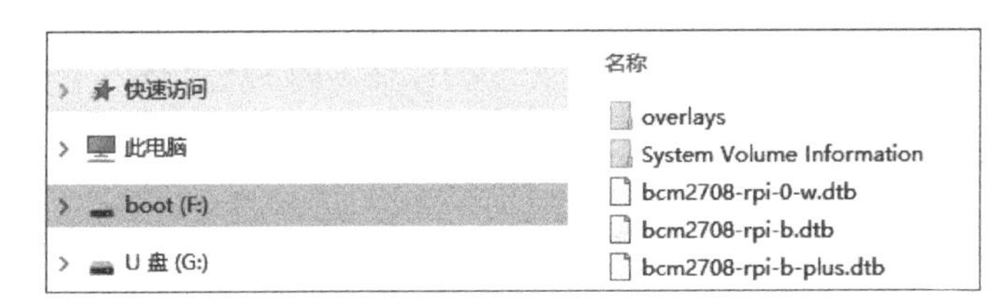

图 3.4　引导分区

(3) 在树莓派的命令行输入 df -h 命令，可以查看其文件系统信息，如图 3.5 所示。

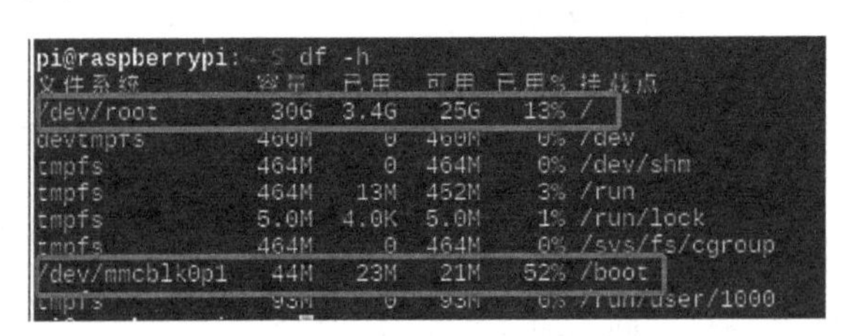

图 3.5　树莓派的文件系统信息

(4) 在树莓派的命令行中输入 sudo fdisk -l 命令，可以查看分区中的操作系统等信息，如图 3.6 所示。

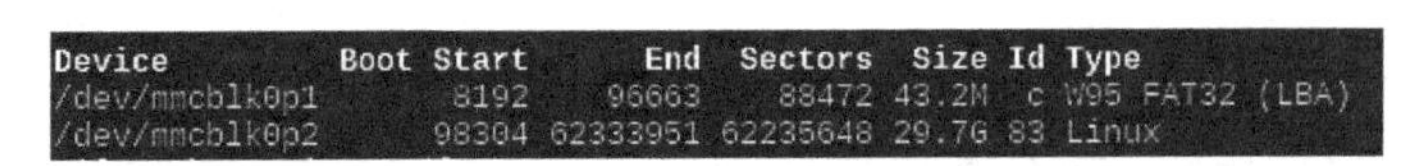

图 3.6　分区中的操作系统等信息

3.1.2 启动树莓派

将烧录后的 SD 卡插到树莓派的 TF 卡读卡器中，通过 HDMI 接口连接显示器(树莓派 4B 要连接到 HDMI0 接口，即靠近电源的那个)，接通电源，启动树莓派。

树莓派映像的版本不同。本节和 3.1.3 节、3.1.4 节的"通常情况"是指顺利时的使用情况，也有可能出现各种问题，此时可参考"通常情况"后的内容或相关的"跳转"说明。

1. 通常情况

(1) 第一次启动时，出现如图 3.7 所示的界面。

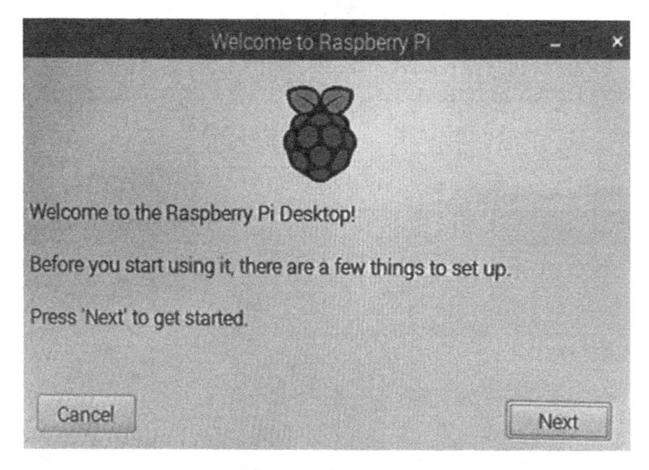

图 3.7 启动界面

(2) 单击 Next 按钮，选择国家、语言和时区，如图 3.8 所示。

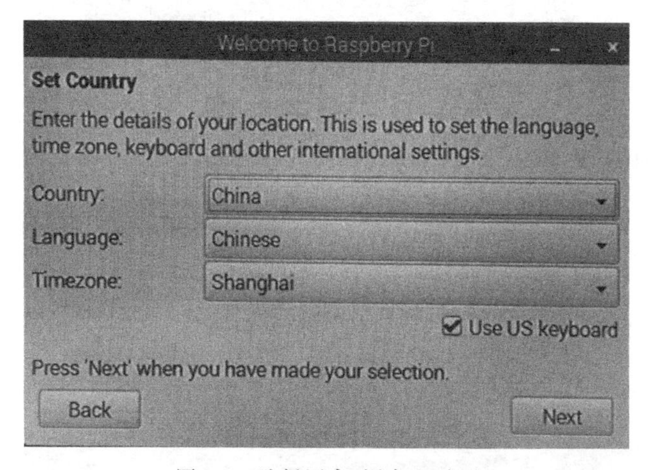

图 3.8 选择国家、语言和时区

(3) 单击 Next 按钮，修改密码，如图 3.9 所示。

(4) 单击 Next 按钮，选择 WiFi(确保树莓派与计算机在同一个 WiFi 中)，如图 3.10 所示。

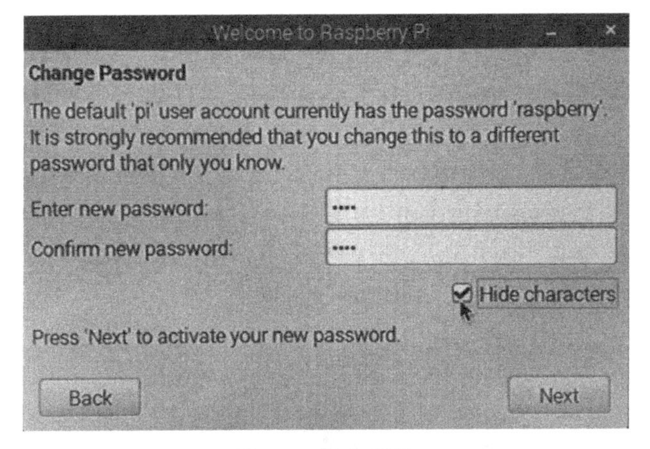

图 3.9　修改密码

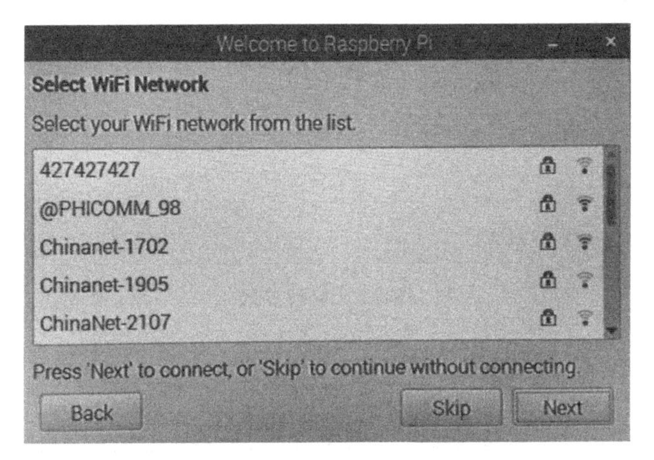

图 3.10　选择 WiFi

(5) 单击 Next 按钮,输入 WiFi 密码,如图 3.11 所示。

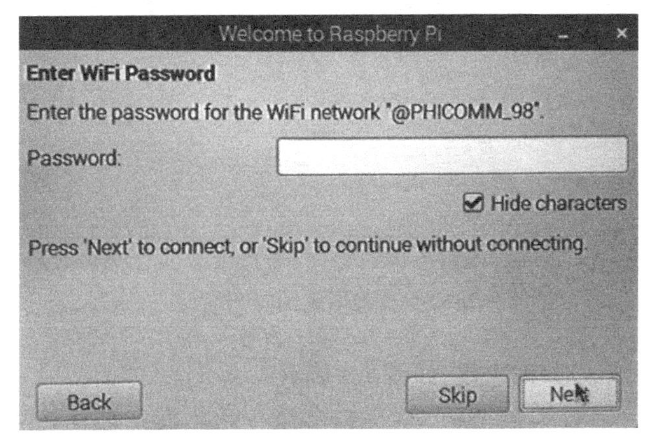

图 3.11　输入 WiFi 密码

(6) 单击 Next 按钮，进入欢迎界面，如图 3.12 所示。

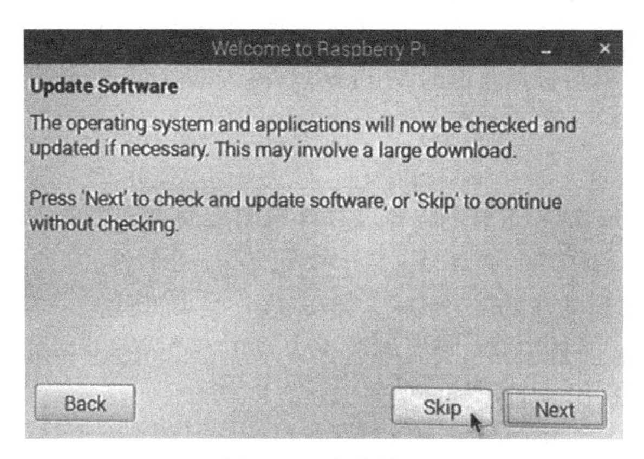

图 3.12 欢迎界面

(7) 在欢迎界面中还可以检查并升级软件，然而升级需要很长时间，因此不升级，单击 Skip 按钮，完成设置，如图 3.13 所示。

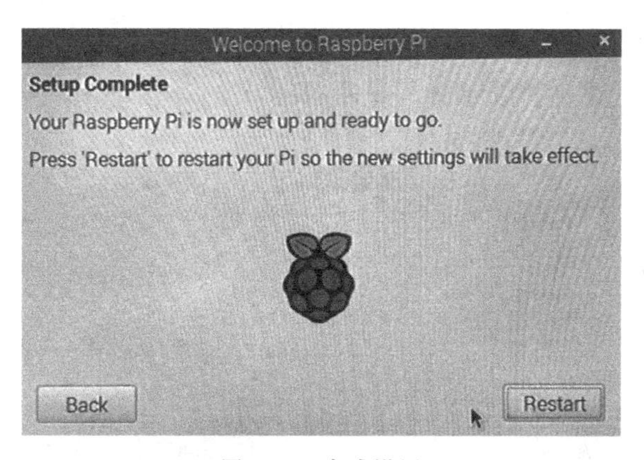

图 3.13 完成设置

(8) 单击 Restart 按钮，重启后将鼠标放在树莓派屏幕右上角 WiFi 图标处，记录树莓派的 IP 地址，如图 3.14 所示。

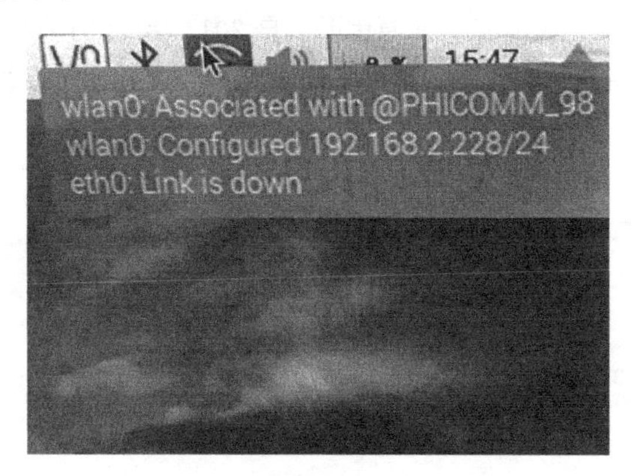

图 3.14 记录树莓派 IP 地址

2. 开机直接进入树莓派系统的情况

有些映像会直接进入树莓派系统。进入系统后，只要单击右上角 WiFi 图标(参见图 3.14 箭头位置)，开启 WiFi，然后选择自己的 WiFi 热点，输入密码即可(参见图 3.10 和图 3.11)。

3.1.3 PuTTY

因为树莓派的屏幕太小，如果希望通过计算机对树莓派进行操作，就需要打开 SSH 服务和 VNC 服务，安装 PuTTY、VNC-Viewer 和 FileZila 等软件。

PuTTY 是一款免费的 Telnet、SSH、Rlogin 远程登录工具。

(1) 在计算机上运行 PuTTY，会自动打开 PuTTY Configuration 对话框，如图 3.15 所示。在其中输入树莓派 IP 地址。

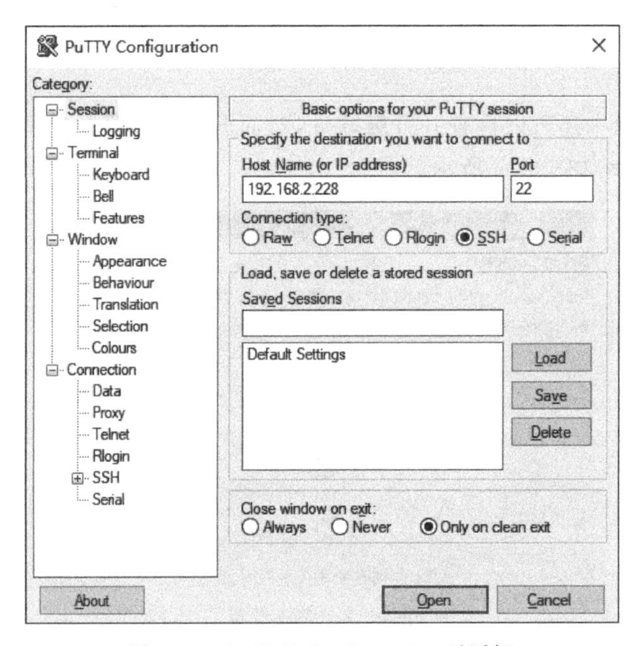

图 3.15 PuTTY Configuration 对话框

(2) 单击 Open 按钮，出现如图 3.16 所示的对话框，表明无法通过 SSH 连接树莓派，SSH 连接提示 Connection refused。其原因是：自 2016 年 11 月官方发布的 Raspbian 系统映像开始，系统默认禁用 SSH 服务。如果不出现这种情况，则跳转到步骤(4)。

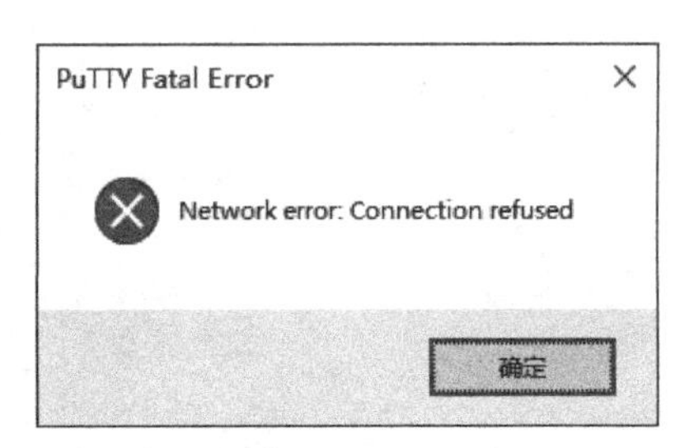

图 3.16 无法连接提示对话框

(3) 关闭树莓派的电源，把 SD 卡拔下来，放置在读卡器中，插入计算机的 USB 接口。系统会弹出“格式化”对话框，单击“取消”按钮，不要格式化！进入 boot 根目录，新建一个名为 ssh 的空白文件。再把 SD 卡插回树莓派，就可以使用 SSH 了。再次执行步骤(1)，在图 3.15 中单击 Open 按钮，出现如图 3.17 所示的界面，则表明连接成功。

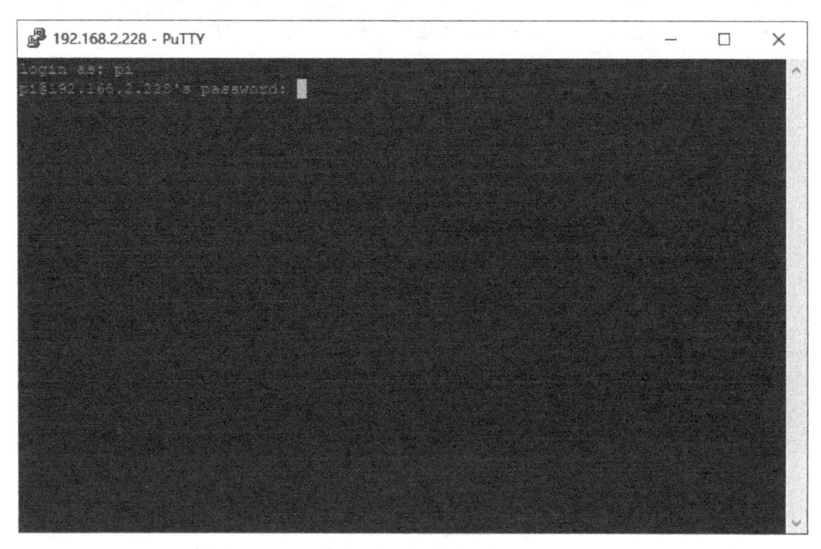

图 3.17　连接成功

(4) 在图 3.17 的窗口中输入用户名和密码(注意，输入密码时，屏幕上没有任何显示；如果在第一次启动树莓派时已设置密码，则输入该密码；如果开机后直接进入树莓派界面，则输入树莓派的默认用户名 pi 和默认密码 raspberry)，按 Enter 键后进入系统。

(5) 输入命令 sudo raspi-config(sudo 表示以 root 身份运行)，按 Enter 键，进入树莓派软件配置工具，如图 3.18 所示(如果按 Enter 键后出现 command not found 的提示，则直接跳转到 3.1.4 节的操作)。

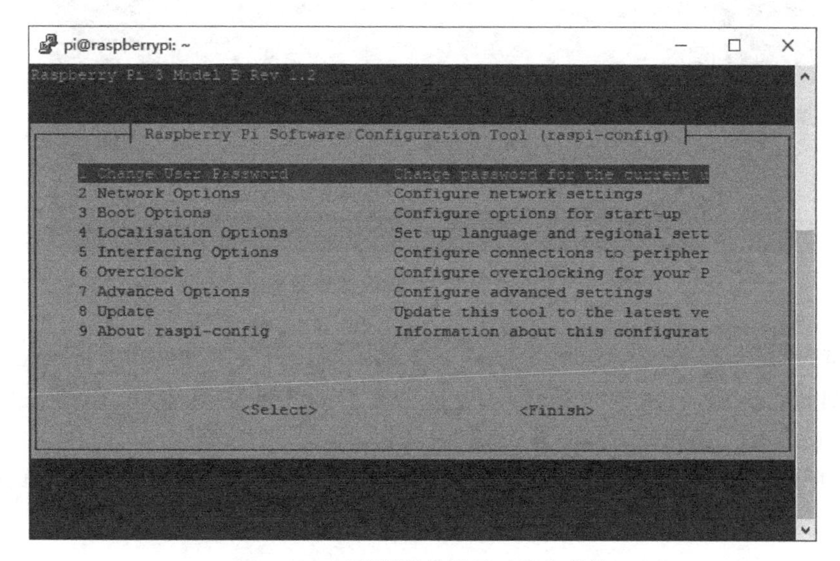

图 3.18　树莓派软件配置工具主菜单

(6) 通过键盘上的方向键将亮条移动到 5 Interfacing Options 后，按 Enter 键，进入如图 3.19 所示的配置界面。

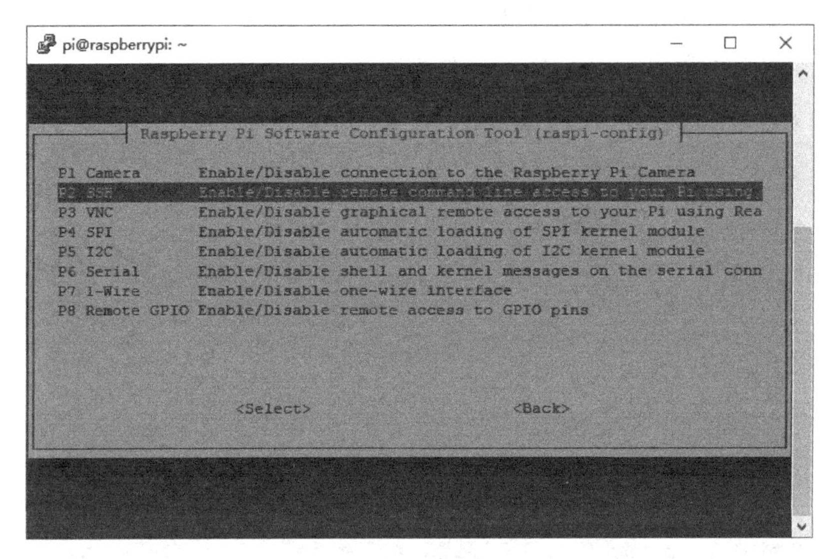

图 3.19　选择服务器

(7) 选择 P2 SSH，按 Enter 键，显示如图 3.20 所示的对话框。

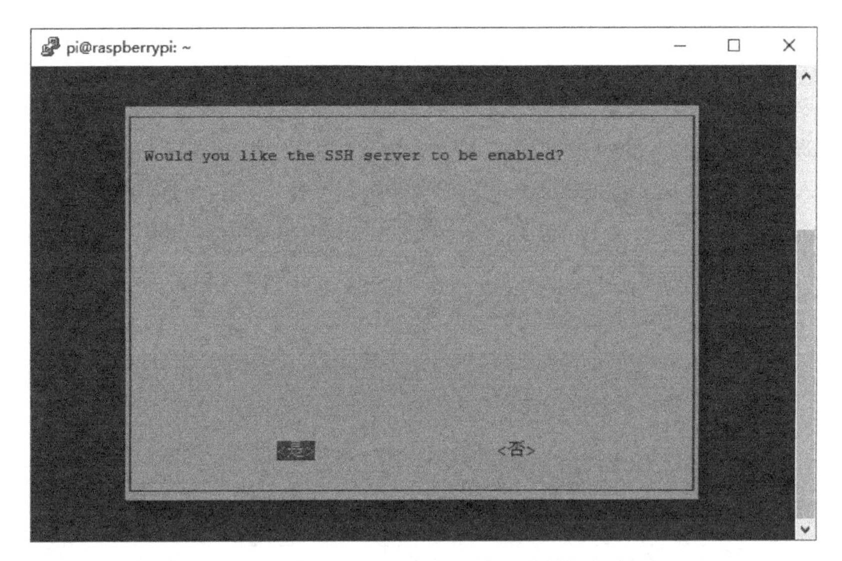

图 3.20　询问是否开启 SSH 服务器的对话框

(8) 选择“是”，按 Enter 键，开启 SSH 服务器。

(9) 回到图 3.18 所示的树莓派软件的配置工具界面主菜单后，选择 5 Interfacing Options | P3 VNC，用同样方法开启 VNC 服务器。

(10) 开启 VNC 服务器后，回到图 3.18 的树莓派软件配置工具界面主菜单，将亮条移动到 Finish，按 Enter 键，返回 PuTTY。

3.1.4 VNC Viewer

VNC Viewer 是一款远程控制软件，用户可以通过它在计算机端访问树莓派的桌面。

1. 通常情况

(1) 在计算机上安装并运行 VNC Viewer，出现如图 3.21 所示的界面。

(2) 在 VNC Server 下拉列表框中输入树莓派的 IP 地址，单击 Connect 按钮，弹出认证对话框，要求输入用户名和密码，如图 3.22 所示。

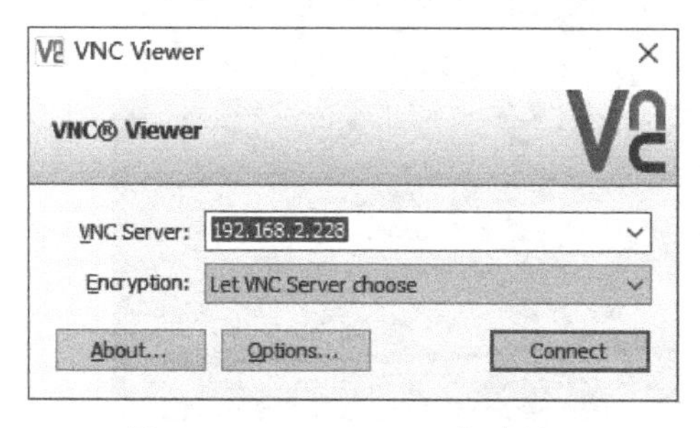

图 3.21 VNC Viewer 启动界面

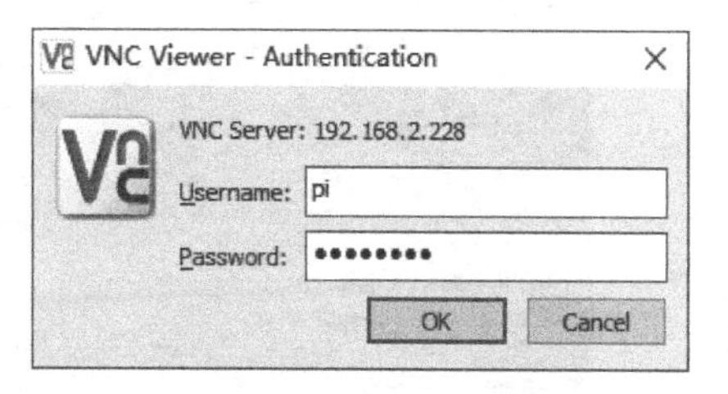

图 3.22 认证对话框

(3) 输入用户名和密码，单击 OK 按钮，在 PC 屏幕上就会显示树莓派屏幕内容，如图 3.23 所示。

(a) 树莓派3B+

(b) 树莓派4B

图 3.23 在 PC 屏幕上显示的树莓派屏幕内容

此时，就可以使用 PC 的鼠标和键盘对树莓派进行操作了。

2. 无法连接 VNC 的情况

如果出现无法连接 VNC 的情况，VNC Viewer 会弹出如图 3.24 所示的提示框。

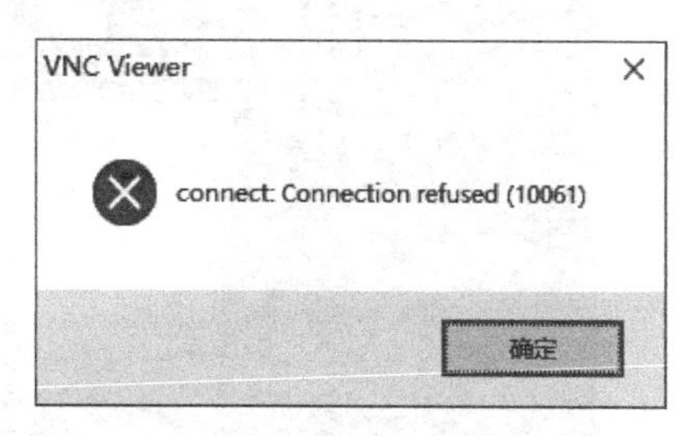

图 3.24 无法连接 VNC 时的提示框

对于这种情况，可按如下步骤运行 VNC Viewer。

(1) 在 PuTTY 中执行 vncserver 命令，如图 3.25 所示。

(2) 注意图 3.25 的最后一行：New desktop is raspberrypi:1 (192.168.2.148:1)，最后

```
pi@raspberrypi:~ $ vncserver
VNC(R) Server 6.4.1 (r40826) ARMv6 (Mar 13 2019 16:35:06)
Copyright (C) 2002-2019 RealVNC Ltd.
RealVNC and VNC are trademarks of RealVNC Ltd and are protected by trademark
registrations and/or pending trademark applications in the European Union,
United States of America and other jurisdictions.
Protected by UK patent 2481870; US patent 8760366; EU patent 2652951.
See https://www.realvnc.com for information on VNC.
For third party acknowledgements see:
https://www.realvnc.com/docs/6/foss.html
OS: Raspbian GNU/Linux 10, Linux 4.19.50, armv7l

Generating private key... done
On some distributions (in particular Red Hat), you may get a better experience
by running vncserver-virtual in conjunction with the system Xorg server, rather
than the old version built-in to Xvnc. More desktop environments and
applications will likely be compatible. For more information on this alternative
implementation, please see: https://www.realvnc.com/doclink/kb-546

Running applications in /etc/vnc/xstartup

VNC Server catchphrase: "Everest picture desert. Precise shadow barcode."
             signature: 31-26-e5-87-ac-fb-06-0a

Log file is /home/pi/.vnc/raspberrypi:1.log
New desktop is raspberrypi:1 (192.168.2.148:1)
```

图 3.25　执行 vncserver 命令

的数字代表此次 vncserver 创建的桌面编号，这里的编号为 1。

(3) 打开 VNC 客户端，输入树莓派的 IP 地址以及桌面编号，格式为 192.168.2.148:1，输入用户名和密码，单击 OK 按钮，随后的过程参见图 3.22 和图 3.23。

3. 分辨率不匹配的情况

如果在 PC 屏幕上无法显示树莓派屏幕内容(如图 3.26 所示)，或最大化以后的树莓派屏幕内容窗口只占 VNC 界面的很小一部分(如图 3.27 所示)，表明 PC 和树莓派的屏幕分辨率不匹配。

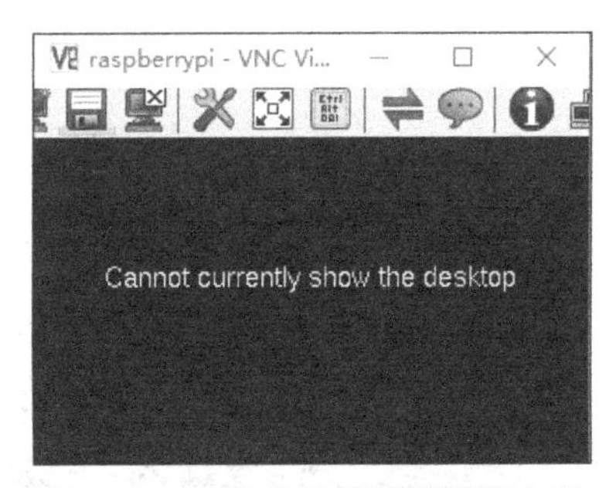

图 3.26　无法显示树莓派屏幕内容

图 3.27　树莓派屏幕内容只占 VNC 界面的很小一部分

对于这种情况，可按如下步骤运行 VNC Viewer。

(1) 在 PuTTY 中执行命令 sudo raspi-config，进入如图 3.18 所示的选择屏幕分辨率界面，选择 7 Advanced Options | A5 Resolution，进入如图 3.28 所示的选择屏幕分辨率界面(如果执行命令后显示 command not found，则执行下面的“4. 树莓派配置”中的操作)。

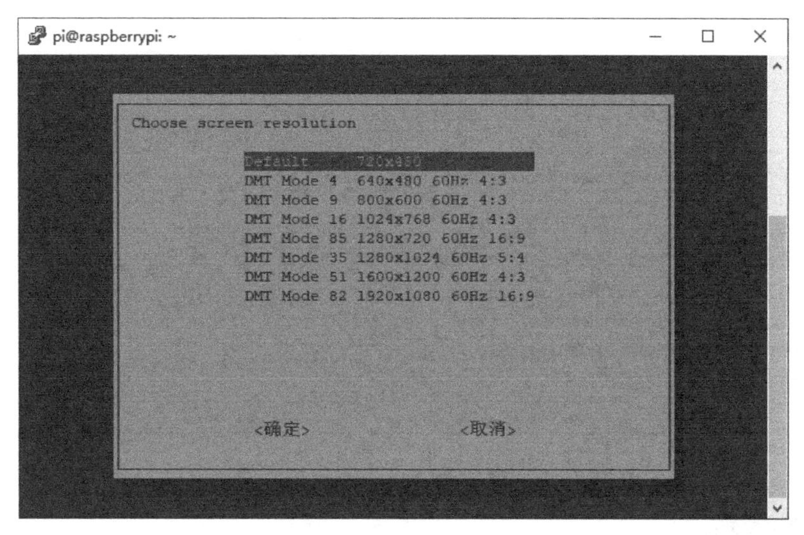

图 3.28　选择屏幕分辨率界面

(2) 选择合适的屏幕分辨率，直至两个屏幕的分辨率达到最佳匹配，移动亮条选择“确定”，保存设置后重启 VNC Viewer。

4. 树莓派配置

(1) 执行树莓派的 Preferences | Raspberry Pi Configuration 命令，出现如图 3.29 所示的 Raspberry Pi Configuration 对话框。

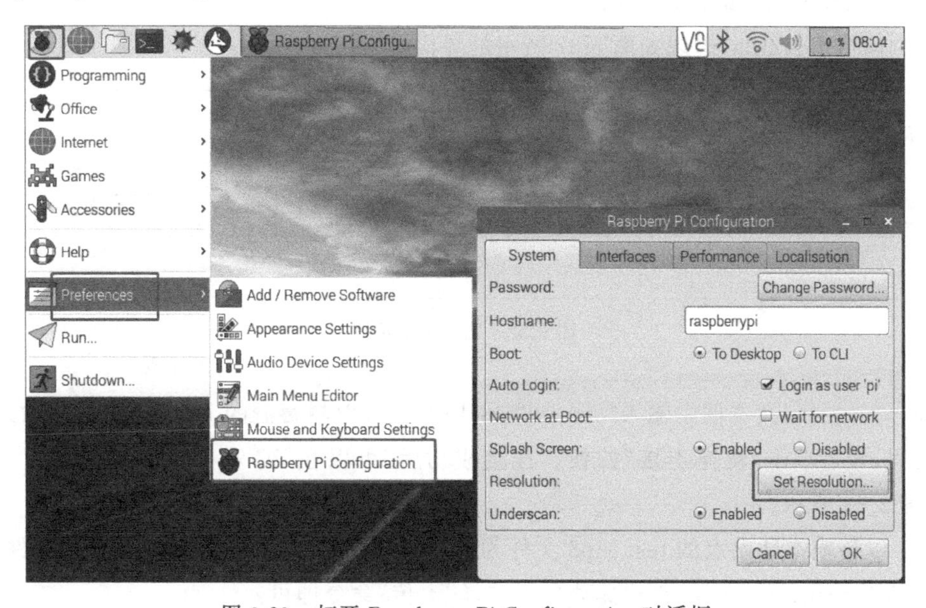

图 3.29　打开 Raspberry Pi Configuration 对话框

(2) 单击 Set Resolution 按钮，在如图 3.30 所示的列表中选择合适的分辨率。

(3) 重启系统。

在 Raspberry Pi Configuration 对话框中还可以进行其他设置，如单击图 3.29 中的 Change Password 按钮，在出现的 Change Password 对话框中修改密码，如图 3.31 所示。

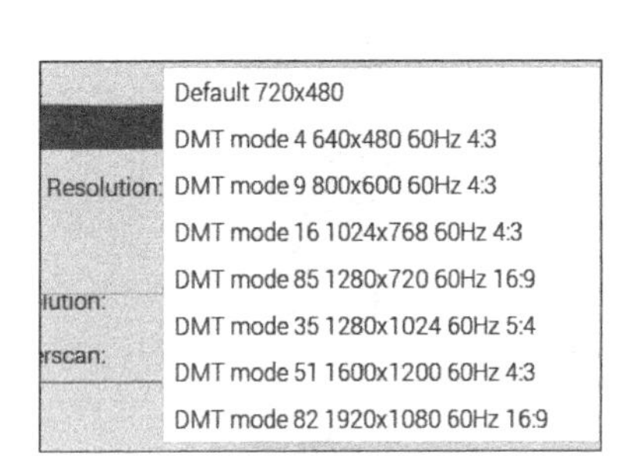

图 3.30 修改分辨率

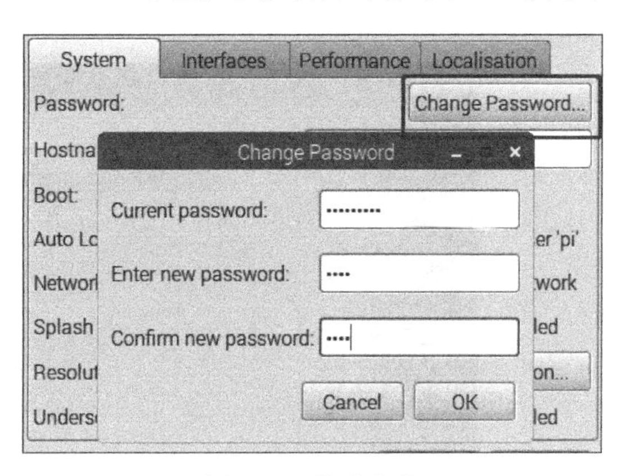

图 3.31 修改密码

3.1.5 文件传输

使用 SSH 文件传输工具可以在 Windows 与树莓派之间实现文件跨系统传输。最常用的 SSH 文件传输工具是 FileZilla。

FileZilla 是建立在 SSH 服务下的快速、免费、跨平台的 FTP 软件，通过该软件可以把 PC 端编写好的程序或文件直接传输到树莓派中。这样，就可以在 PC 端将程序编写好，然后传输到树莓派系统中运行。

使用 FileZilla 传输文件的步骤如下：

(1) 运行 FileZilla，出现如图 3.32 所示的界面。

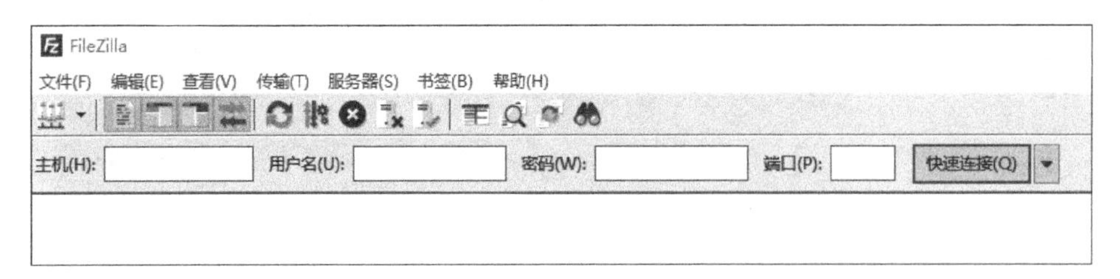

图 3.32 FileZilla 界面

(2) 在"主机"文本框中输入"sftp://192.168.2.228"(树莓派的 IP 地址)，然后输入用户名和密码，最后单击"快速连接"按钮。连接成功后，可以在 PC 和树莓派之间进行文件传输，如图 3.33 所示。

(3) 以传输本地站点的 test.mp3 文件为例，选择远程站点(树莓派)的 Music 文件夹，右击本地站点 test.mp3 文件，在快捷菜单中选择"上传"命令即可。

(4) 同理，选择远程站点的一个文件，右击该文件后在快捷菜单中选择"下载"命令，就可以将树莓派中的这个文件复制到本地站点。

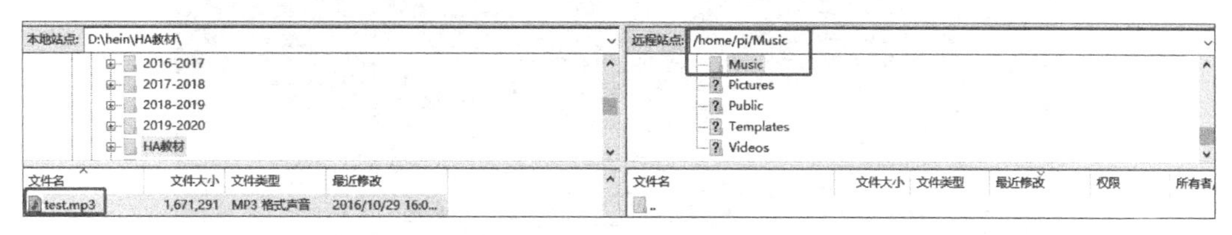

图 3.33 文件传输界面

3.1.6 Linux 常用命令与文本编辑

在树莓派中进行操作时,经常会用到 Linux 中的一些命令。下面简要介绍一些常用的 Linux 命令。打开树莓派的 LX 终端(快捷键为 Ctrl+Alt+T),就可以输入 Linux 命令。

1. 常用命令

树莓派中的常用 Linux 命令如下。

(1) 查看操作系统版本: cat /proc/version。

(2) 查看主板版本: cat /proc/cpuinfo。

(3) 查看 SD 卡剩余空间: df -h。

(4) 查看 IP 地址: ifconfig。

(5) 压缩: tar -zcvf filename.tar.gz dirname。

(6) 解压: tar -zxvf filename.tar.gz。

(7) 安装软件: sudo apt-get install ×××。

(8) 更新软件列表: sudo apt-get update。

(9) 更新已安装的软件: sudo apt-get upgrade。

(10) 删除软件: sudo apt-get remove ×××。

在上面命令格式中,filename 表示文件名,dirname 表示目录名,×××表示软件名。

2. 文件与目录管理

Linux 的目录结构为树状,最顶级的目录为根目录(用/表示)。其他目录通过挂载可以添加到目录树中,通过解除挂载可以从目录树中移除。

路径的写法包括绝对路径与相对路径两种。

(1) 绝对路径: 从根目录写起,例如/usr/share/doc。

(2) 相对路径: 不从根目录写起。例如,从当前目录/usr/share/doc 转到/usr/share/man 时,命令可以写成 cd ../man。

以下是文件与目录管理中常用的命令。

(1) 显示当前目录: pwd。

(2) 列出当前目录中的文件: ls;显示以.开头的文件: ls -a。

以上命令的示例如图 3.34 所示。

(3) 创建目录: mkdir。

(4) 删除目录: rm -r。

```
pi@raspberrypi:~ $ pwd
/home/pi
pi@raspberrypi:~ $ ls
appdaemon       bin       Documents  homeassistant  Music     Public     Videos
appdaemon_venv  Desktop   Downloads  MagPi          Pictures  Templates
pi@raspberrypi:~ $ ls -a
.               bin        homeassistant   .node-red  Videos
..              .cache     .homeassistant  .npm       .vnc
appdaemon       .config    .jupyter        Pictures   .wget-hsts
appdaemon_venv  Desktop    .local          .pki       .Xauthority
.bash_history   Documents  MagPi           .profile   .xsession-errors
.bash_logout    Downloads  Music           Public     .xsession-errors.old
.bashrc         .gnupg     .node-gyp       Templates
```

图 3.34　pwd、ls 命令示例

以上命令的示例如图 3.35 所示。

```
pi@raspberrypi:~ $ mkdir test
pi@raspberrypi:~ $ ls
appdaemon       bin      Documents  homeassistant  Music     Public     test
appdaemon_venv  Desktop  Downloads  MagPi          Pictures  Templates  Videos
pi@raspberrypi:~ $ rm -r test
pi@raspberrypi:~ $ ls
appdaemon       bin      Documents  homeassistant  Music     Public     Videos
appdaemon_venv  Desktop  Downloads  MagPi          Pictures  Templates
```

图 3.35　创建与删除目录

(5) 改变当前目录：cd;进入上一级目录：cd ..。

(6) 复制文件：cp。

(7) 删除文件：rm。

以上命令的示例如图 3.36 所示。

```
pi@raspberrypi:~ $ cd homeassistant
pi@raspberrypi:~/homeassistant $ ls
automations.yaml    customize.yaml  home-assistant.log     scripts.yaml
configuration.yaml  deps            home-assistant_v2.db   secrets.yaml
custom_components   groups.yaml     known_devices.yaml     tts
pi@raspberrypi:~/homeassistant $ cp configuration.yaml con.yaml
pi@raspberrypi:~/homeassistant $ ls
automations.yaml    customize.yaml      home-assistant_v2.db  tts
configuration.yaml  deps                known_devices.yaml
con.yaml            groups.yaml         scripts.yaml
custom_components   home-assistant.log  secrets.yaml
pi@raspberrypi:~/homeassistant $ rm con.yaml
pi@raspberrypi:~/homeassistant $ ls
automations.yaml    customize.yaml  home-assistant.log     scripts.yaml
configuration.yaml  deps            home-assistant_v2.db   secrets.yaml
custom_components   groups.yaml     known_devices.yaml     tts
```

图 3.36　cd、cp、rm 命令示例

(8) 显示帮助：man。

(9) 以 root 身份运行：sudo。

在命令行窗口中输入 man sudo 命令，出现 sudo 命令的帮助信息，如图 3.37 所示。

3. 文本编辑

Linux 自带的编辑器有 nano 和 vi，但 vi 编辑器使用起来很不方便，因此在树莓派中主要使用 nano。

例如，在 homeassistant 目录下，要使用 nano 编辑器对 configuration.yaml 进行编辑，输入命令 nano configuration.yaml 即可，如图 3.38 所示。

```
pi@raspberrypi: ~
文件(F) 编辑(E) 标签(T) 帮助(H)
SUDO(8)                  BSD System Manager's Manual                  SUDO(8)

NAME
     sudo, sudoedit — execute a command as another user

SYNOPSIS
     sudo -h | -K | -k | -V
     sudo -v [-AknS] [-a type] [-g group] [-h host] [-p prompt] [-u user]
     sudo -l [-AknS] [-a type] [-g group] [-h host] [-p prompt] [-U user]
          [-u user] [command]
     sudo [-AbEHnPS] [-a type] [-C num] [-c class] [-g group] [-h host]
          [-p prompt] [-r role] [-t type] [-u user] [VAR=value] [-i | -s]
          [command]
     sudoedit [-AknS] [-a type] [-C num] [-c class] [-g group] [-h host]
          [-p prompt] [-u user] file ...

DESCRIPTION
     sudo allows a permitted user to execute a command as the superuser or
     another user, as specified by the security policy.  The invoking user's
     real (not effective) user ID is used to determine the user name with
     which to query the security policy.

     sudo supports a plugin architecture for security policies and input/out-
 Manual page sudo(8) line 1 (press h for help or q to quit)
```

图 3.37　sudo 命令的帮助信息

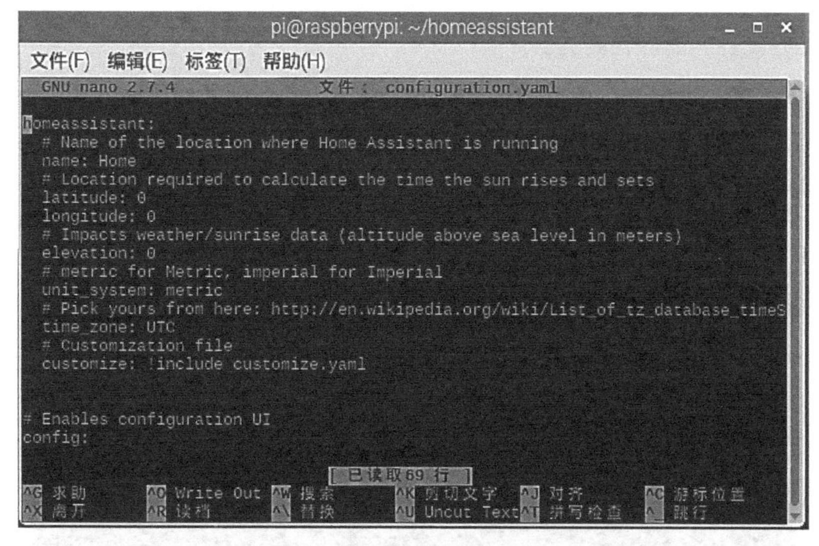

图 3.38　用 nano 编辑器编辑 configuration.yaml

3.2　树莓派中的 Home Assistant

在树莓派的命令行输入命令 pip3 install homeassistant＝＝版本号，安装 Home Assistant 的指定版本。

安装完成后，重启树莓派，输入 hass，启动 Home Assistant。

在浏览器中输入 127.0.0.1:8123，访问本机的 Home Assistant。

3.2.1　自启动 Home Assistant

要在树莓派启动时自动运行 Home Assistant，设置方法如下。

(1) 输入命令 which hass,查看 hass 安装路径,如图 3.39 所示。

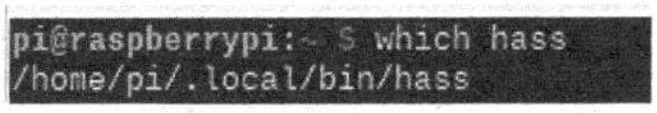

```
pi@raspberrypi:~ $ which hass
/home/pi/.local/bin/hass
```

图 3.39　查看 hass 安装路径

(2) 输入命令 sudo nano /etc/systemd/system/home-assistant@pi.service,编写 Home Assistant 自启动配置文件。

(3) 在 nano 编辑器中输入以下代码:

```
[Unit]
Description=Home Assistant
After=network.target
[Service]
Type=simple
User=%i
ExecStart=/home/pi/.local/bin/hass
[Install]
WantedBy=multi-user.target
```

按 Ctrl+O 键保存文件,当出现如图 3.40 所示的"要写入的文件名……"提示时,按 Enter 键保存文件。然后,按 Ctrl+X 键退出 nano 编辑器。

图 3.40　编写自启动配置文件

注意: 程序中框出的路径是前面查到的 hass 安装路径。在实际操作中,要根据查到的具体路径对 ExecStart 值进行更改。

(4) 使用命令 sudo systemctl enable home-assistant@pi 将自启动配置文件加载到系统中,结果如图 3.41 所示。

(5) 使用命令 sudo reboot 重启树莓派。

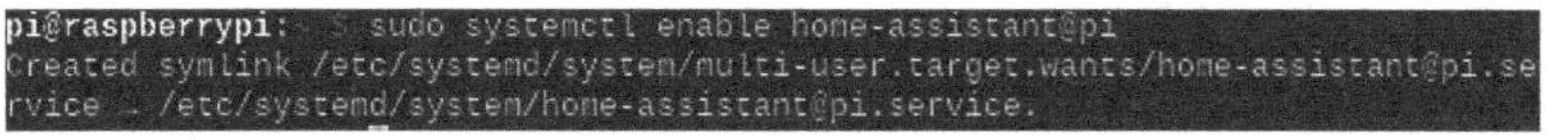

```
pi@raspberrypi:~ $ sudo systemctl enable home-assistant@pi
Created symlink /etc/systemd/system/multi-user.target.wants/home-assistant@pi.se
rvice → /etc/systemd/system/home-assistant@pi.service.
```

图 3.41　将自启动配置文件加载到系统中

打开文件管理器，可以看到文件 home-assistant@pi.service，如图 3.42 所示。这样，启动树莓派后就可以自动运行 Home Assistant 了。

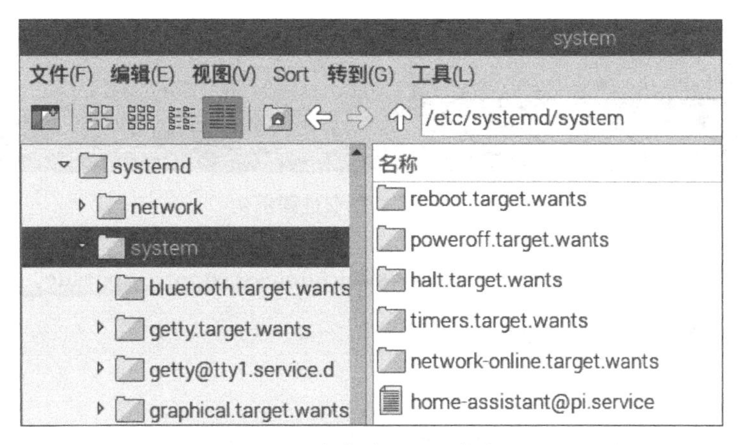

图 3.42　自启动配置文件位置

(6) 重启树莓派时，加载 hass 的时间会比较长，可以在 PuTTY 中输入命令 sudo journalctl -fu home-assistant@pi，查看服务当前的输出，如图 3.43 所示。当出现图 3.43 右下角所示的方框中的信息时，表明 hass 启动成功。

图 3.43　hass 启动成功

自启动服务相关命令如下(以 home-assistant@pi 服务为例)。

(1) 重载服务配置：sudo systemctl —system daemon-reload。

(2) 将服务加入自启动：sudo systemctl enable home-assistant@pi。

(3) 将服务从自启动中移除：sudo systemctl disable home-assistant@pi。

(4) 手工启动自启动服务：sudo systemctl start home-assistant@pi。

(5) 手工停止自启动服务：sudo systemctl stop home-assistant@pi。

(6) 手工重启自启动服务：sudo systemctl restart home-assistant@pi。

(7) 查看服务当前的输出：sudo journalctl -fu home-assistant@pi。

其他相关命令如下：

(1) 检查命令进程：ps -ef|grep hass。

(2) 检查网络：netstat -an|grep 8123。

检查命令进程的示例如图 3.44 所示。

```
pi@raspberrypi:~ $ ps -ef|grep hass
pi        1589     1  1 09:52 ?        00:00:11 /usr/bin/python3 /home/pi/.local/bin/hass
pi        2059  1354  0 10:06 pts/1    00:00:00 grep --color=auto hass
pi@raspberrypi:~ $ netstat -an|grep 8123
tcp        0      0 0.0.0.0:8123            0.0.0.0:*               LISTEN
tcp        0      0 127.0.0.1:8123          127.0.0.1:56034         ESTABLISHED
tcp        0      0 127.0.0.1:56034         127.0.0.1:8123          ESTABLISHED
```

图 3.44　检查命令进程示例

(3) 升级 HomeAssistant：sudo pip3 install homeassistant --upgrade。

3.2.2　备份映像与 SD 卡克隆

1. 备份映像

运行 win32diskimager，在弹出的对话框中输入映像文件名，如 raspberry.img，单击“读取”按钮，即可将树莓派 SD 卡文件转为映像文件，如图 3.45 所示。

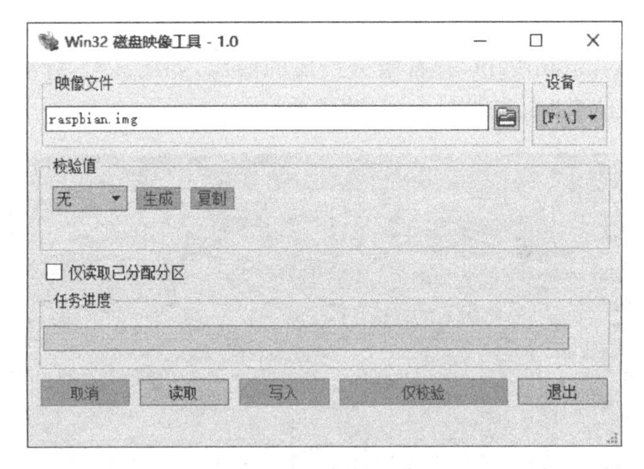

图 3.45　备份映像

备份获得的映像文件大小和 SD 卡的容量一致。

2. SD 卡克隆

用做好系统的 SD 卡启动树莓派，把要克隆的 SD 卡插入读卡器，再把读卡器插入树莓派的 USB 接口。在树莓派系统主菜单中选择 Accessories→SD Card Copier 命令，弹出的 SD Card Copier 对话框如图 3.46 所示。

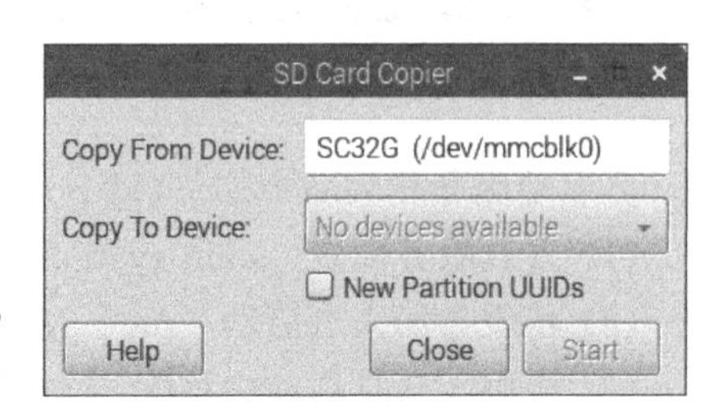

图 3.46　SD Card Copier 对话框

在 Copy From Device 下拉列表框中选择 SC32G(/dev/mmcblk0)选项,在 Copy To Device 下拉列表框中选择目标 SD 卡位置。单击 Start 按钮,克隆过程为 10～15min。如果是相同品牌、相同容量的两个 SD 卡,时间更短。

SD 卡克隆的优点是:无须输入命令,速度快;无容量限制,无须扩容,可以将一个 SD 卡克隆到任意容量的 SD 卡上,前提是目标 SD 卡能装下源 SD 卡中的系统。

3.3 组件接入

与 Windows 上的 Home Assistant 相同,树莓派上的 Home Assistant 也可以接入各种组件。实际上,第 2 章介绍的 Windows 上的组件都可以在树莓派上接入;同样,本节介绍的树莓派上的组件也可以在 Windows 上接入,读者可以进行尝试。

下面在树莓派上实现 Windows 上的功能模块。为了便于对比,本节选择了与 Windows 上的组件具有相同的功能的不同组件。

3.3.1 语音与媒体播放——Google 语音与 VLC

在 Windows 中使用了百度语音,在树莓派中改用 Google 语音,读者可以进行比较。

1. 安装媒体播放器 VLC

在树莓派命令行中输入 sudo apt-get install vlc,安装 VLC(若在树莓派系统主菜单的"影音"选项中已有 VLC,则无须安装)。

2. 在 Home Assistant 中配置 media_player.vlc 和 tts.google

(1) 在树莓派的"视图"菜单中,选择"显示隐藏内容"命令。右击/home/pi/.homeassistant下的 configuration.yaml 文件,使用 Geany 打开该文件,默认的 tts 配置如图 3.47 所示。

(2) 在配置文件中添加有关媒体播放器 VLC 的内容,添加位置如图 3.48 所示,语句如下:

```
media_player:
  -platform: vlc
```

图 3.47 默认的 tts 配置

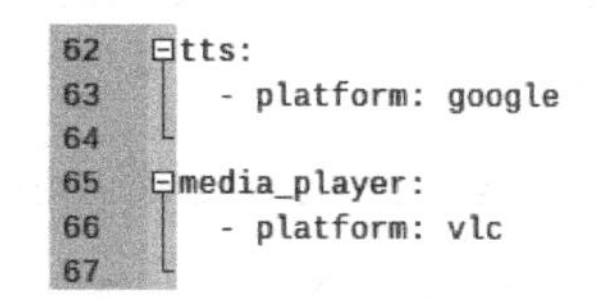

图 3.48 添加有关 VLC 的内容

(3) 检查配置并重启服务,在前端"概览"页面中显示 VLC 卡片,如图 3.49 所示。

(4) 单击图 3.49 中箭头所指的按钮,出现 VLC 播放界面,如图 3.50 所示。

(5) 输入要朗读的文本,单击图 3.50 中箭头所指的播放按钮进行播报。无法听到 TTS 语音,同时在页面的左下角出现"调用服务 tts:google_say 失败"的信息。

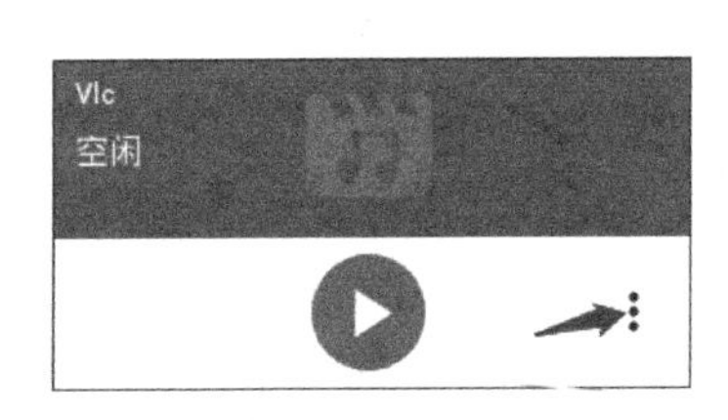

图 3.49　VLC 卡片

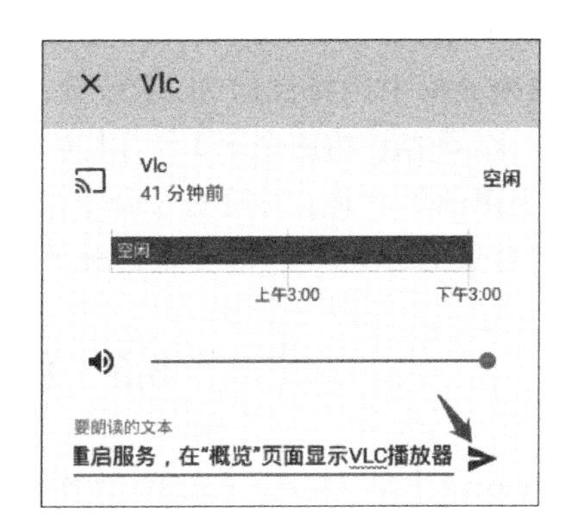

图 3.50　VLC 播放界面

3. 调整 google tts 以访问 google.cn

google tts 组件默认访问 google.com，需要将其改为访问 google.cn。

在命令行中输入以下 3 个命令。

第一个命令如下：

```
sudo sed -i s/translate.google.com/translate.google.cn/g `grep translate.
google.com -rl --include="*.py" /home/pi/.homeassistant /usr/local/lib`
```

该命令将配置目录下以及 Python 库的.py 文件中的 translate.google.com 替换成 translate.google.cn。

Linux 中的 sed 命令利用脚本来处理文本文件，其中-i 表示在指定行的前面插入一行；s 是替换脚本命令，格式为 s/pattern/replacement/flags，其中 pattern 指的是需要替换的原内容，replacement 指的是要替换的新内容，flags 为 g 表示对数据中所有匹配的内容进行替换。

在 Linux 系统中，反引号(`)内的 Linux 命令先执行。反引号中的 grep 是一种强大的文本搜索工具，它能使用正则表达式搜索文本。默认情况下，grep 只搜索当前目录，-r 表示搜索子目录，-l 表示只列出匹配的文件名。

在运行了这个命令之后，就能正常使用 google 的 tts 服务了。下面两个命令的作用是将它放置在自定义组件中，防止未来 Home Assistant 的升级覆盖本次改动。

第二个命令如下：

```
mkdir -p /home/pi/.homeassistant/custom_components/tts
```

该命令的作用是创建一个自定义组件目录。

第三个命令如下：

```
cp `grep translate.google.cn -rl --include="google.py" /usr/local/lib/python3.5
/dist-packages/homeassistant/components/tts` /home/pi/.homeassistant/custom_
components/tts
```

该命令的作用是将 Home Assistant 中的组件文件放置在自定义组件目录中。

4. 朗读文字

重启服务，输入文字，就可以朗读了。

5. 更新

从 Home Assistant 0.92 开始，google 改为 google_translate，配置如下：

```
-platform: google_translate
```

访问 google.cn 的脚本后，上面的第二条命令变为

```
mkdir -p /home/pi/.homeassistant/custom_components/google_translate
cp /usr/local/lib/python3. 5/dist - packages/homeassistant/components/google _
translate/* /home/pi/.homeassistant/custom_components/google_translate
```

6. 调用 VLC 媒体播放服务

(1) 在 Home Assistant 的“概览”页面中打开 Services(服务)，选择 media_player.play_media，如图 3.51 所示。

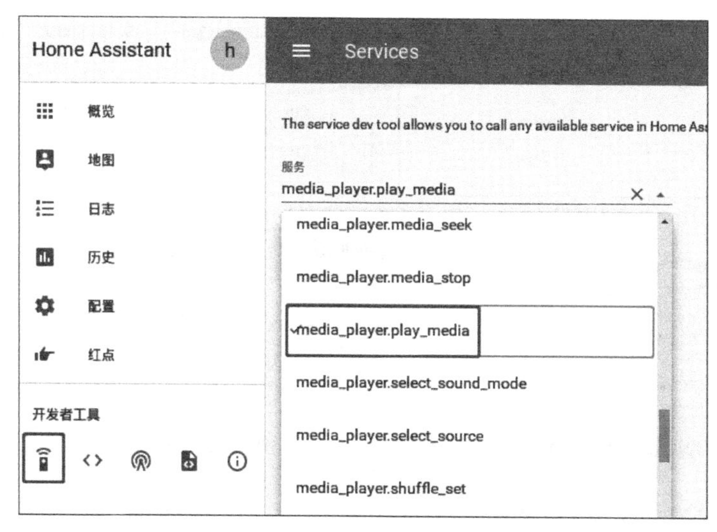

图 3.51 选择媒体播放服务

(2) 选择实体 vlc，输入以下 JSON 代码，添加代码的位置如图 3.52 所示。

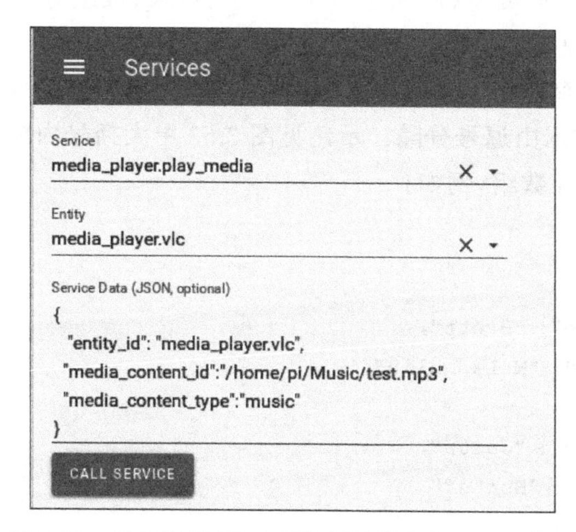

图 3.52 添加调用 VLC 媒体播放服务的 JSON 代码

```
"entity_id": "media_player.vlc",
"media_content_id":"/home/pi/Music/test.mp3",
"media_content_type":"music"
```

如果 JSON 代码有语法错误，CALL SERVICE 按钮变为灰色，且出现 Invalid JSON 的提示，如图 3.53 所示。

(3) 利用 JSON 在线校验定位 JSON 代码语法错误。

当 JSON 内容很多时，很容易陷入烦琐、复杂的数据节点查找中。在线校验/格式化工具(https://www.sojson.com 或 https://www.bejson.com)能让刚刚接触 JSON 的程序员更快地了解 JSON 的结构，更快地精确定位 JSON 代码的语法错误，如图 3.54 所示。

Service Data (JSON, optional)

```
{
 "entity_id": "media_player.vlc",
 "media_content_id":"/home/pi/Music/test.mp3",
 "media_content_type":"music",
}
```

CALL SERVICE　Invalid JSON

图 3.53　JSON 代码有语法错误

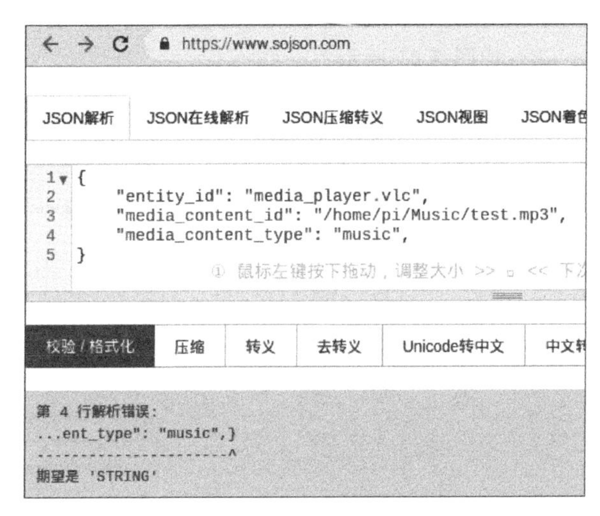

图 3.54　JSON 代码语法的校验

下面对 JSON 进行简要介绍。

JSON 可以将 JavaScript 对象中的一组数据转换为字符串，然后就可以在网络或者程序之间轻松地传递这个字符串，并在需要的时候将它还原为各编程语言所支持的数据格式。

JavaScript 支持的任何类型(例如字符串、数字、对象、数组等)都可以通过 JSON 来表示。其中，对象和数组是比较特殊且常用的两种类型。

JSON 用大括号保存对象。对象表示为键值对时，键名写在前面并用双引号("")括起，其后是冒号(:)和值；数据由逗号分隔。示例见图 3.53 中大括号内的语句。

JSON 用中括号保存数组，例如：

```
{
    "people": [{
        "firstName": "Brett",
        "lastName": "McLaughlin"
    },{
        "firstName": "Jason",
        "lastName": "Hunter"
    }]
}
```

在这个示例中，只有一个名为 people 的变量，值是包含两个条目的数组，每个条目是一个人的记录，包含名和姓。

（4）复制文件到树莓派。

用 FileZilla 工具将 test.mp3 文件复制到树莓派/home/pi/Music/目录下，参见图 3.32 和图 3.33。

（5）播放 MP3 文件。

单击图 3.52 中的 CALL SERVICE 按钮，播放存储在树莓派中的 test.mp3 文件。

（6）播放网络音乐文件。

如果要播放网络上的 mp3 音乐，只要将树莓派中的文件改为可以在线播放的网络地址即可，如 http://fjdx.sc.chinaz.com/Files/DownLoad/sound1/201604/7148.mp3，对应的代码为 "media_content_id":"http://fjdx.sc.chinaz.com/Files/DownLoad/sound1/201604/7148.mp3"，添加代码的位置如图 3.55 所示。

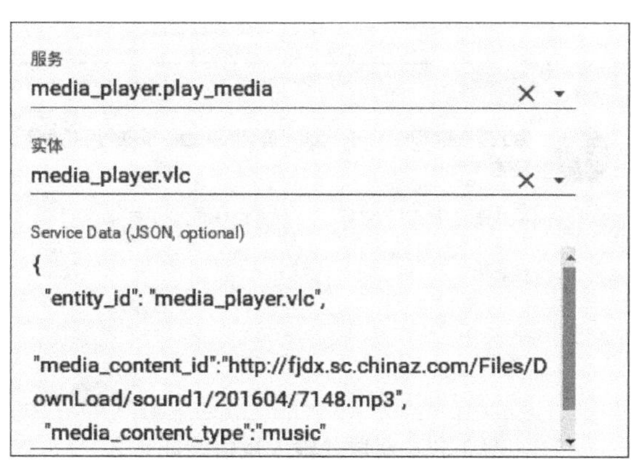

图 3.55　为播放网络音乐添加的代码

3.3.2　利用电子邮件实现通知提醒

除了在第 2 章提到的短信形式的通知提醒外，Home Assistant 还可以通过电子邮件进行通知提醒。

1. 配置邮箱属性

对 126、163 等邮箱必须进行配置。

（1）对于网易 126 邮箱，首先开启授权码。执行“设置”|POP3/SMTP/IMAP|“客户端授权密码”命令，选择“开启”单选按钮，如图 3.56 所示。

（2）在如图 3.57 所示的“设置客户端授权码”对话框中，单击“免费获取短信验证码”按钮，获取并输入验证码，单击“确定”按钮。

（3）在如图 3.58 所示的“设置授权码”对话框中设置授权码。

（4）单击“确定”按钮，出现如图 3.59 所示的对话框。单击“确定”按钮，完成授权码的设置。

126 网易免费邮
www.126.com
heinhe@126.com
手机版
升级VIP
升级服务
设置
帮助
退出
首页
通讯录
应用中心
收件箱
设置
常规设置
邮箱密码修改
签名
来信分类
账号与邮箱中心
邮箱安全设置
邮箱手机服务
反垃圾/黑白名单
POP3/SMTP/IMAP
客户端授权密码
授权码
授权码是用于登录第三方邮件客户端的专用
适用于登录以下服务: POP3/IMAP/SMTP/
设置客户端授权码:
开启
关闭（默认）
启用授权码，避免密码泄漏造成
常规设置
邮箱密码修改
账号与邮箱中心
邮箱安全设置
手机服务
POP3/SMTP/IMAP
换肤
PLUS会员专属皮肤

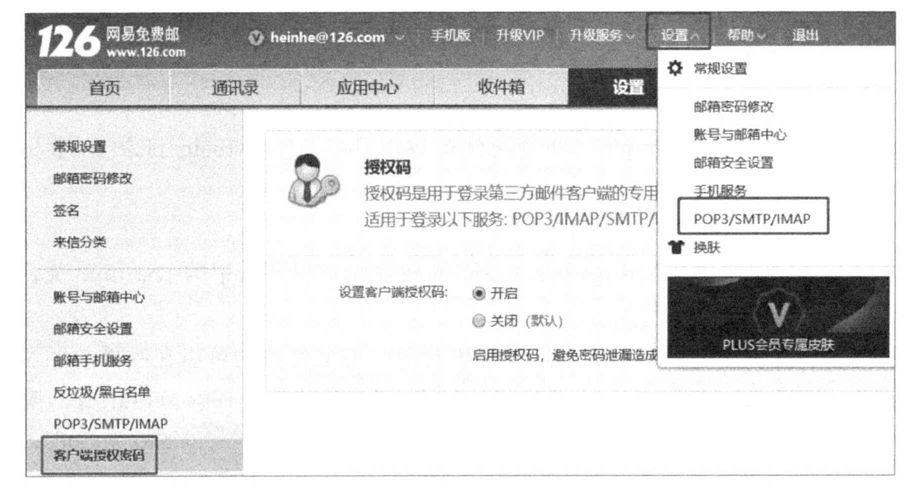

图 3.56　开启客户端授权码

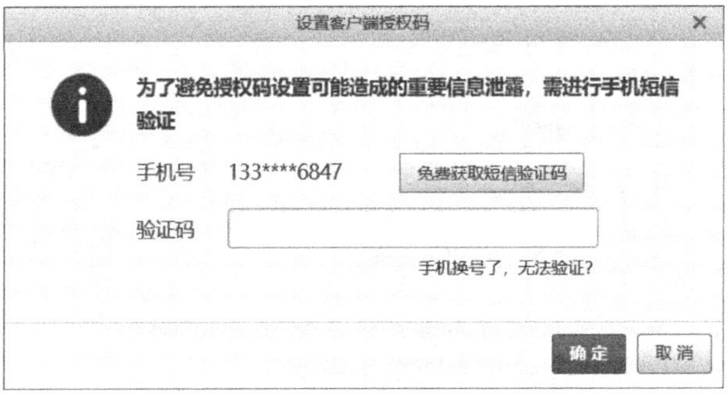
设置客户端授权码
为了避免授权码设置可能造成的重要信息泄露，需进行手机短信验证
手机号
133****6847
免费获取短信验证码
验证码
手机换号了，无法验证?
确 定
取 消

图 3.57　获取并输入短信验证码

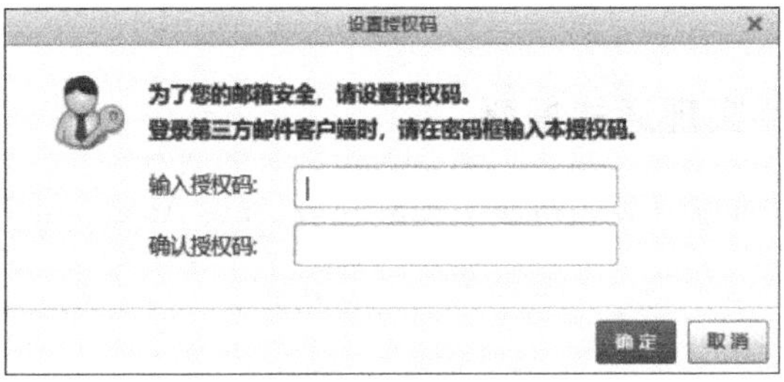
设置授权码
为了您的邮箱安全，请设置授权码。
登录第三方邮件客户端时，请在密码框输入本授权码。
输入授权码:
确认授权码:
确 定
取 消

图 3.58　设置授权码

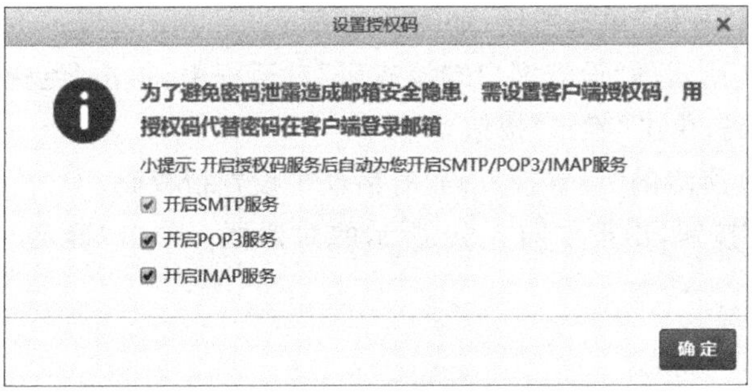
设置授权码
为了避免密码泄露造成邮箱安全隐患，需设置客户端授权码，用授权码代替密码在客户端登录邮箱
小提示: 开启授权码服务后自动为您开启SMTP/POP3/IMAP服务
开启SMTP服务
开启POP3服务
开启IMAP服务
确 定

图 3.59　设置授权码

2. 在 Home Assistant 中配置 SMTP 组件

在配置文件 configuration.yaml 中输入如下代码：

```
notify:
  -platform: smtp
   name: my_email

   server: smtp.126.com
   port: 994
   timeout: 15
   encryption: tls
   username: heinhe@126.com
   password: xxxxxxxx
   sender: heinhe@126.com
   sender_name: My Home Assistant

   recipient:
     -heinhe@126.com
```

在上面的代码中，name 的值 my_email（自行命名）会在后面的服务中出现，server 和 port 等的值可查询自己的邮件服务商，username 为申请的邮箱账户名，password 为刚才设置的授权码，sender 和 sender_name 是在发送的邮件中显示的发送人信息，recipient 为接收通知的任何邮箱。

3. 调用电子邮件服务发送通知邮件

（1）检查配置无误后，重启服务。

（2）在 Home Assistant 的“概览”页面的“服务”中会看到新的服务 notify.my_email。输入邮件标题 title 和邮件内容 message，代码如下，添加代码的位置如图 3.60 所示。

```
"title":"Message from Homeassistant",
"message":"Hello"
```

（3）单击 CALL SERVICE 按钮。

（4）由指定的邮箱接收通知邮件，收到的电子邮件如图 3.61 所示。

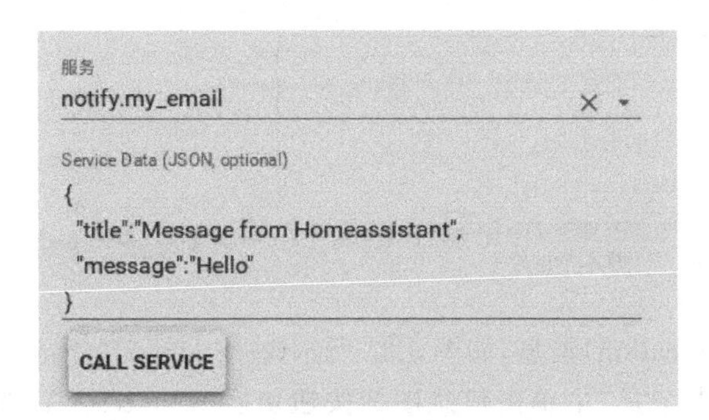

图 3.60　调用电子邮件服务的代码

图 3.61　收到的电子邮件

电子邮件、短信等可以与自动化规则结合起来,当满足条件时自动发送通知。

3.3.3 脚本与自动化

脚本(script)定义了一套执行动作的序列。

在 Home Assistant 中,脚本有两种存在形式:其一,脚本可以独立存在,由 script 组件读取,script 组件根据脚本的名字和内容生成实体,同时将脚本注册为服务;其二,脚本代码可以直接包含在自动化规则中。这两种脚本的基本组成元素与相关语法是一致的。

脚本的基本组成元素有 5 种:调用服务、延迟(将脚本挂起一段时间,然后继续执行后续脚本)、等待(等待某个条件满足时继续执行脚本,否则永远等待;也可以配置 timeout,即时限,它表示如果在等待一段时间之后条件还是没有满足,就继续执行脚本)、条件判断(当条件满足时继续执行脚本,否则中止脚本的执行)、触发事件。

1. 编写脚本调用服务

编写脚本调用服务的步骤如下。

(1) 在 Home Assistant 的前端,执行"配置"|"脚本"命令,单击右下角的"+"按钮,输入脚本名称 test,选择动作类型为"调用服务",输入服务名称 persistent_notification.create,输入的服务数据为" "message": "脚本演示"",如图 3.62 所示,单击箭头所指的保存按钮。

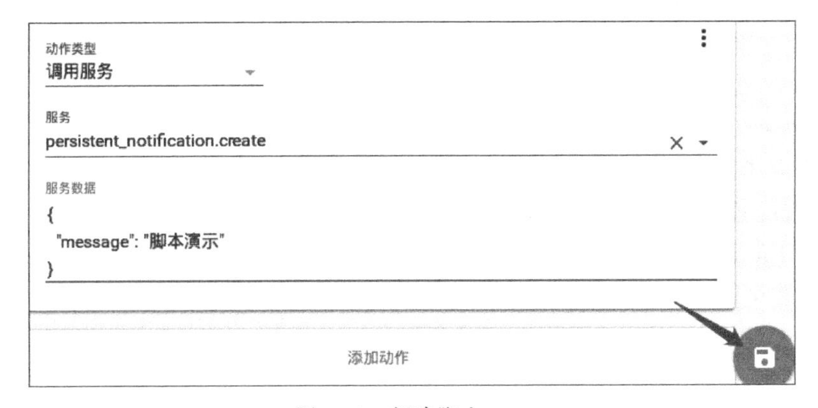

图 3.62 新建脚本 test

(2) 在"概览"页面,出现如图 3.63 所示的"脚本"卡片。

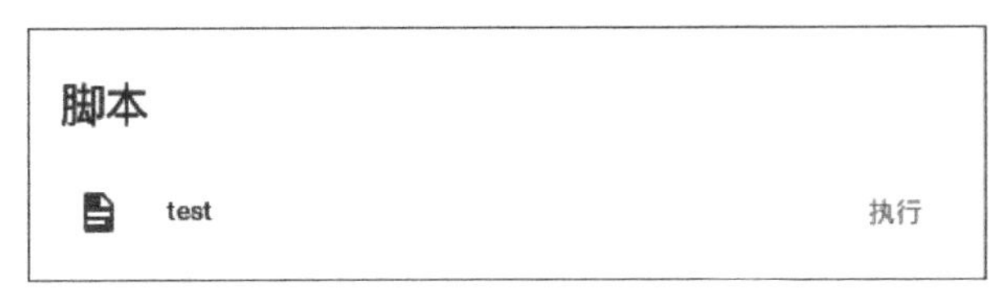

图 3.63 "脚本"卡片

(3) 单击"执行"按钮,出现通知(notification)消息,如图 3.64 所示(在 States UI 下显示通知,如果没有看到通知消息,在"开发者工具"中单击信息图标按钮切换到 states UI,如图 3.65 所示)。

(4) 多次执行脚本时,会显示多次通知消息。可以直接修改图 3.62 所示的"服务数据"

中的内容，也可以通过修改对应脚本文件中的内容，实现只显示一次通知消息的功能。

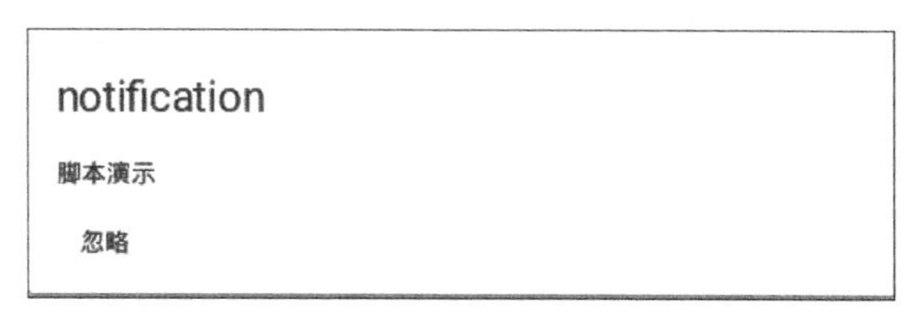

图 3.64　通知消息

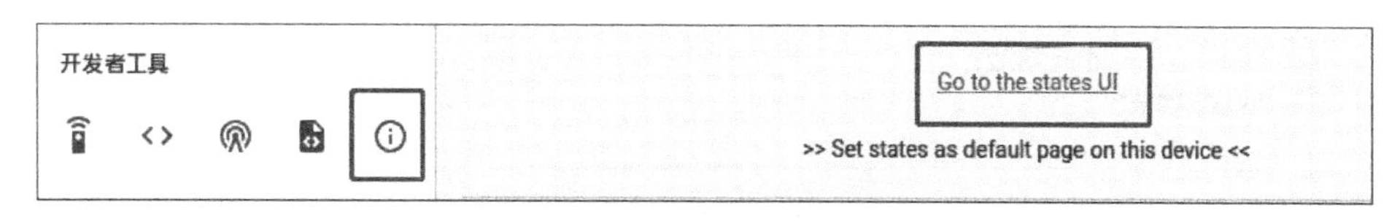

图 3.65　切换到 states UI

（5）打开 homeassistant 文件夹中的 scripts.yaml 文件，可以看到刚才在前端进行的操作所对应的脚本文件内容，这个脚本文件是自动生成的，如图 3.66 所示。

```
scripts.yaml
'1564891491518':
  alias: test
  sequence:
  - data:
      message: 脚本演示
    service: persistent_notification.create
```

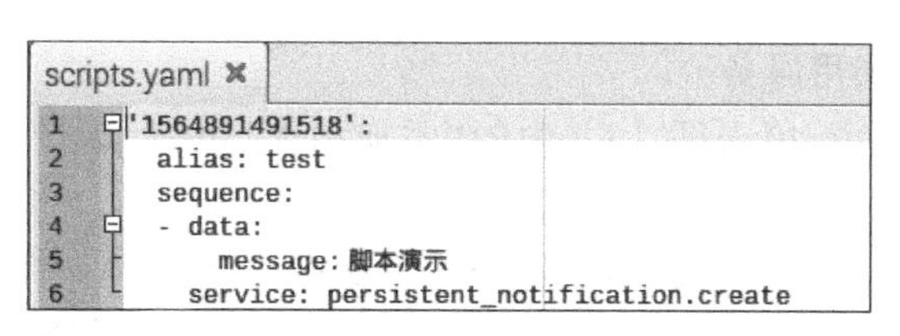

图 3.66　自动生成的脚本文件

（6）添加代码 notification_id：123321，其功能为只显示一次通知消息；添加代码 title：演示，将原默认通知标题 notification 改为“演示”。添加代码的位置如图 3.67 所示。

```
'1564891491518':
  alias: test
  sequence:
  - data:
      message: 脚本演示
      notification_id: 123321
      title: 演示
    service: persistent_notification.create
```

图 3.67　在脚本中添加代码

（7）执行“配置”|“通用”中的“检查配置”和“重载脚本”命令。在“概览”页面多次单击“执行”按钮，只显示一次通知消息，且通知标题为“演示”，如图 3.68 所示。

图 3.68　通知消息

(8) 执行“配置”|“脚本”| test 命令,可以在前端页面中看到脚本服务数据发生了变化,如图 3.69 所示,说明修改脚本文件后,对应的前端脚本服务数据同样发生了变化。

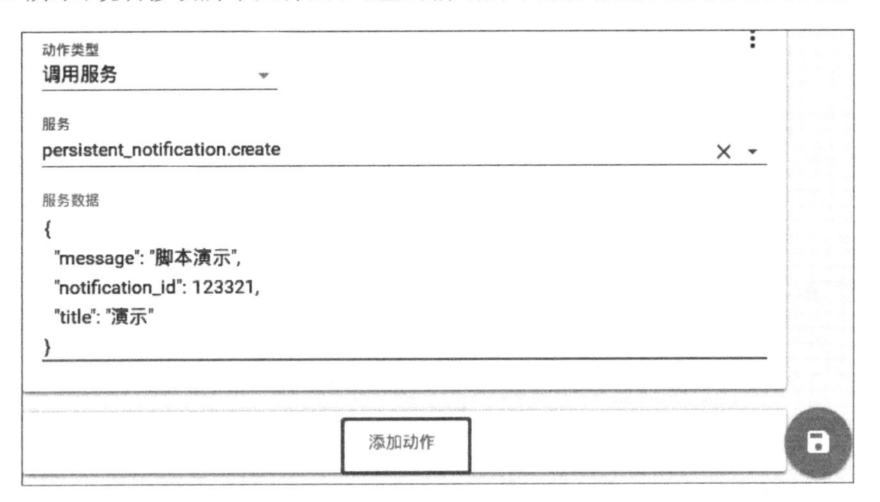

图 3.69 修改脚本文件后对应的前端脚本服务数据的变化

2. 编写脚本多次调用服务

(1) 在“脚本”页面中,单击图 3.69 中的“添加动作”按钮,选择新的“动作类型”为“延迟”,延迟时间为 5s。

(2) 再次单击“添加动作”按钮,选择新的“动作类型”为“调用服务”,“服务”为 tts.google_say,“服务数据”内容为“"message": "hello everyone"”,如图 3.70 所示。最后,单击右下角的保存按钮。

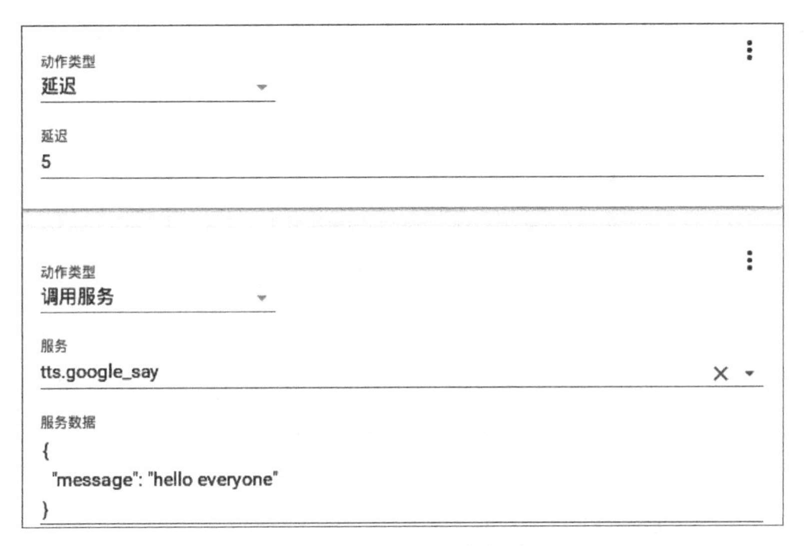

图 3.70 多次调用服务的设置

(3) 执行“配置”|“通用”中的“检查配置”和“重载脚本”命令。在“概览”页面中单击“执行”按钮,显示通知消息,延迟 5s 后通过 google tts 播放语音消息 hello everyone。

(4) 打开 scripts.yaml 文件,可以看到在“脚本”页面进行操作后系统自动添加的代码,如图 3.71 所示。

图 3.71　前端脚本文件的变化

需要注意的是,直接编辑 scripts.yaml 文件生成的合法的且可执行的脚本在前端不一定能被打开。因为有些脚本是前端图形化编辑方式无法处理的,如包含模板的脚本。

脚本仅仅是按顺序执行的一个或多个动作。在此基础上,可以进一步定义自动化规则。

3. 定义自动化规则

自动化规则的 3 个要素是触发、条件和动作。

在系统的自动化(automation)组件中,可以设置若干条自动化规则,每条自动化规则由触发器(trigger)、条件(condition)、动作(action)3 部分组成。

触发器启动这条规则开始执行,程序判断条件是否满足,若满足,则执行动作(如果没有条件部分,则直接执行动作)。

可以在配置文件中直接编辑自动化规则,也可以通过 Home Assistant 的前端配置自动化规则。后一种方法的步骤如下:

(1) 执行“配置”|“自动化”命令,单击“+”按钮,新建自动化规则 test,选择“触发条件类型”为 Home Assistant,在“事件”后选择“启动”单选按钮,如图 3.72 所示。

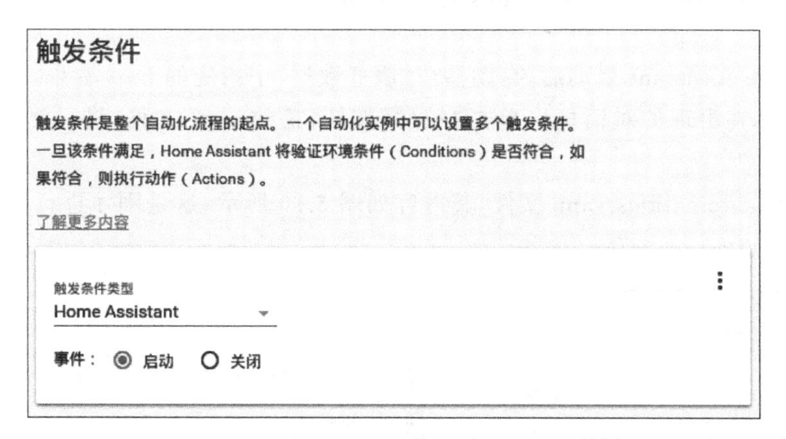

图 3.72　设置触发条件

(2) 选择“动作类型”为“调用服务”,选择“服务”为 media_player.play_media,编写“服务数据”的代码,如图 3.73 所示。

```
"entity_id": "media_player.vlc",
"media_content_id":"/home/pi/Music/test.mp3",
"media_content_type":"music"
```

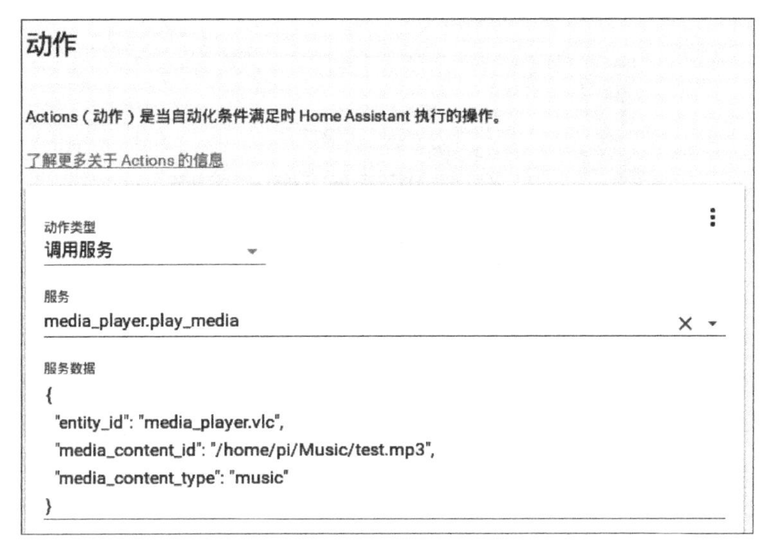

图 3.73　添加动作

（3）单击右下角的保存按钮，执行检查配置和重载自动化操作。刷新后，在“概览”页面出现如图 3.74 所示的“自动化”卡片。

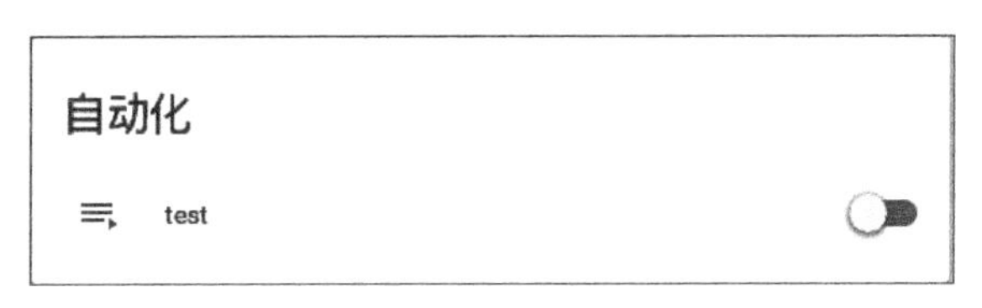

图 3.74　“自动化”卡片

（4）Home Assistant 启动后，自动播放“服务数据”中指定的 mp3 音乐，也可以单击自动化规则 test，在出现的对话框中单击“触发”按钮，播放 mp3 文件，进行测试，如图 3.75 所示。

（5）打开 automations.yaml 文件，其内容如图 3.76 所示，这是刚才进行前端操作时自动生成的代码。

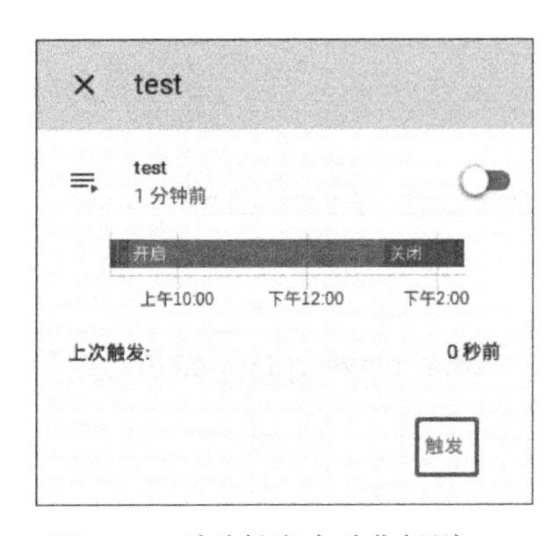

图 3.75　手动触发自动化规则 test

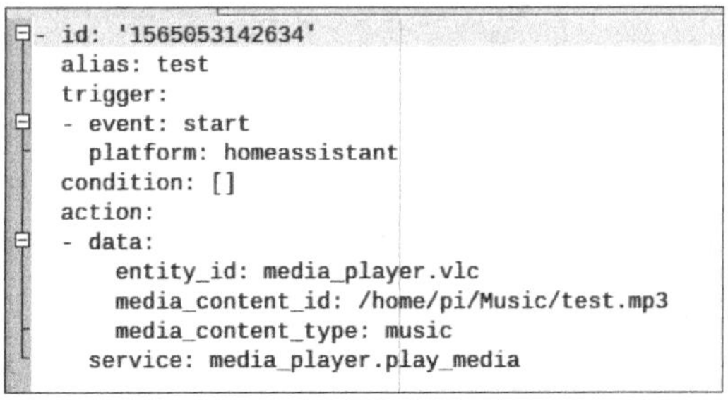

```
- id: '1565053142634'
  alias: test
  trigger:
  - event: start
    platform: homeassistant
  condition: []
  action:
  - data:
      entity_id: media_player.vlc
      media_content_id: /home/pi/Music/test.mp3
      media_content_type: music
    service: media_player.play_media
```

图 3.76　在前端页面编写自动化规则时产生的文件内容

3.3.4　模板与自动化

模板(template)是嵌入配置文件中的可执行代码,是配置文件中的动态内容,模板执行后的输出结果会被动态地加载。例如,要自动发送一封包含当前室内温度的通知邮件时,由于当前室内温度是从系统中读取的动态值,因此就需要使用模板。

模板可以被认为是简单的程序,它不是单独运行的,而是嵌入自动化的动作或者脚本中的。

在 Home Assistant 中,模板一般会在脚本和自动化组件的配置中使用。在其他一些组件配置中,也可能出现模板,例如在 notify、alexa 组件中用于组装输出的信息,在 MQTT、REST、command_line 等 sensor 组件中用于处理获得的信息。

在自动化规则中,触发器和条件都有模板类型。在动作脚本中也可以包含模板。

单击“开发者工具”中的模板图标按钮,出现模板调试界面。其中,左侧是一段作为样例的包含模板的文本,右侧是这段文本被执行后的结果,如图 3.77 所示。

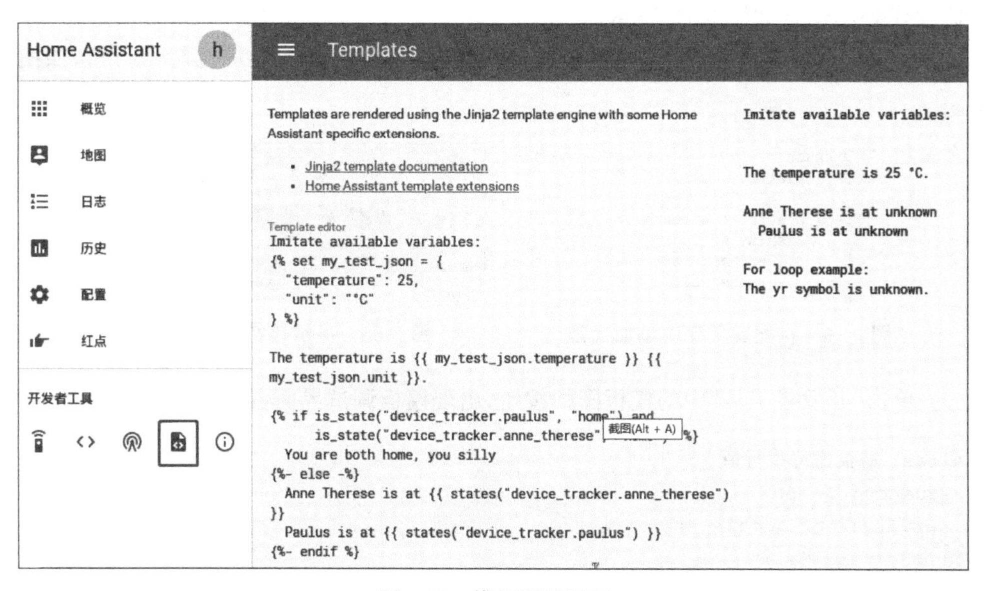

图 3.77　模板调试界面

Home Assistant 的模板基于 Jinja2 模板引擎,其基本的语法(包括数学计算、比较计算、逻辑计算、过滤器以及 if 分支语句、for 循环语句等)与 Jinja2 一致。其中,双大括号({{ }})中包含的内容是表达式,{% 和%} 中包含的是语句代码,详见 https://jinja.palletsprojects.com/en/master/templates/。

可以在模板调试界面中输入模板内容,如输入“当前时间是:{{now()}}”“3.14 取整得到:{{3.14|round}}”,在右侧会显示模板执行后的结果,如图 3.78 所示。

1. 嵌入脚本的模板

在脚本中嵌入模板代码的步骤如下。

(1) 在配置文件 configuration.yaml 的 sensor 域中加入显示比特币行情的代码,添加的代码如下:

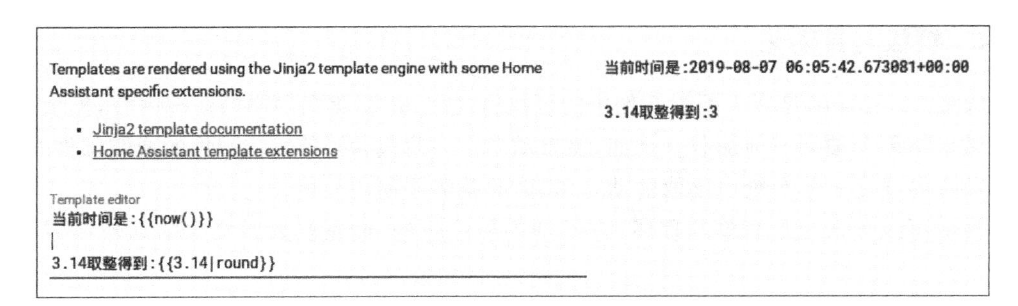

图 3.78　在模板调试界面中输入模板内容

```
-platform: bitcoin
 display_options:
   -exchangerate
   -trade_volume_btc
```

添加代码的位置如图 3.79 所示。

(2) 保存文件,执行检查配置和重启服务操作,在“概览”页面显示比特币行情,如图 3.80 所示。

图 3.79　在配置文件中添加代码

图 3.80　显示比特币行情

(3) 单击“开发者工具”中的模板图标按钮,出现模板调试界面,在模板中输入以下代码:

```
alias: 播报比特币行情
sequence:
-service: tts.google_say
 entity_id: "all"
 data_template:
   message:当前比特币行情{{states.sensor.exchange_rate_1_btc.state }}美元
```

(4) 检查语法的正确性,如图 3.81 所示。

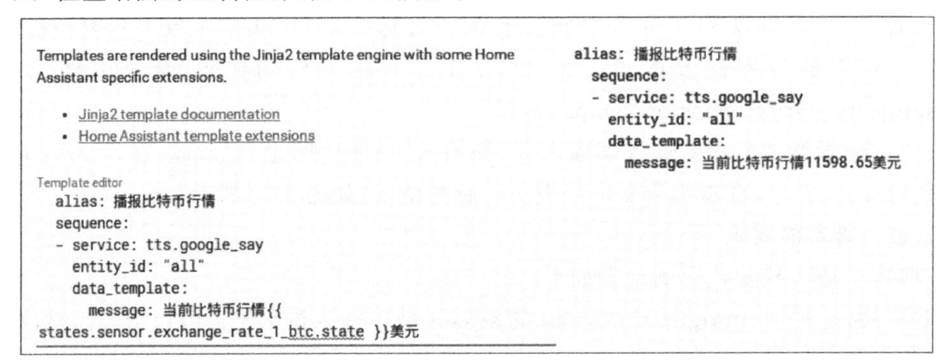

图 3.81　检查语法

(5) 将上述代码写到配置文件 scripts.yaml 中(对比图 3.71,在图 3.81 中用 data_template 替代了 data,表示后面对应的部分包含模板,否则系统会认为这是一个静态字符串,模板就不会被执行)。

(6) 在前端检查配置并重启脚本,在"概览"页面的"脚本"卡片中显示"播报比特币行情"脚本,如图 3.82 所示。

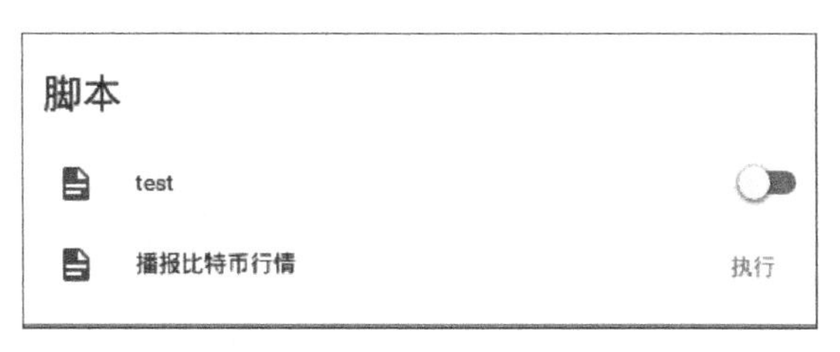

图 3.82 "播报比特币行情"脚本

(7) 单击"执行"按钮,就可以听到用语音播报的比特币行情了。

2. 嵌入自动化规则中的模板

在自动化规则中嵌入模板的步骤如下。

(1) 执行"配置"|"自动化"命令,单击"+"按钮,新建自动化规则 abc,"触发条件类型"选择"事件","事件类型"为 abc,如图 3.83 所示。

(2) 选择"动作类型"为"调用服务","服务"为 tts.google_say,调用 google 语音,"服务数据"为""message": "发生了 abc 事件"",如图 3.84 所示。

图 3.83 新建自动化规则 abc

图 3.84 添加动作

(3) 保存自动化规则,检查配置,重载自动化规则。在"概览"页面刷新后,可以看到在"自动化"卡片中新增了自动化规则 abc,如图 3.85 所示。

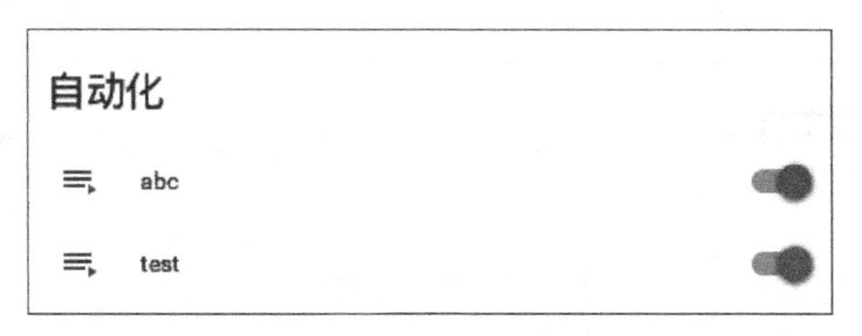

图 3.85 新增了自动化规则 abc

(4) 单击自动化规则 abc,在如图 3.86 所示的窗口中单击"触发"按钮,可以听到语音播报的“发生了 abc 事件”消息。

(5) 打开 automations.yaml 文件,刚才在前端页面操作时生成的代码如图 3.87 所示。

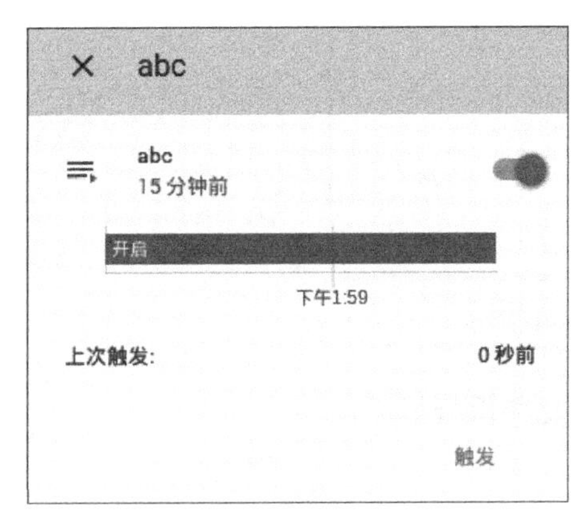

图 3.86　触发自动化规则 abc

图 3.87　前端生成的 automations.yaml 文件内容

(6) 将自动化规则 abc 中的 data 修改为 data_template(表示后面对应的部分包含模板),在“"message": "发生了 abc 事件"”后添加模板,内容为 trigger.event.data.my_message。表示模板读取事件传递过来的信息中的 my_message 字段,如图 3.88 所示。

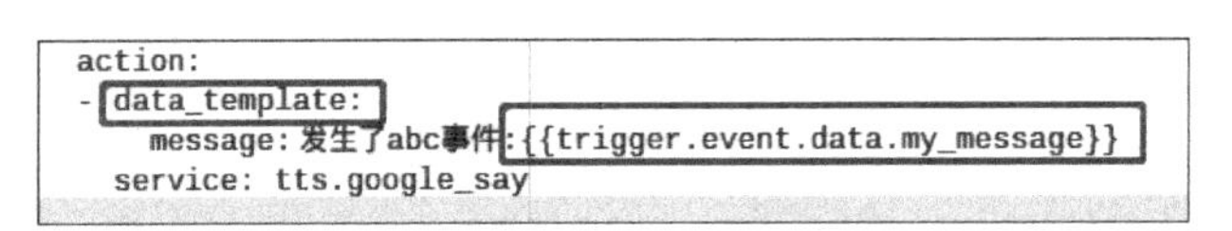

图 3.88　在自动化中添加模板

(7) 保存文件,检查配置,重载自动化规则。单击“开发者工具”中的事件图标按钮,在 Events 中单击事件 abc,在 Event Data 中输入 my_message 的内容: "my_message":"hello everyone",如图 3.89 所示。

图 3.89　添加事件数据

(8) 单击 FIRE EVENT 按钮,传递事件 abc 中的数据(my_message 的内容)“hello everyone”给自动化中的模板。自动化规则将“发生了 abc 事件”与 my_message 的内容合在一起进行语音播报，语音是“发生了 abc 事件，hello everyone”。

但 FIRE EVENT 的方式只是临时的，退出后就不起作用了。接下来，通过编写脚本触发自动化规则。

(9) 新建脚本 abc，选择“动作类型”为“触发事件”，填写“事件”及“服务数据”的内容，如图 3.90 所示。

图 3.90　编写脚本触发自动化规则

(10) 保存文件，检查配置，重载脚本。在“概览”页面执行脚本 abc，触发事件 abc，监听此事的自动化规则 abc 开始运行，传递模板 my_message 中的内容，合成后进行语音播报。

3. Home Assistant 预定义事件类型

在上面的例子中，围绕自建的事件 abc 构建了事件的监听和触发。Home Assistant 提供了很多预定义事件，以方便不同的组件之间进行交互(一个组件可能会监听别的组件程序触发的事件)。例如，当实体的状态改变时，会触发 state_changed 事件；当服务被调用时，会触发 call_service 事件；当服务被执行时，会触发 service_executed 事件。

Home Assistant 的运行就建立在事件机制上。它预定义的事件如下。

(1) 事件 homeassistant_start。在所有组件被初始化后触发。

(2) 事件 homeassistant_stop。在 Home Assistant 被关闭时触发。当该事件发生时，各个组件应当关闭各种打开的连接(网络和文件)，释放资源。

(3) 事件 state_changed。在实体(entity)状态改变时被触发。该事件附加信息中包含旧的状态和新的状态，其包含的信息如表 3.1 所示。

表 3.1　state_changed 事件附加信息

字　段	描　述
entity_id	状态改变的实体的 ID，例如 light.kitchen
old_state	状态改变之前的旧状态。如果是一个新的实体，忽略此字段
new_state	状态改变之后的新状态。如果实体从状态机中移除，忽略此字段

(4) 事件 time_changed。被计时器每秒触发一次，其包含的信息如表 3.2 所示。

表 3.2　time_changed 事件附加信息

字　段	描　述
now	当前的 UTC 时间(世界标准时间)

(5) 事件 service_registered。在一个新的服务被注册时触发，其包含的信息如表 3.3 所示。

表 3.3　service_registered 事件附加信息

字　段	描　述
domain	服务所在的域，例如：light
service	可以被调用的服务，例如：turn_on

(6) 事件 call_service。调用一个服务时触发,其包含的信息如表 3.4 所示。

表 3.4　call_service 事件附加信息

字　段	描　述
domain	服务所在的域,例如 light
service	要被调用的服务,例如 turn_on
service_data	被组织成字典格式的服务调用参数,例如{'brightness': 120}
service_call_id	唯一的调用 ID,为字符串格式,例如 23123-4

(7) 事件 service_executed。由服务处理程序触发,表示调用的服务已经被执行,其包含的信息如表 3.5 所示。

表 3.5　service_executed 事件附加信息

字　段	描　述
service_call_id	服务被调用时输入的唯一调用 ID,为字符串格式,例如 23123-4

(8) 事件 platform_discovered。在自动发现组件(用于网络通过自动探测发现新的设备)发现了一个新平台时被触发,其包含的信息如表 3.6 所示。

表 3.6　platform_discovered 事件附加信息

字　段	描　述
service	被发现的服务
discovered	发现的信息,为字典(dictionary)格式,例如{"host": "192.168.1.10","port": 8889}
platform	发现的平台,如 xiaomi

(9) 事件 component_loaded。在一个新的组件加载和初始化完成后被触发,其包含的信息如表 3.7 所示。

表 3.7　component_loaded 事件附加信息

字　段	描　述
component	被初始化的组件的域,例如 light

3.3.5　利用小米万能遥控器实现家电控制

传统的电视、空调等电器大量使用红外手持遥控器。要让 Home Assistant 控制这些电器,需要使用红外转发设备。小米万能遥控器可以用于红外编码转发,实现传统的红外电器控制。

1. 获取 Token

获取小米万能遥控器的 Token 的步骤如下。

(1) 要接入小米万能遥控器,需要获得其 Token,这可以通过开源工具 miio 完成。miio

是基于 JavaScript 的，所以首先需要安装 Node.js 环境，方法是执行命令 sudo apt-get install npm。

Node.js 是一种开源的 JavaScript 运行环境，能够使得 JavaScript 脱离浏览器运行。

npm 是 Node.js 的包管理工具（package manager）。当开发者在 Node.js 上进行开发时，会用到很多其他开发者编写的 JavaScript 代码。如果要使用其他开发者编写的某个包，按照通常的方法，每次都要根据其名称搜索官方网站，下载代码，再解压，然后才能使用，非常烦琐，于是集中管理的工具 npm 应运而生。

开发者都把自己开发的模块打包后放到 npm 官网（https://www.npmjs.com/）上。如果要使用这些模块，直接通过 npm 安装就可以，而不用管代码保存在什么地方，应该从哪里下载。

更重要的是，如果要使用模块 A，而模块 A 又依赖于模块 B，模块 B 又依赖于模块 X 和模块 Y，npm 可以根据依赖关系，把所有相关的包都下载下来并进行管理。否则，靠自己手动管理，既麻烦又容易出错。

（2）npm 安装完成后，可以输入命令 npm -v，查看版本。

（3）输入命令 sudo npm install -g miio，进行 miio 的安装。

（4）miio 安装完成后，输入命令 miio discover，找到设备的 IP 地址（192.168.2.201）和 Token（5cecb87d263462ea7fec3f789d1b0d15），如图 3.91 所示。

```
pi@raspberrypi:~ $ miio discover
 INFO  Discovering devices. Press Ctrl-C to stop.

Device ID: 88221050
Model info: chuangmi.ir.v2
Address: 192.168.2.201
Token: 5cecb87d263462ea7fec3f789d1b0d15 via auto-token
Support:
```

图 3.91　获取小米万能遥控器的 Token

2. 修改配置文件

修改配置文件的步骤如下。

（1）打开 configuration.yaml 文件，添加以下代码：

```
remote:
  -platform: xiaomi_miio
   name: Xiaomi_rm
   host: 192.168.3.201
   token: 5cecb87d263462ea7fec3f789d1b0d15
```

（2）保存文件，检查配置，重启服务。

（3）单击“开发者工具”中的服务图标按钮，选择“服务”为 remote.xiaomi_miio_learn_command，选择“实体”为 remote.xiaomi_rm，在 Service Data 中输入“"entity_id"："remote.xiaomi_rm"”，如图 3.92 所示。

（4）单击 CALL SERVICE 按钮，按下遥控器开机按钮；再次单击 CALL SERVICE 按钮，按下遥控器关机按钮。在“概览”页面中出现如图 3.93 所示的信息。

（5）单击“开发者工具”中的状态图标按钮，对应的实体、状态和属性如图 3.94 所示。

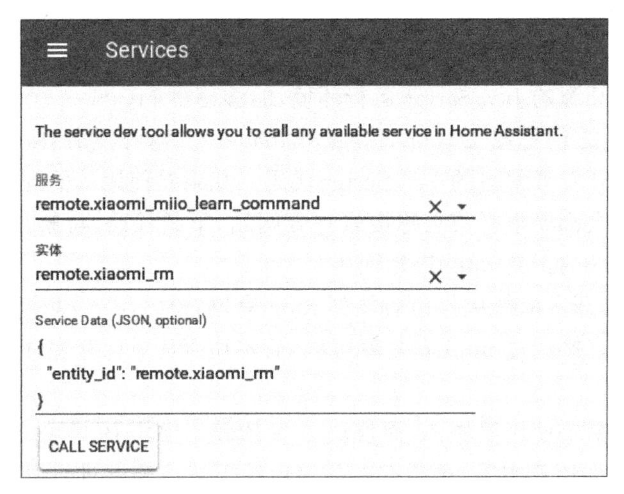

图 3.92　服务设置

图 3.93　“概览”页面信息

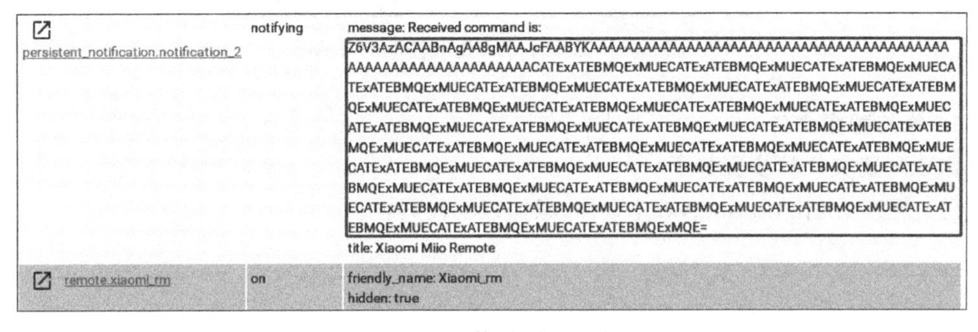

图 3.94　实体、状态和属性

(6) 复制图 3.94 矩形框中的编码，打开 configuration.yaml 文件，将编码粘贴到文件中如图 3.95 所示的位置。

(7) 保存文件，检查配置，重启服务。

3. 修改脚本文件

修改脚本文件的步骤如下。

(1) 单击“配置”|“脚本”|“新建脚本”，脚本名称为“小米万能遥控器”，动作类型为“调用服务”，服务为 remote.send_command，保存配置。

(2) 打开 scripts.yaml 文件，添加代码，如图 3.96 所示。

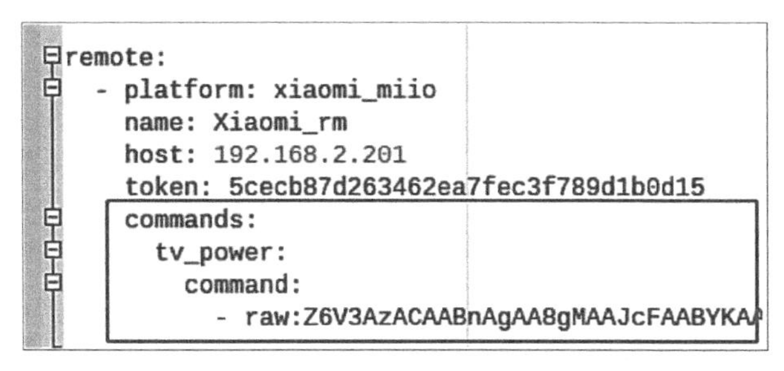

图 3.95　在配置文件中加入编码

图 3.96　修改脚本文件

(3) 保存文件,检查配置,重载脚本。在“概览”页面的“脚本”卡片中出现新增的脚本“小米万能遥控器”,如图 3.97 所示。

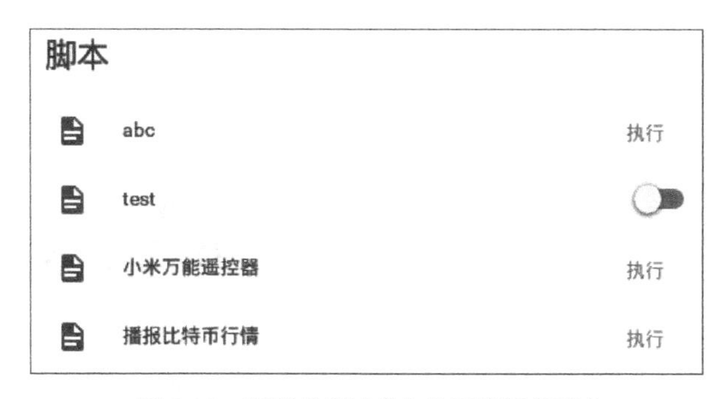

图 3.97　新增的脚本“小米万能遥控器”

(4) 执行脚本“小米万能遥控器”,就可以控制设备的开关,能让传统的电视、空调等设备与 Home Assistant 中的各种信息联动,从而进一步实现远程控制、定时控制和自动化联动控制。

3.3.6　USB 摄像头

将 USB 接口的摄像头连接到树莓派上。在 Linux 系统中,所有的外设都会映射为 dev 目录下的文件,在命令行中输入 ls /dev,可以看到这些外设。

输入命令 ls -l /dev/video＊,可以看到刚接入的 USB 摄像头,设备名为 video0,如图 3.98 所示。

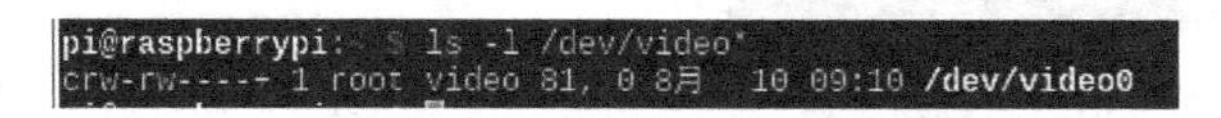

图 3.98　刚接入的 USB 摄像头的设备信息

1. 视频捕获

捕获视频的步骤如下。

(1) 执行命令 sudo apt-get install ffmpeg,安装 ffmpeg。

ffmpeg 是开源的视频流处理工具,很多专业视频网站都在后端使用它进行视频处理。

(2) 在 Home Assistant 中配置 USB 摄像头。

(3) 打开 configuration.yaml 文件,输入代码如下:

```
camera:
  -platform: ffmpeg
   name: cam1
   input: /dev/video0
```

(4) 检查配置,重启服务,在"概览"页面中看到如图 3.99 所示的由摄像头拍摄的视频画面。

这个视频是不连续的,这是因为 USB 摄像头在 Home Assistant 中的展现是每 10s 显示一张新的图片。单击画面可以看到实时视频流,但图像比较卡顿。因为在 Home Assistant 内部使用的是 mjpeg 视频流,因此,系统需要先对 USB 摄像头的实时视频解压缩,然后再压缩为 mjpeg 进行输出。

2. 图片抓取

抓取图片的步骤如下:

(1) 新建脚本"摄像头图片抓取","动作类型"为"调用服务","服务"为 camera.snapshot,如图 3.100 所示。

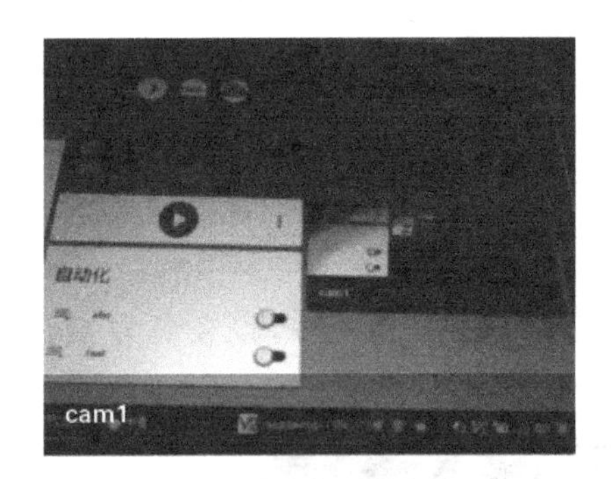

图 3.99 摄像头拍摄的视频画面

图 3.100 新建脚本"摄像头图片抓取"

(2) 保存脚本后,打开 scripts.yaml 文件,自动添加的代码如图 3.101 所示。

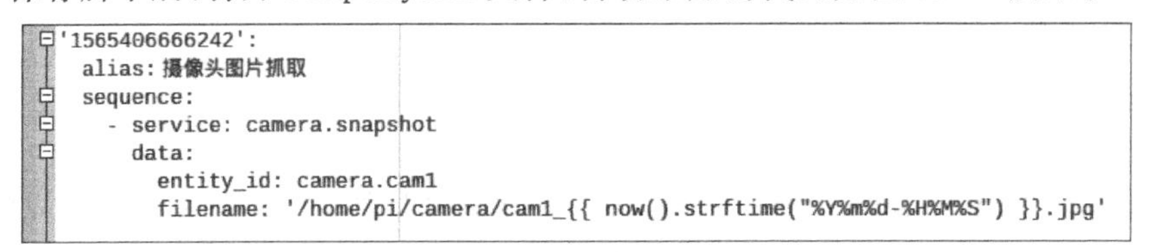

```
'1565406666242':
  alias: 摄像头图片抓取
  sequence:
    - service: camera.snapshot
      data:
        entity_id: camera.cam1
        filename: '/home/pi/camera/cam1_{{ now().strftime("%Y%m%d-%H%M%S") }}.jpg'
```

图 3.101 自动添加的代码

(3) 在命令行界面中通过命令 mkdir camera 在 pi 目录下新建 camera 文件夹。

(4) 在配置文件 configuration.yaml 中，将 camera 目录放置在 whitelist_external_dirs 域中，添加代码的位置如图 3.102 所示。

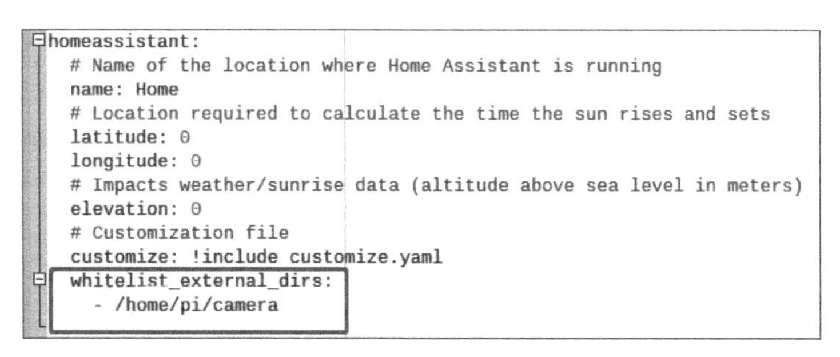

```
homeassistant:
  # Name of the location where Home Assistant is running
  name: Home
  # Location required to calculate the time the sun rises and sets
  latitude: 0
  longitude: 0
  # Impacts weather/sunrise data (altitude above sea level in meters)
  elevation: 0
  # Customization file
  customize: !include customize.yaml
  whitelist_external_dirs:
    - /home/pi/camera
```

图 3.102　在配置文件中添加代码

(5) 检查配置，重启服务。在“概览”页面中执行“摄像头图片抓取”脚本，抓取图片并将其保存在 camera 目录中，如图 3.103 所示。

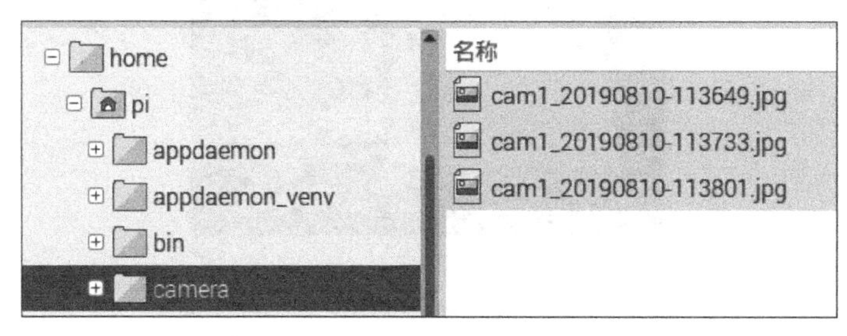

图 3.103　抓取图片并保存在指定位置

3.3.7　虚拟摄像头

Home Assistant 不仅可以接入物理摄像头，还可以将远程或本地的图片文件虚拟成一个摄像头设备。

虚拟摄像头的步骤如下。

(1) 找一张不断更新的上海天气预报矢量图(https://www.yr.no/place/Kina/Shanghai/Shanghai/meteogram.svg)，如图 3.104 所示。

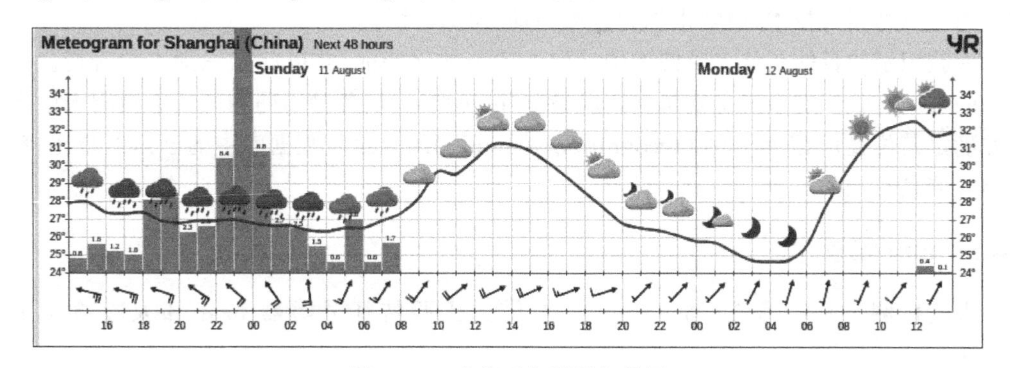

图 3.104　上海天气预报矢量图

(2) 在配置文件 configuration.yaml 的 camera 域中添加代码,如图 3.105 所示。

```
camera:
  - platform: ffmpeg
    name: cam1
    input: /dev/video0
  - platform: generic
    name: cam2
    still_image_url: https://www.yr.no/place/Kina/Shanghai/Shanghai/meteogram.svg
    content_type: 'image/svg+xml'
```

图 3.105 在配置文件中添加代码

因为这是一张 svg 矢量图,所以其对应的 content_type 为 image/svg+xml。

(3) 检查配置,重启服务。在"概览"页面中可以看到 USB 摄像头和虚拟摄像头的内容,如图 3.106 所示。

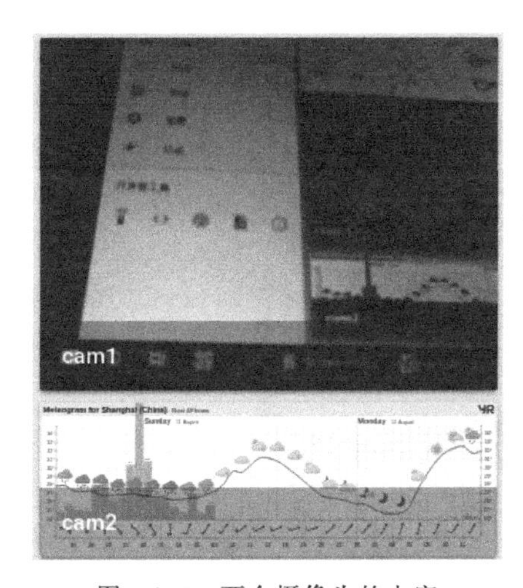

图 3.106 两个摄像头的内容

3.4 人脸识别

人脸识别是基于人的脸部特征信息进行身份识别的一种生物识别技术。用摄像头采集含有人脸的图像或视频流,并自动在图像中检测和跟踪人脸,进而对检测到的人脸进行脸部识别的一系列相关技术,通常也称为人像识别、面部识别。

人脸识别的目的是从人脸图像中抽取人的个性化特征,并以此来识别人的身份。一个简单的自动人脸识别系统主要包括人脸检测(detection,从各种不同的场景中检测人脸的存在并确定其位置)和人脸识别(recognition,将待识别的人脸与数据库中的已知人脸比较,得出相关信息)。

3.4.1 dlib 配置

人脸检测方法有很多,如 OpenCV 自带的人脸特征分类器 haar 和人脸检测工具 dlib 等。

dlib 是开源的(官网地址是 http://dlib.net/,Github 项目地址是 https://github.com/

davisking/dlib)，用 C++ 编写，提供了与机器学习、数值计算、图像处理等领域相关的一系列功能。dlib 有 Python 和 C++ 两种版本。

1. 安装 dlib 用到的基础软件

（1）在命令行中执行命令 sudo apt-get install libatlas-base-dev cmake，如图 3.107 所示。

```
pi@raspberrypi:~ $ sudo apt-get install libatlas-base-dev cmake
正在读取软件包列表... 完成
正在分析软件包的依赖关系树
正在读取状态信息... 完成
将会同时安装下列软件：
  cmake-data gfortran gfortran-6 libatlas-dev libatlas3-base libblas-dev
  libgfortran-6-dev libjsoncpp1
建议安装：
  codeblocks eclipse ninja-build gfortran-doc gfortran-6-doc libgfortran3-dbg
  libcoarrays-dev libblas-doc liblapack-doc liblapack-dev liblapack-doc-man
下列【新】软件包将被安装：
  cmake cmake-data gfortran gfortran-6 libatlas-base-dev libatlas-dev
  libatlas3-base libblas-dev libgfortran-6-dev libjsoncpp1
升级了 0 个软件包，新安装了 10 个软件包，要卸载 0 个软件包，有 54 个软件包未被升
级。
需要下载 13.9 MB 的归档。
解压缩后会消耗 67.4 MB 的额外空间。
您希望继续执行吗？ [Y/n]
```

图 3.107　执行安装命令

（2）在提示后输入 y，进行安装。如果出现图 3.108 所示的情况，再次执行上述命令，或按提示执行 sudo apt-get install libatlas-base-dev cmake --fix-missing 命令。

```
  - MD5Sum:b6443563ba5767fdf64e2c847056770f [weak]
  - Filesize:196041 [weak]
 Last modification reported: Mon, 16 Jan 2017 21:44:09 +0000
已下载 66.2 kB，耗时 1分 44秒 (634 B/s)
W: http://mirrors.aliyun.com/raspbian/raspbian/pool/main/c/cmake/cmake-data_3.7.
2-1_all.deb: 由于服务器或代理的响应错误，因此自动禁止 Acquire::http::Pipeline-De
pth。（参见 man 5 apt.conf）
E: 无法下载 http://mirrors.aliyun.com/raspbian/raspbian/pool/main/c/cmake/cmake-
data_3.7.2-1_all.deb  Hash 校验和不符
  Hashes of expected file:
   - SHA256:36ca7af2cd7954203fbbd1ac9e4caf8c76f0d12215f0dac26acaf5353f91f111
   - SHA1:2baf6782245490b0ca6491f8042e58e0f578db14 [weak]
   - MD5Sum:9e4ffb8df4850b95dc852076327da426 [weak]
   - Filesize:1216422 [weak]
  Hashes of received file:
   - SHA256:d215530af8b15b817110bd1b4433fdbf6f1993447e552bfd8e32d79d10ca205e
   - SHA1:a64c95fad22cbadf7a57c2f856a9e82b51f94272 [weak]
   - MD5Sum:b6443563ba5767fdf64e2c847056770f [weak]
   - Filesize:196041 [weak]
  Last modification reported: Mon, 16 Jan 2017 21:44:09 -0000
E: 有几个软件包无法下载，要不运行 apt-get update 或者加上 --fix-missing 的选项再
试试？
pi@raspberrypi:~ $ sudo apt-get install libatlas-base-dev cmake
```

图 3.108　再次执行安装命令

安装完成后的屏幕内容如图 3.109 所示。

2. 配置 dlib 进行人脸探测

在 Home Assistant 配置文件中，所有图像的智能处理都放在 image_processing 域中，在配置文件 configuration.yaml 中添加以下代码：

```
image_processing:
  -platform: dlib_face_detect
   scan_interval: 1000000
   source:
```

```
中提供 /usr/lib/liblapack.so.3 (liblapack.so.3)
正在设置 libgfortran-6-dev:armhf (6.3.0-18-rpi1-deb9u1) ...
正在设置 cmake-data (3.7.2-1) ...
正在处理用于 libc-bin (2.24-11-deb9u3) 的触发器 ...
正在处理用于 man-db (2.7.6.1-2) 的触发器 ...
正在设置 libjsoncpp1:armhf (1.7.4-3) ...
正在设置 gfortran-6 (6.3.0-18-rpi1-deb9u1) ...
正在设置 cmake (3.7.2-1) ...
正在设置 gfortran (4:6.3.0-4) ...
update-alternatives: 使用 /usr/bin/gfortran 来在自动模式中提供 /usr/bin/f95 (f95
)
update-alternatives: 使用 /usr/bin/gfortran 来在自动模式中提供 /usr/bin/f77 (f77
)
正在设置 libblas-dev (3.7.0-2) ...
update-alternatives: 使用 /usr/lib/libblas/libblas.so 来在自动模式中提供 /usr/li
b/libblas.so (libblas.so)
正在设置 libatlas-dev (3.10.3-1-rpi1) ...
正在设置 libatlas-base-dev (3.10.3-1-rpi1) ...
update-alternatives: 使用 /usr/lib/atlas-base/atlas/libblas.so 来在自动模式中提
供 /usr/lib/libblas.so (libblas.so)
update-alternatives: 使用 /usr/lib/atlas-base/atlas/liblapack.so 来在自动模式中
提供 /usr/lib/liblapack.so (liblapack.so)
正在处理用于 libc-bin (2.24-11-deb9u3) 的触发器 ...
pi@raspberrypi: $
```

图 3.109 安装完成

```
    -entity_id: camera.cam1
```

其中,scan_interval 表示抓取一幅图像进行处理的间隔时间,默认为 10s。这里设置一个比较大的值,是为了不让 Home Assistant 自动调用图像处理,以免占用太多的 CPU 处理时间,后续可以编写脚本手动触发捕获。source 表示用于抓取图像的指定摄像头。

检查配置无误后,接下来应该重启服务。但是,第一次启动 dlib 时 Home Assistant 会自动安装必需的 Python 库,而 dlib 依赖的 Python 库 face_recognition 非常庞大。由 Home Assistant 自动安装存在两个问题:第一,在此过程中没有任何输出,不知道当前进行到哪一步;第二,如果安装中使用的是源代码安装包,由于其体积庞大,整个安装过程可能会耗尽树莓派的资源。因此需要通过手工方式安装 face_recognition。

3. 手工安装 face_recognition

打开 etc 目录下的 pip.conf 文件,其中有两个源(如果没有,请添加),一个是国内的阿里云服务器,一个是国外的 piwheels,如图 3.110 所示。

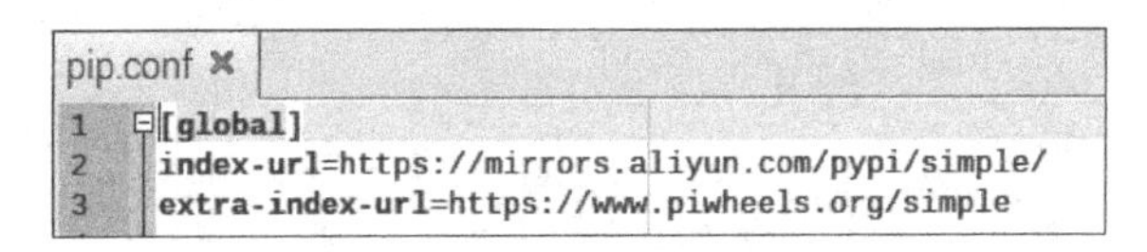

图 3.110 安装源

在 Python 安装软件包的过程中,基本的原则是高版本优先、whl 包优先。

首先,当安装时未指定软件包的具体版本号时,会优先安装高版本的软件包;其次,当相同版本号在两个源上同时存在时,会优先安装 whl 包,也就是已经编译好的软件包。

当软件包的源程序是 C++时,阿里云服务器上一般不会存在针对树莓派的、编译好的 whl 包,而在 piwheels 上一般会存在对应的 whl 包。这里既可以指定从阿里云服务器下载源程序,先编译再安装;也可以指定从 piwheels 上下载编译好的程序,直接安装。前者下载速度快,但编译时间长;后者下载速度慢,但不需要编译。

无论哪种方式,整个下载、安装、编译过程都是自动完成的。

是否去除 piwheels 源,要考虑的有两点:第一,如果到国外的网络访问速度很快,那么完全不必要去除 piwheels 源；第二，如果安装的包是用 C++ 代码编写的，比较大，那么最好保留 piwheels 源，这样能得到编译好的程序。dlib 本身及它所依赖的一些软件包都是 C++ 编写的，而且比较大，编译过程非常耗时，因此应保留 piwheels 源。

（1）在 Home Assistant 中安装的 Python 包都放在其下的 deps 目录中。如果希望手工安装的包也存放在该目录下，就应该按下面的形式定义环境变量 PYTHONUSERBASE：

```
export PYTHONUSERBASE=/home/pi/.homeassistant/deps
```

（2）执行命令 pip3 install face_recognition==1.0.0 --upgrade --user 进行安装，--user 表示在上面定义的 PYTHONUSERBASE 位置安装 face_recognition。

（3）安装时发现文件太大，下载太慢，如图 3.111 所示。

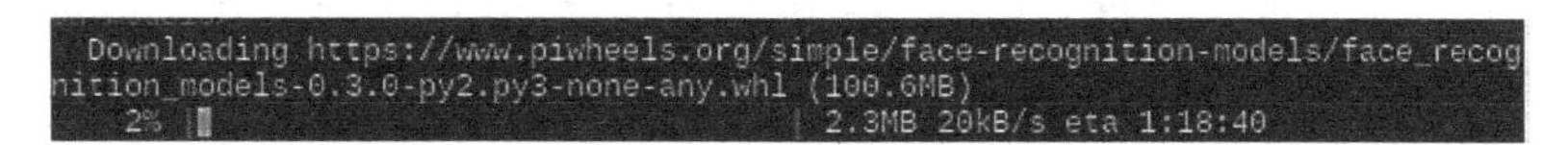

图 3.111　下载时间很长

（4）按 Ctrl+C 键中断安装，在 Windows 中下载以下链接中的 whl 包：

```
https://www.piwheels.org/simple/face-recognition-models/face_recognition_
models-0.3.0-py2.py3-none-any.whl
```

（5）下载完成后，将 whl 包上传到树莓派中的 pi 目录中(pi 目录是执行命令的默认目录)，如图 3.112 所示。

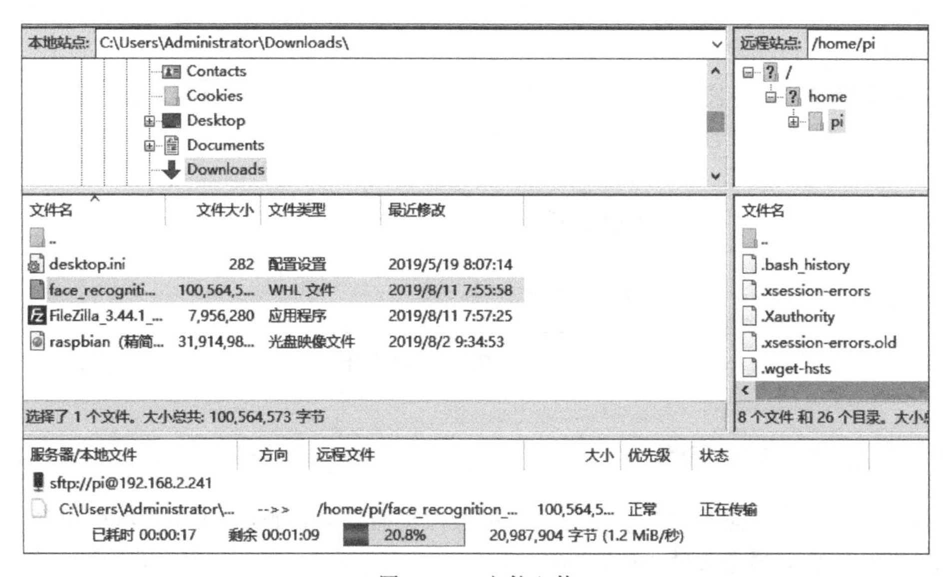

图 3.112　文件上传

（6）使用下面的命令安装 whl 包：

```
pip3 install face_recognition_models-0.3.0-py2.py3-none-any.whl --upgrade
--user
```

安装成功后的屏幕如图 3.113 所示。

```
pi@raspberrypi:~ $ pip3 install face_recognition_models-0.3.0-py2.py3-none-any.w
hl --upgrade --user
Looking in indexes: https://mirrors.aliyun.com/pypi/simple/, https://www.piwheel
s.org/simple
Processing ./face_recognition_models-0.3.0-py2.py3-none-any.whl
Installing collected packages: face-recognition-models
  Found existing installation: face-recognition-models 0.3.0
    Uninstalling face-recognition-models-0.3.0:
      Successfully uninstalled face-recognition-models-0.3.0
Successfully installed face-recognition-models-0.3.0
pi@raspberrypi:~ $
```

图 3.113　安装成功

(7) 再次使用命令 pip3 install face_recognition＝＝1.0.0 --upgrade --user 安装其他部分。

(8) 安装过程中可能会出现如图 3.114 所示的情况,等待时间很长。这是因为下载的是 dlib 源代码,需要编译。而编译时间非常长,可能会耗尽树莓派的内存,从而导致安装失败。

```
Collecting scipy>=0.17.0 (from face_recognition==1.0.0)
  Using cached https://www.piwheels.org/simple/scipy/scipy-1.3.1-cp35-cp35m-linu
x_armv7l.whl
Building wheels for collected packages: dlib
  Building wheel for dlib (setup.py) ... |-
```

图 3.114　长时间等待

(9) 在这种情况下,可以使用下面的命令指定下载 whl 包:

```
pip3 install face_recognition==1.0.0 --upgrade --user -i https://www.piwheels.
org/simple
```

(10) 安装成功后,使用命令 hass 重启 Home Assistant。刷新"概览"页面,出现如图 3.115 所示的"图像处理"卡片,表明安装成功。

图 3.115　"图像处理"卡片

3.4.2　本地 dlib 人脸探测

树莓派的 USB 摄像头比较卡。使用抓屏摄像头捕获屏幕画面,用于后续的摄像头人脸探测等演示,比物理摄像头效果好。

1. 使用 VLC 配置抓屏摄像头

(1) 在 Windows 中打开 VLC 媒体播放器,执行"媒体"|"流"命令。在"打开媒体"对话框中选择"捕获设备"选项卡,在"捕获模式"下拉列表框中选择"桌面",设置"捕获期望的帧率"为 10 帧/秒,如图 3.116 所示。

(2) 单击"串流"按钮,在出现的"流输出"对话框中单击"下一个"按钮,然后在"新目标"下拉列表框中选择 HTTP,如图 3.117 所示。

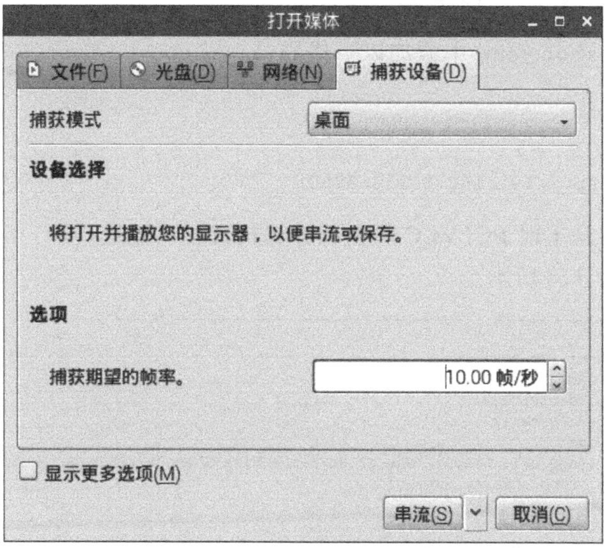

图 3.116 “打开媒体”对话框

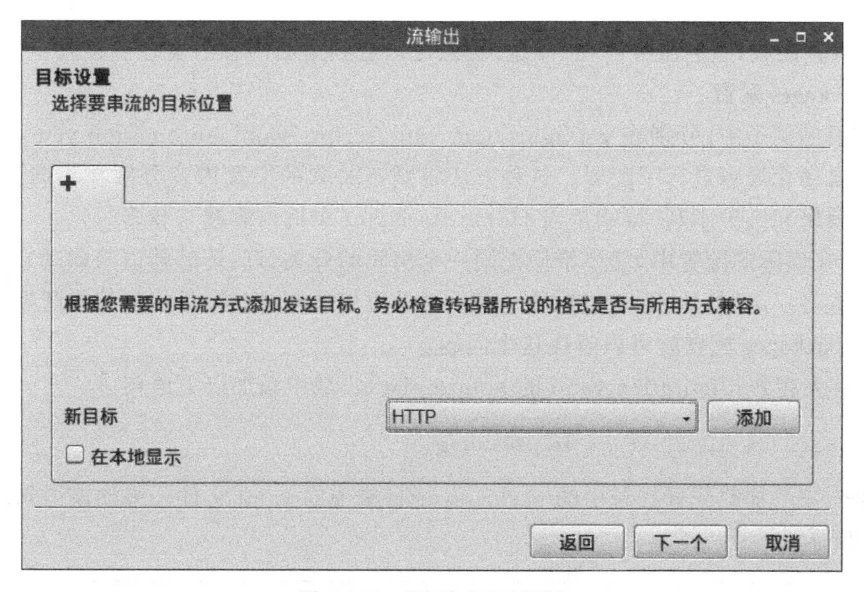

图 3.117 “流输出”对话框

（3）单击“下一个”按钮，选择 mjpeg。单击“下一个”按钮，在“生成的串流输出字符串”文本框中输入以下代码：

```
:sout=#transcode{vcodec=MJPG,vb=800,scale=自动,acodec=none,scodec=none}:standard{access=http{mime=multipart/x-mixed-replace;boundary=7b3cc56e5f51db803f790dad720ed50a},mux=mpjpeg,dst=:8888/} :no-sout-all :sout-keep
```

以上代码的作用是在树莓派屏幕上显示 Windows 中 VLC 捕获的视频。

（4）保持 VLC 最小化，继续进行以下操作。

2. 在树莓派上查看 VLC 捕获的视频

(1) 在 configuration.yaml 中添加以下代码：

```
-platform: mjpeg
 name: cam3
 mjpeg_url: http://192.168.2.158:8888
```

其中，192.168.2.158 是本地 PC(VLC 所在的计算机)的 IP 地址。

代码位置如图 3.118 所示。

```
camera:
  - platform: ffmpeg
    name: cam1
    input: /dev/video0
  - platform: generic
    name: cam2
    still_image_url: https://www.yr.no/place/Kina/Shanghai/Shanghai/meteogram.svg
    content_type: 'image/svg+xml'
  - platform: mjpeg
    name: cam3
    mjpeg_url: http://192.168.2.158:8888
```

图 3.118　添加代码的位置

(2) 检查配置，重启服务。在“概览”页面可以看到桌面内容的实时视频流。

3. packages 配置

在前面的例子中，分别在 configuration.yaml、scripts.yaml、automation.yaml 文件中对域、脚本、自动化规则进行了配置。这种方法将紧密关联的配置内容分散在不同的文件中，对今后的编辑和维护不利(特别是当 Home Assistant 中的内容越来越多时)。

同时，在实际的配置中，往往希望把同一个房间的开关、灯、传感器以及联动它们的自动化规则配置在一起；另外，还希望把同一部手机的短信通知、定位、手机摄像头配置在一起使用。通过 packages 配置就可以解决这个问题。

(1) 首先在 configuration.yaml 的 homeassistant 域中添加以下语句：

```
packages: !include_dir_named packages
```

该语句表示加载配置目录中的 packages 子目录下的 yaml 文件。添加该语句的位置如图 3.119 所示。

```
homeassistant:
  # Name of the location where Home Assistant is running
  name: Home
  # Location required to calculate the time the sun rises and sets
  latitude: 0
  longitude: 0
  # Impacts weather/sunrise data (altitude above sea level in meters)
  elevation: 0
  # Customization file
  customize: !include customize.yaml
  whitelist_external_dirs:
    - /home/pi/camera
  packages: !include_dir_named packages
```

图 3.119　添加 packages 语句的位置

(2) 在 homeassistant 目录下建立子目录 packages,编写 face_detect.yaml 文件(文件名中不能包含大写字母),放置在该目录下,代码如下:

```
image_processing:
  -platform: dlib_face_detect
   scan_interval: 1000000
   source:
     -entity_id: camera.cam3
      name: face 探测

script:
  dlib_face_detect:
    alias:人脸探测并保存图片
    sequence:
      -service: image_processing.scan
       data:
         entity_id: image_processing.face 探测
```

在上述程序中,通过抓屏摄像头 cam3 获取图像,通过脚本调用 image_processing.scan 服务。

(3) 为了验证效果,添加代码调用 camera.snapshot 服务,保存图片,并以新摄像头 image_to_be_processed 在"概览"页面显示,其目的是检验人脸的计数与图片上的人脸数是否相同,在实际应用时这段代码可以省略(注意存放图片文件的 camera 目录是如何在 whitelist_external_dirs 域中设置的,参见图 3.102)。添加的代码及其位置如图 3.120 中的方框所示。

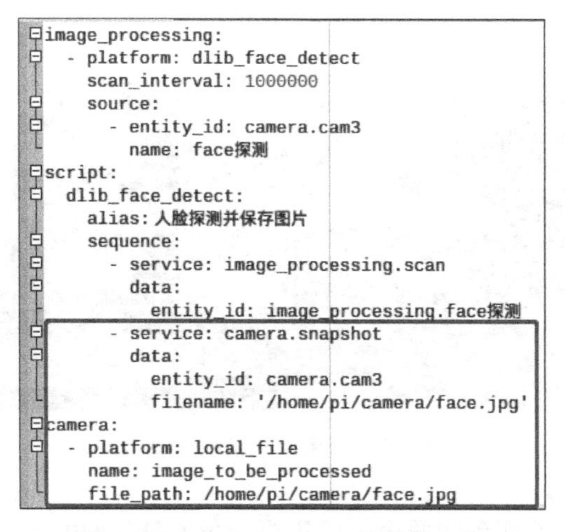

图 3.120 face_detect.yaml 文件内容

(4) 检查配置,重启服务。"概览"页面的显示如图 3.121 所示。

(5) 打开一幅包含人脸的照片,执行"人脸探测并保存图片"脚本。当探测到照片中包含的人脸时,会将人脸数在"图像处理"卡片中输出,如图 3.122 所示。

图 3.121　dlib 人脸探测页面

图 3.122　探测到人脸

3.4.3　微软人脸特征检测

微软 Azure 认知服务中的人脸 API 提供用于检测、识别和分析图像中人脸的算法。人脸 API 提供多个不同的函数,包括人脸检测、人脸验证、查找相似人脸、人脸分组、人脸识别等。

人脸检测 API 可以检测图像中的人脸,并返回其位置的矩形坐标,还可以提取一系列与人脸相关的属性,包括头部姿势、性别、年龄、情绪和面部其他特征(如胡须和眼镜)等,如图 3.123 所示。

图 3.123　微软人脸检测 API

人脸验证 API 针对检测到的两个人脸进行身份验证,或由一个检测到的人脸对一个人员进行身份验证。实际上,它会评估两张脸是否属于同一个人。

查找相似人脸 API 会将某个目标人脸与一组候选人脸进行比较,以查找与目标人脸相似的一小组人脸。

人脸分组 API 会基于相似性将未知人脸的集合分为几组。每个组是初始人脸集合的互不相交的真子集。一个组中的所有人脸可能属于同一人,一个人可能有多个不同的组。

组按其他因素(例如表情)区分。

人脸识别 API 用于根据人员数据库识别检测到的人脸。此功能可用于照片管理软件中的自动图像标记。需提前创建数据库,以后可以不断地对其进行编辑。

在 Home Assistant 中集成微软 Azure 云人脸特征检测服务,其相对于 dlib 的优点是不用考虑树莓派的性能问题;其缺点是不开源。

1. 申请免费访问微软云服务

(1) 进入网站 https://azure.microsoft.com/zh-cn/services/cognitive-services/face/,注册账户(跳过信用卡验证环节)。登录后的微软云服务界面如图 3.124 所示。

(2) 单击"试用人脸"按钮,可以免费试用认知服务,如图 3.125 所示。

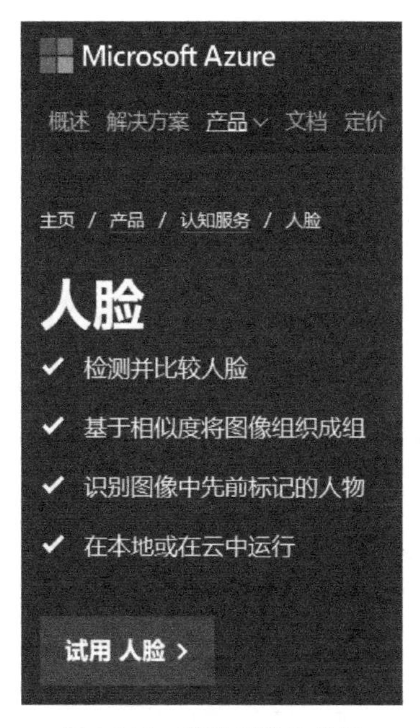

图 3.124 微软云服务界面

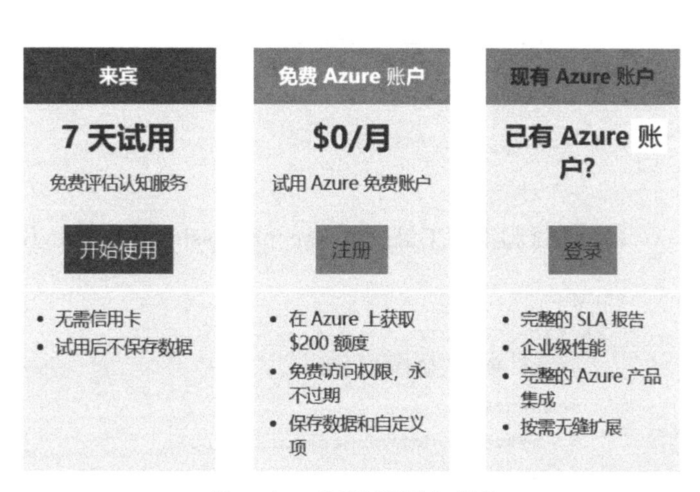

图 3.125 免费试用认知服务

(3) 选择"7 天试用",出现如图 3.126 所示的界面。在此应记录终结点的位置(即微软云服务的位置)westcentralus 和密钥。

图 3.126 人脸 API 界面

2. 编写程序

在 packages 目录下新建文件 ms_face_detect.yaml。

(1) 配置 microsoft_face 域，填写申请账户时的密钥 1 和终结点，代码如下：

```
microsoft_face:
  api_key: 244a69a9e8bb4d5b84a418dedad4030e
  azure_region: westcentralus
```

(2) 配置 image_processing 域，使用抓屏摄像头(cam3)捕获图片，检测人脸的性别、年龄、是否戴眼镜等信息，代码如下：

```
image_processing:
  -platform: microsoft_face_detect
   scan_interval: 1000000
   source:
     -entity_id: camera.cam3
      name: ms_face_feature
    attributes:
     -age
     -gender
     -glasses
```

(3) 通过脚本手工触发 image_processing.ms_face_feature，代码如下：

```
script:
  ms_face_detect:
    alias:微软人脸特征识别
    sequence:
     -service: image_processing.scan
      data:
        entity_id: image_processing.ms_face_feature
```

(4) 编写自动化规则，当检测到人脸时，通过脚本判断人脸的特征，应用模板组成一段中文文字："发现一个眼镜男/眼镜女/男人/女人，大概××岁"，调用 google tts 进行语音播报，代码如下：

```
automation:
  -alias: Somebody appearing
   trigger:
     platform: event
     event_type: image_processing.detect_face
     event_data:
       entity_id: image_processing.ms_face_feature
    action:
     service: tts.google_say
     entity_id: "all"
     data_template:
```

```
message: >
  {%if trigger.event.data.glasses=="ReadingGlasses" %}
    {%set message ='眼镜' %}
      {%if trigger.event.data.gender=="male" %}
        {%set message=message+'男' %}
      {%else %}
        {%set message=message+'女' %}
      {%endif %}
  {%else %}
    {%if trigger.event.data.gender=="male" %}
      {%set message='男人' %}
    {%else %}
      {%set message='女人' %}
    {%endif %}
  {%endif %}
  发现一个{{ message }},大概{{ trigger.event.data.age|int }}岁
```

3. 配置 VLC 抓屏摄像头

配置 VLC 抓屏摄像头的方法见 3.4.2 节。检查配置,重启服务。前端“概览”页面如图 3.127 所示。

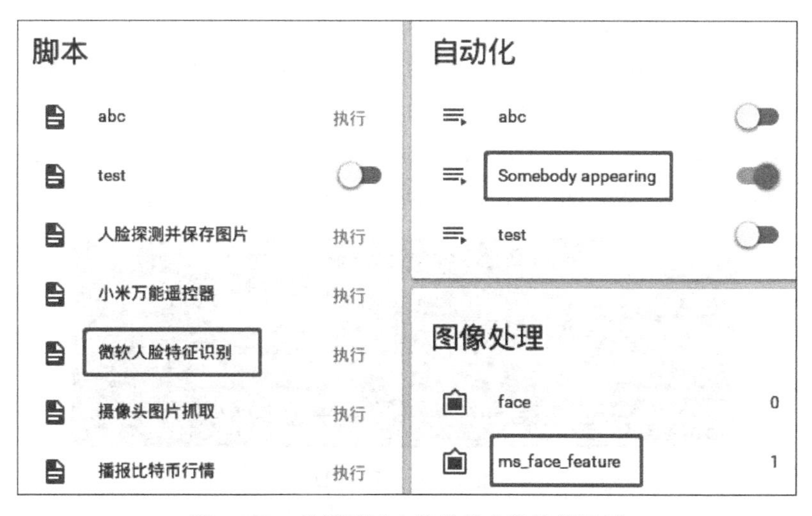

图 3.127 前端页面中的微软人脸特征识别

3.4.4 微软人脸识别与认证

利用微软云中的人脸服务,可以实现人脸识别与身份认证。

1. 配置人物标准照片

将一张人物的标准照片放置在树莓派的 pi 目录下的 Pictures 子目录中。

2. 在微软人脸云服务中配置组、用户和标准照片

使用 curl 命令调用微软云服务,完成数据准备工作。命令 curl 可以组装并提交 HTTP 客户端请求。

1）创建组

在命令行中输入以下命令：

```
curl -X PUT "https://westcentralus.api.cognitive.microsoft.com/face/v1.0/persongroups/teachers" \
-H "Content-Type: application/json" \
-H "Ocp-Apim-Subscription-Key: 244a69a9e8bb4d5b84a418dedad4030e" \
--data-ascii "{'name': 'TeachersInSUEP', 'userData': 'Teachers of SUEP'}"
```

其中，-X PUT 表示用 HTTP 的 PUT 方法提交请求；随后是提交的目标地址，也就是浏览器地址栏中的 URL；“\”表示这条命令没有结束，下一行是这条命令的继续，可以去掉“\”，把所有的命令写成很长的一行；接着是两个 HTTP 协议头，然后是提交的数据部分。命令中的粗体部分需要根据具体情况进行更改，包括微软云服务的终结点位置和密钥、创建组的 ID(teachers)、组名(TeachersInSUEP)、组的描述(Teachers of SUEP)。

执行以上命令后，如果没有输出或输出无错误，则表示命令被正确执行了。

2）创建用户

执行以下命令：

```
curl -X POST "https://westcentralus.api.cognitive.microsoft.com/face/v1.0/persongroups/teachers/persons" \
-H "Content-Type: application/json" \
-H "Ocp-Apim-Subscription-Key: 244a69a9e8bb4d5b84a418dedad4030e" \
--data-ascii "{'name': 'hein', 'userData': 'Hein He'}"
```

其中，粗体部分分别表示用户所属组的 ID、用户名和用户描述。成功执行本命令后，会返回用户 ID(4ad76ad5-587c-4b93-a691-61a243ac3690)，如图 3.128 所示。

```
pi@raspberrypi: $ curl -X PUT "https://westcentralus.api.cognitive.mi
m/face/v1.0/persongroups/teachers" \
> -H "Content-Type: application/json" \
> -H "Ocp-Apim-Subscription-Key: 244a69a9e8bb4d5b84a418dedad4030e" \
> --data-ascii "{'name': 'TeachersInSUEP', 'userData': 'Teachers of SU
pi@raspberrypi: $ curl -X POST "https://westcentralus.api.cognitive.m
om/face/v1.0/persongroups/teachers/persons" \
> -H "Content-Type: application/json" \
> -H "Ocp-Apim-Subscription-Key: 244a69a9e8bb4d5b84a418dedad4030e" \
> --data-ascii "{'name': 'hein', 'userData': 'Hein He'}"
{"personId":"4ad76ad5-587c-4b93-a691-61a243ac3690"}pi@raspberrypi: $
```

图 3.128　用户 ID

3）上传用户照片

执行以下命令：

```
curl -X POST "https://westcentralus.api.cognitive.microsoft.com/face/v1.0/persongroups/teachers/persons/4ad76ad5-587c-4b93-a691-61a243ac3690/persistedFaces" \
-H "Ocp-Apim-Subscription-Key:244a69a9e8bb4d5b84a418dedad4030e" \
-H "Content-Type: application/octet-stream" \
--data-binary "@/home/pi/Pictures/hein.jpg"
```

其中，粗体部分为上述用户 ID 和需要上传的照片。

4）训练组

每次上传用户照片后需要训练组，执行以下命令：

```
curl -X POST "https://westcentralus.api.cognitive.microsoft.com/face/v1.0/
persongroups/teachers/train" \
-H "Ocp-Apim-Subscription-Key: 244a69a9e8bb4d5b84a418dedad4030e" \
--data-ascii ""
```

这样，云端的数据就准备好了。

其他操作详见以下链接：https://www.home-assistant.io/components/image_processing.microsoft_face_detect/。

3. 编写程序

（1）在 ms_face_detect.yaml 的相应位置添加 microsoft_face_identify 平台，实现人脸识别功能，代码如下：

```
-platform: microsoft_face_identify
 scan_interval: 1000000
 group: teachers
 confidence: 10
 source:
    -entity_id: camera.cam3
     name: ms_face_identify
```

添加代码的位置如图 3.129 所示。

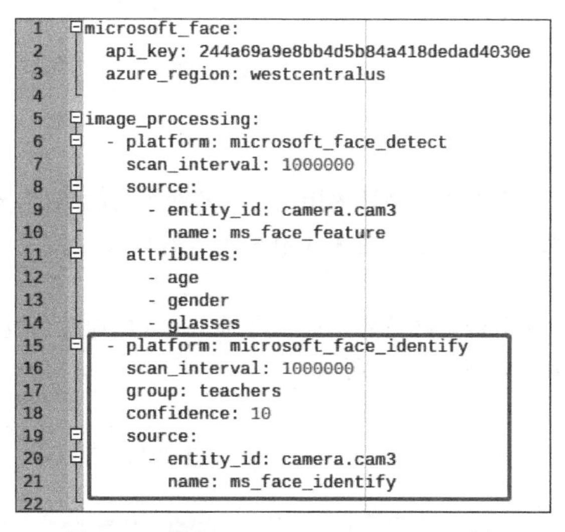

```
1  microsoft_face:
2    api_key: 244a69a9e8bb4d5b84a418dedad4030e
3    azure_region: westcentralus
4
5  image_processing:
6    - platform: microsoft_face_detect
7      scan_interval: 1000000
8      source:
9        - entity_id: camera.cam3
10         name: ms_face_feature
11     attributes:
12       - age
13       - gender
14       - glasses
15   - platform: microsoft_face_identify
16     scan_interval: 1000000
17     group: teachers
18     confidence: 10
19     source:
20       - entity_id: camera.cam3
21         name: ms_face_identify
22
```

图 3.129　添加 microsoft_face_identify 平台

在上面的代码中，group 中的内容为前面创建的组的 ID，表示仅识别这个组内的用户；confidence 为可信度。

（2）添加脚本，代码如下：

```
ms_face_identify_script:
```

```
alias:微软人脸识别
sequence:
  -service: image_processing.scan
   data:
     entity_id: image_processing.ms_face_identify
```

添加代码的位置如图 3.130 所示。

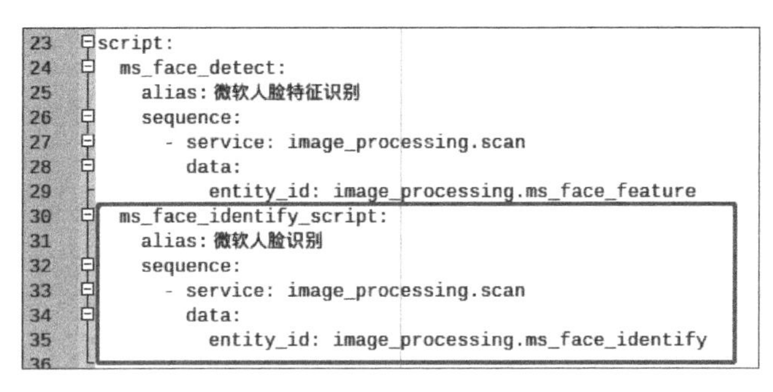

图 3.130　添加脚本

(3) 检查配置,重启服务,前端显示如图 3.131 所示。

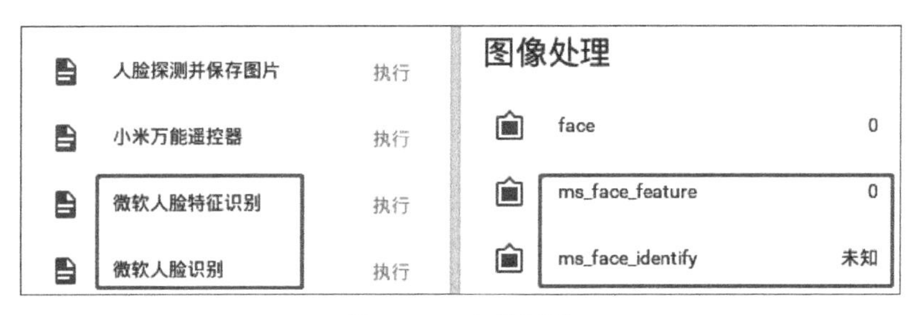

图 3.131　人脸识别

(4) 打开本地一张包含上传到网站的用户在内的两个人的照片,分别执行"微软人脸特征识别"和"微软人脸识别"脚本,分别检测出有两个人脸以及上传到网站的用户在其中,如图 3.132 所示。

(5) 打开一张不包含上传到网站的用户在内的 4 个人的照片,检测出 4 个人脸,并且上传到网站的用户不在其中,如图 3.133 所示。

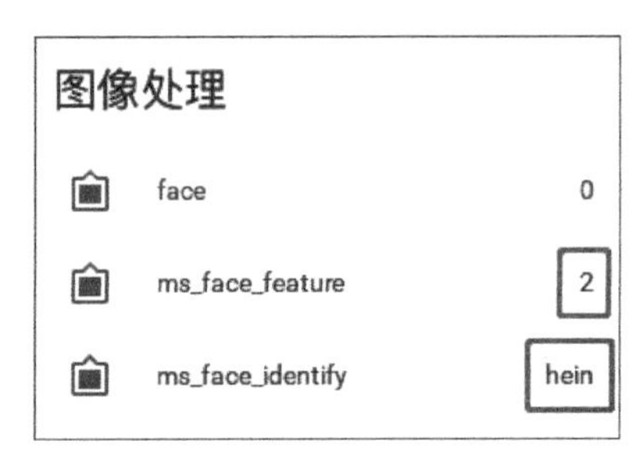

图 3.132　检测结果有两人,包含上传到网站的用户

图 3.133　检测结果有 4 人,不包含上传到网站的用户

3.5 界面 States UI 与 Lovelace UI

在 Home Assistant 中配置的各个组件会在系统内的实体信息表中生成对应的实体状态信息。组件程序负责更新实体状态信息，维护它的准确性；前端页面读取系统内的实体信息表，以清晰、美观的方式在浏览器中呈现，如图 3.134 所示。

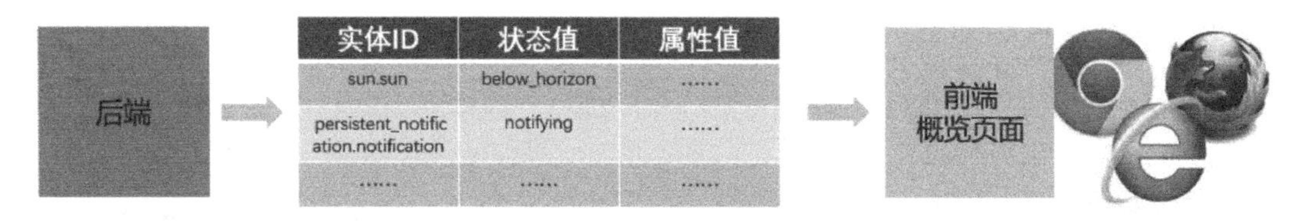

图 3.134 前后端之间的关系

“概览”页面中的所有信息都来自系统内的实体信息表，单击“开发者工具”中的状态图标按钮就能访问系统内的实体信息表。

实体 ID 是以“.”隔开的两个字符串，前面的部分为实体所在的域，后面的部分为实体的具体标识。每个实体有且仅有一个状态值，可以认为它是这个实体的关键信息。每个实体可以有多个属性值(也可以没有属性值)，每个属性都是一个形式为 key：value 的键值对，key 是属性名，value 是属性值。

前端界面在读取这些实体信息后，就会依据其中的信息将实体展现到“概览”页面中。

Home Assistant 中有两个显示“概览”页面的前端，分别为 States UI 与 Lovelace UI。单击“开发者工具”中的信息图标按钮，进入 About 后可以查看和切换当前的 UI 界面。

在 Lovelace UI 中，可以看到所有在实体信息表中出现但没有展示在“概览”页面中的实体，包括带隐藏属性的实体、group 域的实体、通知域的实体等。

对 Lovelace UI 进行配置后，如果再增加新的实体，即使可以显示，也不会出现在页面中。也就是说，配置的目的是把页面排布好。如果出现新的实体，系统不知道把它放在哪个位置，只能将其放置在 Unused entities 中。

在 States UI 中，除了 group 域、通知域和带隐藏属性的实体外，所有实体都在页面上显示，不会遗漏新出现的实体，但要做出美观的页面比较复杂。

一般先在 States UI 中完成所有组件的配置，再切换到 Lovelace UI，定制比较美观的页面用于展现。

3.5.1 States UI 界面优化

随着“概览”页面上接入 Home Assistant 的各种设备越来越多，浏览器中显示的内容也会越来越凌乱。用组(group)来组织这些设备，能起到两方面的作用：一是让界面显示更整洁；二是简化部分操作(如关灯，不必一盏一盏地关，直接关闭组中所有的灯就可以了)。

1. 分组

分组的具体方法是，在 configuration.yaml 中配置 group：!include groups.yaml，然后编写 groups.yaml 文件，实体名称可以通过单击“开发者工具”中的状态图标按钮中获得。

以实体“比特币”为例，代码如下：

```
bitcoin:
  name:比特币
  entities:
    sensor.trade_volume
```

检查配置，重载分组。在“概览”页面中，实体“比特币”(sensor.trade_volume)从页面上方移到下方内容区了，如图 3.135 所示。

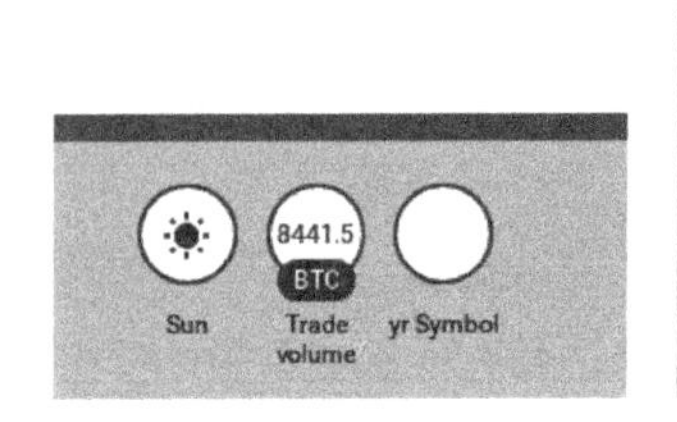

(a) 分组前

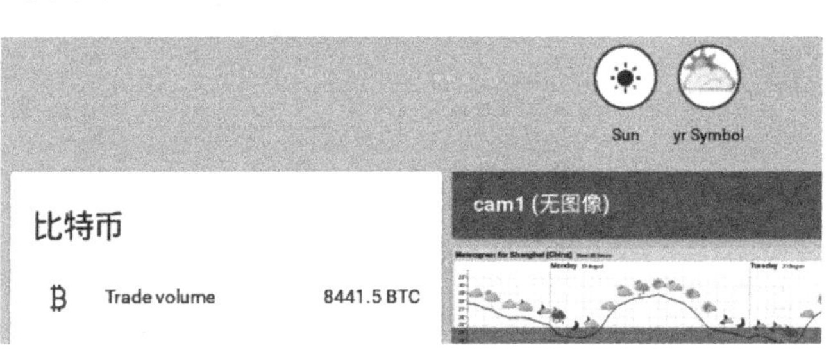

(b) 分组后

图 3.135　分组前后前端的变化

2. 分页

修改上述代码如下：

```
bitcoin:
  name:比特币
  entities:
    sensor.trade_volume
  view: yes
```

分页效果如图 3.136 所示。

图 3.136　分页效果

3. 分页分组

修改上述代码如下：

```
bitcoin:
  name:比特币
  entities:
    sensor.trade_volume
bitcoin_view:
```

```
name:比特币
entities:
  group.bitcoin
view: yes
```

分页分组效果如图 3.137 所示。

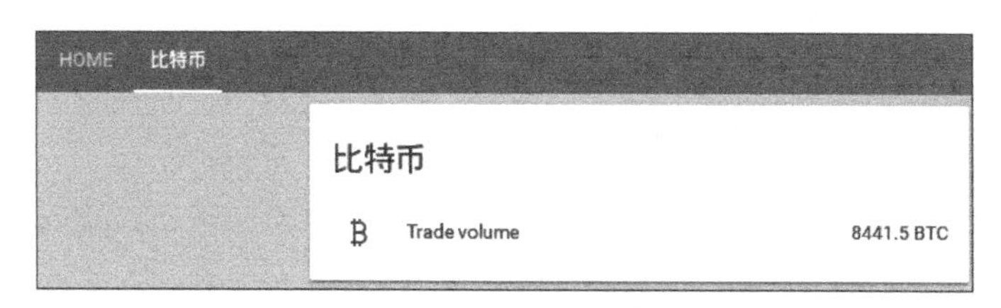

图 3.137　分页分组效果

按以上方式，可以根据需要，将系统中各种实体放入不同的分页分组中，代码如图 3.138 所示。

```
10  camera:
11    name: 摄像头
12    entities: camera.cam1, camera.cam2, camera.cam3,camera.image_to_be_processed
13    view: yes
14
15  first:
16    name: 脚本模板自动化
17    entities: automation.abc, automation.test,script.1564891491518,script.1565164123781,script.1565249225836
18    view: yes
19
20  face:
21    name: 人脸
22    entities: automation.somebody_appearing, image_processing.face,script.dlib_face_detect,script.ms_face_detect,script.ms_face_iden
23    view: yes
```

图 3.138　多个实体的分页分组代码

最终的分页分组效果如图 3.139 所示。

图 3.139　最终分页分组效果

4. 主页分组

在上述分页操作后，分页中的实体仍然会在主页中出现。可以创建一个名为 default_view 的分组，它将覆盖主页的分组，里面包含要显示的实体，代码如图 3.140 所示。

```
25  default_view:
26    name: 主页
27    entities:  script.1565331987842,script.1565406666242,sensor.yr_symbol,sun.sun, media_player.vlc
28    view: yes
```

图 3.140　default_view 的分组代码

通过分组优化后，Home Assistant 的 States UI 界面如图 3.141 所示。

3.5.2　Lovelace UI 界面优化

进入 Lovelace UI 界面，执行右上角的“配置 UI”命令，第一次会出现如图 3.142 所示的对话框。

图 3.141　最终分组效果

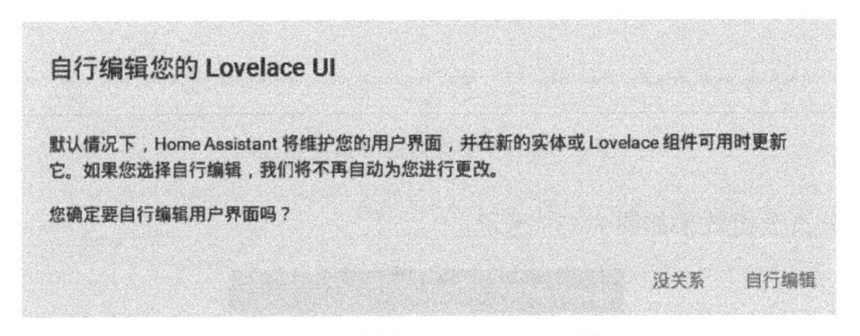

图 3.142　编辑 Lovelace UI 对话框

单击“自行编辑”按钮，进入 Lovelace UI 编辑状态，如图 3.143 所示。

图 3.143　Lovelace UI 编辑状态界面

在 Lovelace UI 中，“主页”“比特币”等称为分页(view)，可以单击图 3.143 中的+按钮添加分页。单击某个分页时会出现图 3.143 中的笔状编辑按钮，单击该按钮，出现“查看配置”对话框，如图 3.144 所示。

可以编辑分页的标题(Title)、图标(Icon)、URL 地址(URL Path)、主题(Theme)等配置选项或删除该分页。

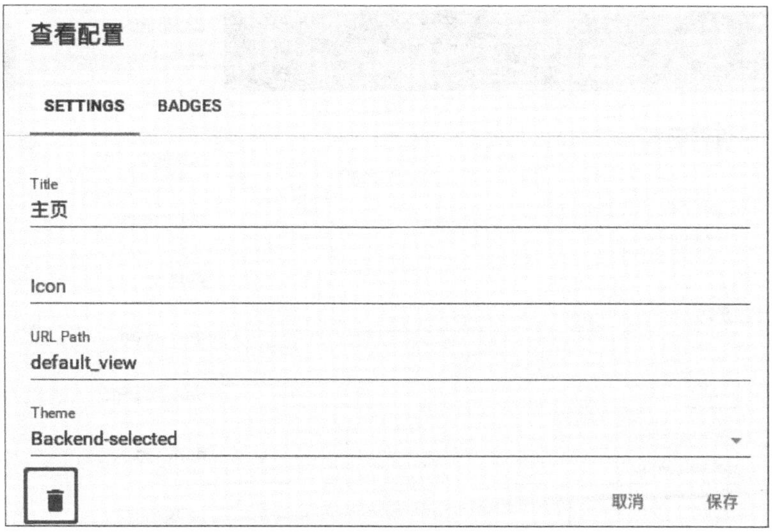

查看配置

SETTINGS BADGES

Title
主页

Icon

URL Path
default_view

Theme
Backend-selected

取消 保存

图 3.144 “查看配置”对话框

1. 编辑配置选项

图标可以从 MDI 网站(https://materialdesignicons.com)中选取。

没有定义 URL 地址时,由后台决定。

主题表示前端页面展现时所用的一套字体、颜色、排列方式等,在 github 中有相关开源项目(https://github.com/maartenpaauw/home-assistant-community-themes)。

设置主题的步骤如下。

(1) 在 homeassistant 目录中创建 themes 子目录,将该开源项目的内容克隆(clone)到 themes 子目录中(使用命令 git clone https://github.com/maartenpaauw/home-assistant-community-themes.git),如图 3.145 所示。

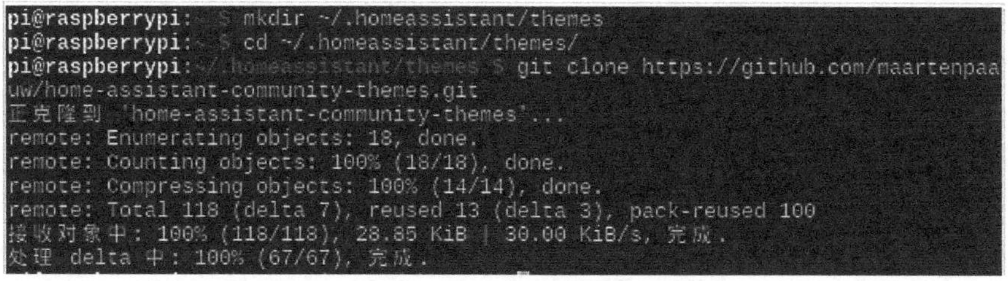

```
pi@raspberrypi:~ $ mkdir ~/.homeassistant/themes
pi@raspberrypi:~ $ cd ~/.homeassistant/themes/
pi@raspberrypi:~/.homeassistant/themes $ git clone https://github.com/maartenpaa
uw/home-assistant-community-themes.git
正克隆到 'home-assistant-community-themes'...
remote: Enumerating objects: 18, done.
remote: Counting objects: 100% (18/18), done.
remote: Compressing objects: 100% (14/14), done.
remote: Total 118 (delta 7), reused 13 (delta 3), pack-reused 100
接收对象中: 100% (118/118), 28.85 KiB | 30.00 KiB/s, 完成.
处理 delta 中: 100% (67/67), 完成.
```

图 3.145 克隆开源项目内容

(2) 在配置文件 configuration.yaml 中添加如下代码:

```
frontend:
  themes: !include_dir_merge_named themes
```

(3) 检查配置,重启服务,在相应页面的“查看配置”对话框中就可以看到刚才引入的主题,如图 3.146 所示。

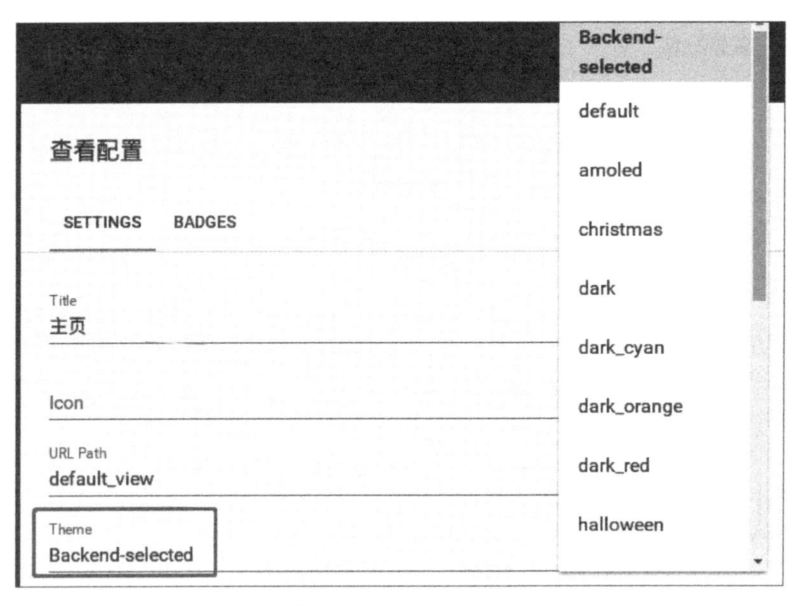

图 3.146　引入的主题

(4) 选择不同的主题,可以看到前端页面不同的显示效果。

(5) 也可以在前端页面中单击左上角的 h 按钮,在“用户资料”界面中进行设置,如图 3.147 所示。

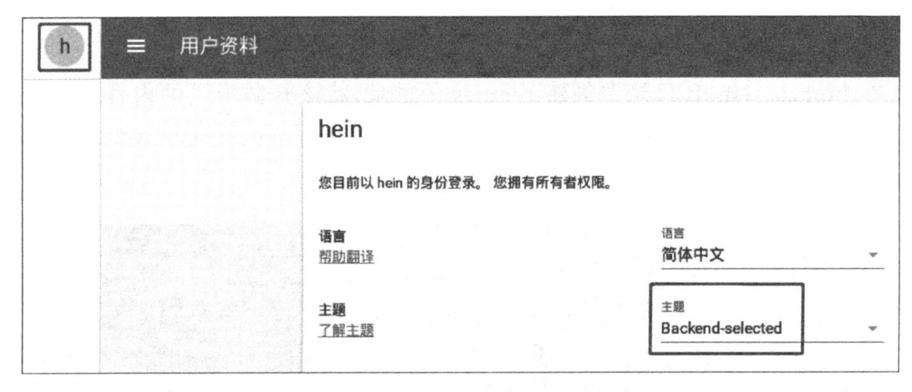

图 3.147　在“用户资料”界面中设置主题

2. 编辑卡片

在“编辑”页面中,可以单击上、下箭头移动各卡片的位置,如图 3.148 所示。

也可以移动卡片到其他 view 中或删除卡片,如图 3.149 所示。

3. 增加背景图

单击图 3.149 右上角的⋮按钮,可以通过修改 Lovelace 的文本内容为前端页面添加背景图。

(1) 添加 background,将网上的图片作为背景图,如图 3.150 所示。

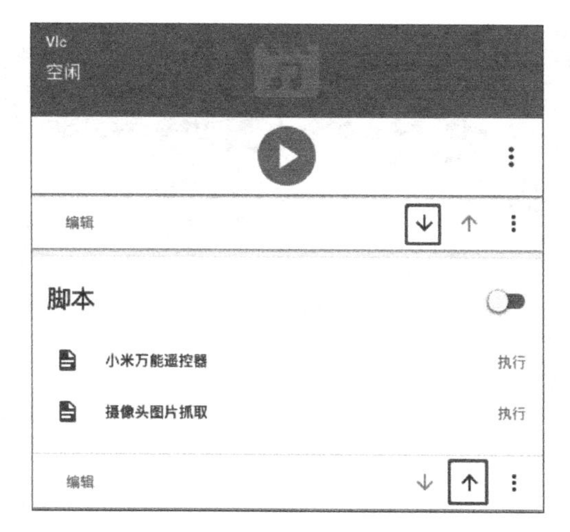

图 3.148　移动卡片的位置

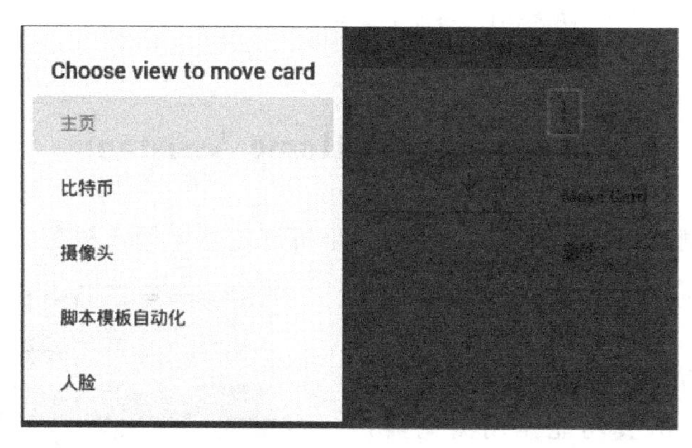

图 3.149　移动或删除卡片

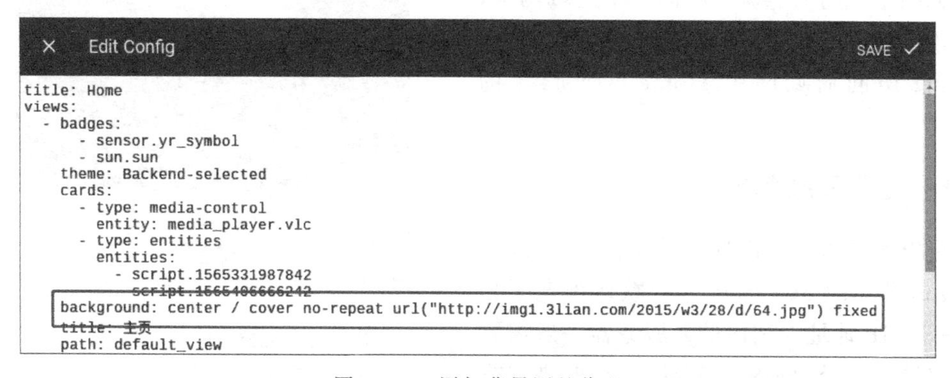

图 3.150　添加背景图的代码

(2) 单击右上角的 SAVE 按钮，关闭 Edit Config 窗口，添加了背景图的前端页面效果如图 3.151 所示。

图 3.151　添加了背景图的前端页面效果

3.6　手机访问 Home Assistant

当手机与树莓派处于同一个局域网时，在手机浏览器中输入树莓派地址，如 192.168.2.241:8123，就可以访问 Home Assistant 页面了，如图 3.152 所示。

图 3.152　手机中显示的 Home Assistant 页面

如果是苹果手机，还可以到应用商店下载 Home Assistant App，其功能比用浏览器访问时更强大。

如果手机与树莓派不在同一个局域网中，需要申请免费云服务器，才能实现手机通过 Internet 访问局域网中 Home Assistant 的功能。

3.6.1　免费云服务器

可以免费申请国内外各种免费云服务器。Amazon 公司的 EC2 云服务器默认绑定了公网的一个 IP 地址。国内的云服务器一般需要额外申请。此外，国内的 Web 服务需要进行备案。

1. 申请 Amazon EC2 云服务器

访问 Amazon 公司云服务网站（https://aws.amazon.com 或 https://amazonaws-china.com/cn）进行注册，注册时需要验证信用卡和手机信息。可以选择免费的基本方案。

注册成功后会收到电子邮件，单击其中的链接可以管理用户账户的访问密钥以及访问AWS支持中心，如图3.153所示。

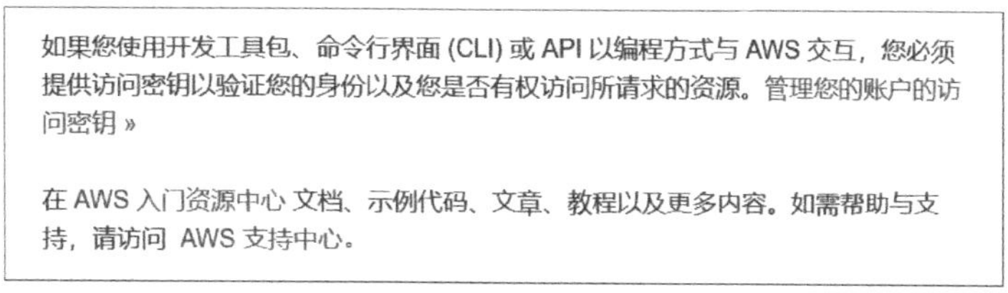

> 如果您使用开发工具包、命令行界面 (CLI) 或 API 以编程方式与 AWS 交互，您必须提供访问密钥以验证您的身份以及您是否有权访问所请求的资源。管理您的账户的访问密钥 »
>
> 在 AWS 入门资源中心 文档、示例代码、文章、教程以及更多内容。如需帮助与支持，请访问 AWS 支持中心。

图 3.153　相关链接

2. 生成云主机

生成云主机的步骤如下：

(1) 登录 Amazon 公司云服务网站后，选择云主机所在的位置(如新加坡)和 EC2 服务(即云主机)，如图3.154所示。

图 3.154　AWS管理控制台

(2) 单击 EC2，创建一个实例，如图3.155所示。

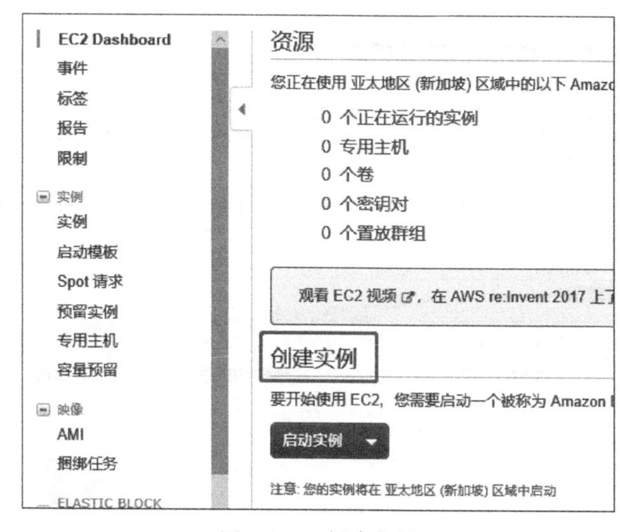

图 3.155　创建实例

(3) 单击“启动实例”按钮，选择云主机对应的 Amazon 系统映像(即操作系统)SUSE Linux，如图 3.156 所示。

图 3.156　选择系统映像

(4) 单击“选择”按钮，选择具有一个 CPU 和 1GB 内存的通用型虚拟服务器，如图 3.157 所示。

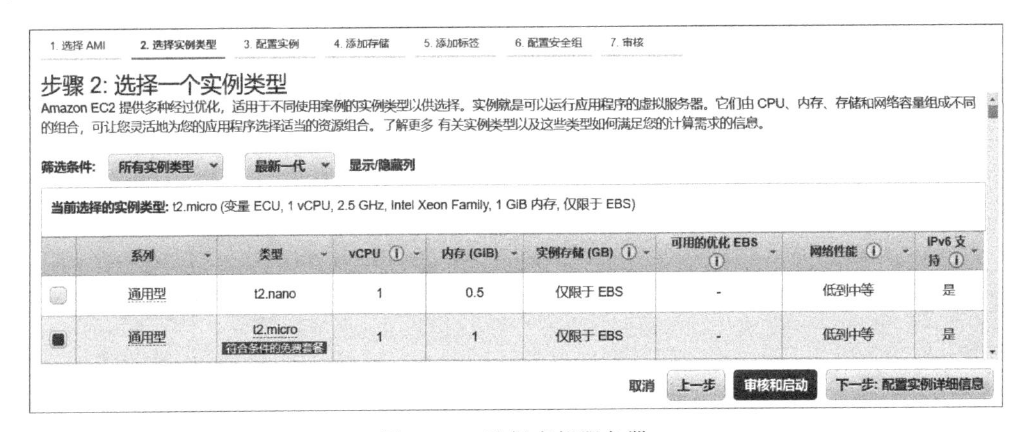

图 3.157　选择虚拟服务器

(5) 连续单击“下一步”按钮，跳过其余步骤，最后单击“启动”按钮，出现如图 3.158 所示的对话框。

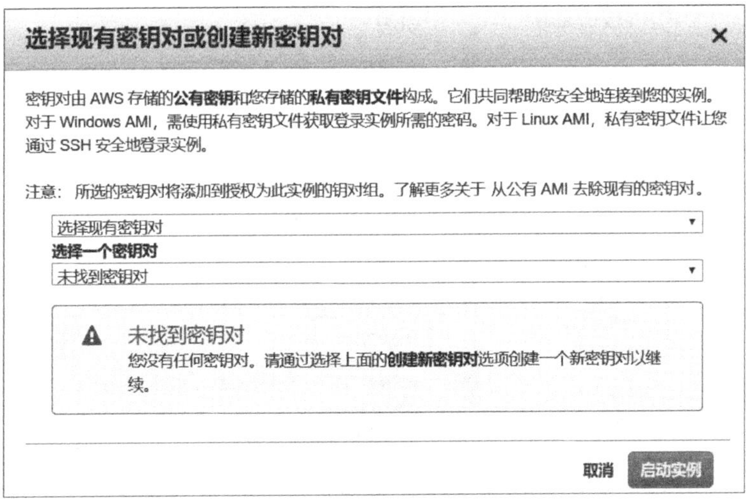

选择现有密钥对或创建新密钥对

密钥对由 AWS 存储的**公有密钥**和您存储的**私有密钥文件**构成。它们共同帮助您安全地连接到您的实例。对于 Windows AMI，需使用私有密钥文件获取登录实例所需的密码。对于 Linux AMI，私有密钥文件让您通过 SSH 安全地登录实例。

注意：所选的密钥对将添加到授权为此实例的钥对组。了解更多关于 从公有 AMI 去除现有的密钥对。

选择现有密钥对

选择一个密钥对

未找到密钥对

未找到密钥对

您没有任何密钥对。请通过选择上面的**创建新密钥对**选项创建一个新密钥对以继续。

取消　启动实例

图 3.158　选择密钥对

（6）在正式构建这台云主机之前，需要先创建用于访问这台云主机的密钥对。单击“选择现有密钥对”下拉列表框，选择“创建新密钥对”选项，在“密钥对名称”文本框中输入密钥对名称 myfreeaws，如图 3.159 所示。

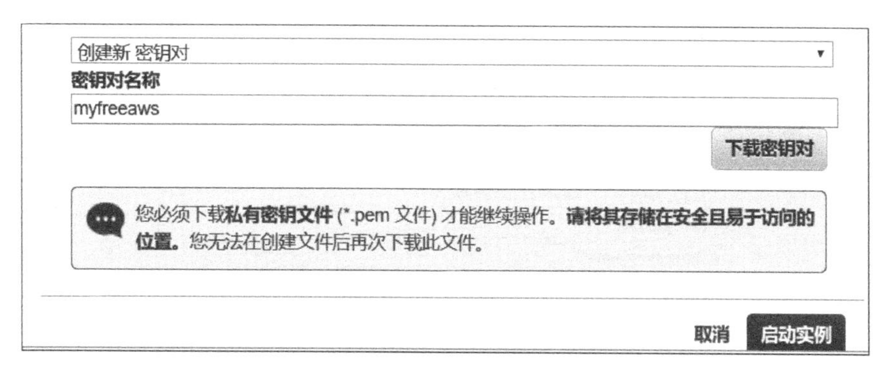

图 3.159　创建新密钥对

（7）单击“下载密钥对”按钮，将密钥对文件保存到本地硬盘中。单击“启动实例”按钮，在出现的对话框中单击“启动状态”和“查看实例”按钮，Amazon 公司云服务网站就开始正式构建这台云主机。整个过程需要几分钟的时间，完成后显示的云主机描述信息如图 3.160 所示。记下其域名（即公有 DNS）ec2-18-138-235-232.ap-southeast-1.compute.amazonaws.com。

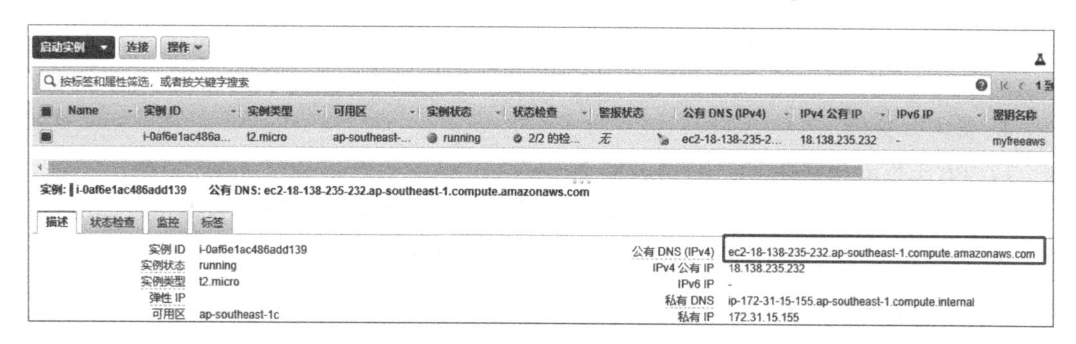

图 3.160　云主机描述信息

此后，就可以通过 AWS 管理控制台中正在运行的实例进入云主机，如图 3.161 所示。

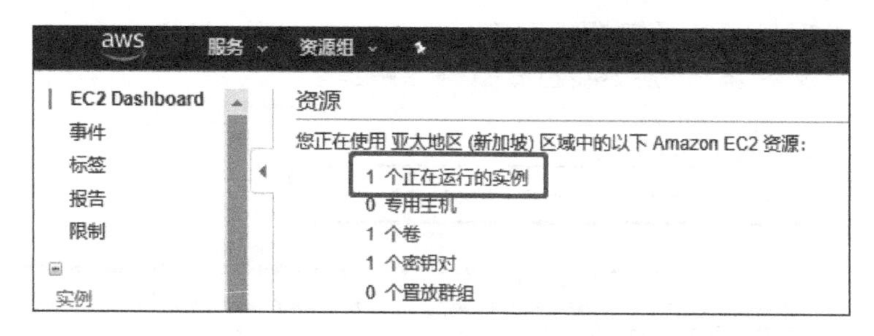

图 3.161　通过正在运行的实例进入云主机

3. 生成私钥文件

（1）运行 PuTTYgen，执行菜单栏中的 File | Load private key 命令，选择刚才下载的

密钥对文件 myfreeaws.pem，单击 Generate 按钮，生成私钥文件，如图 3.162 所示。

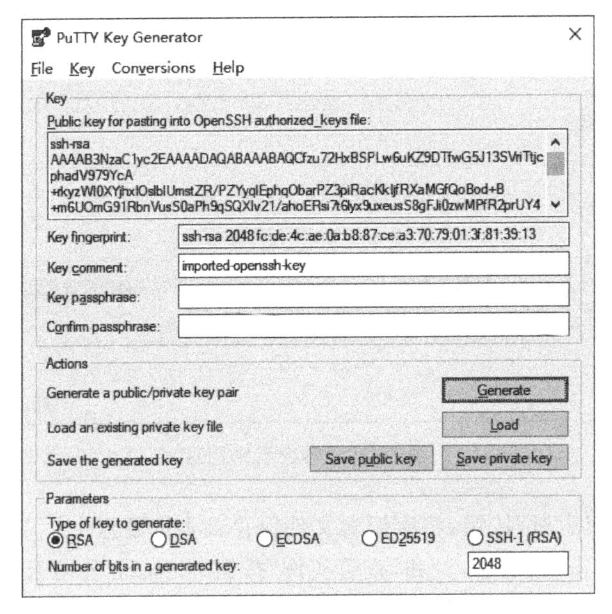

图 3.162　生成私钥文件

(2) 单击 Save private key 按钮，保存名为 myfreeaws.ppk 的私钥文件。关闭 PuTTY Key Generator 对话框。一定要保存好这两个文件，它们是访问云主机的凭证。

4. 访问云主机

访问云主机的步骤如下。

(1) 单击图 3.160 中的“连接”按钮，出现“连接到您的实例”对话框，告诉用户如何访问云主机，并给出云主机地址和用户名，如图 3.163 中的方框所示。将它们记录下来。

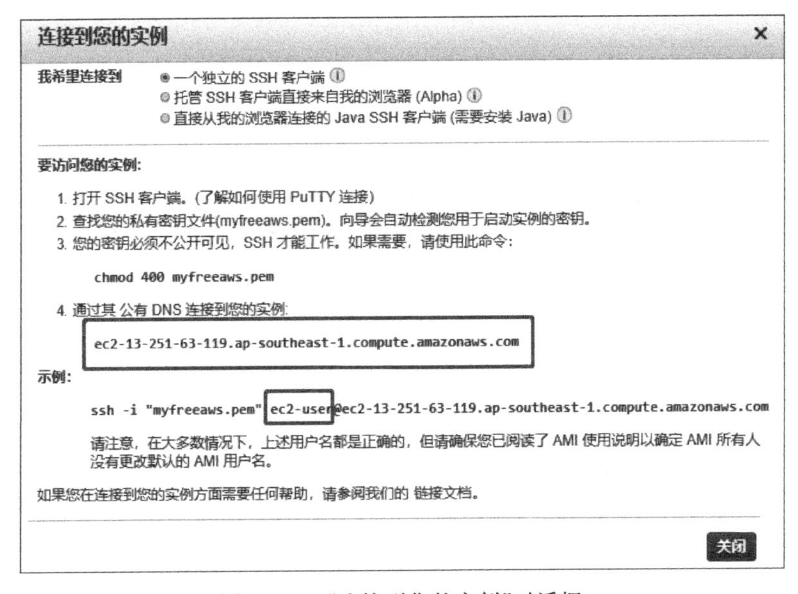

图 3.163　“连接到您的实例”对话框

(2) 运行 PuTTY,打开 PuTTY Configuration 对话框,在 SSH 的 Auth 中选择刚才生成的私钥文件,如图 3.164 所示。

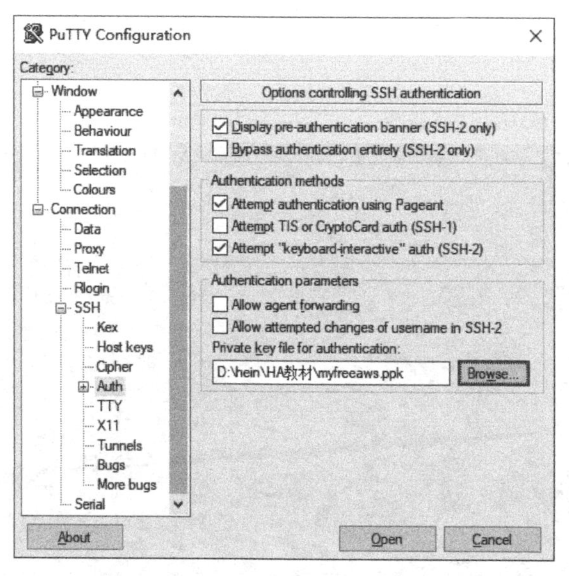

图 3.164　选择私钥文件

(3) 在 Host Name(or IP address)文本框中输入如图 3.163 所示的云主机地址,在 Saved Sessions 文本框中为连接命名,如图 3.165 所示,单击 Save 按钮。

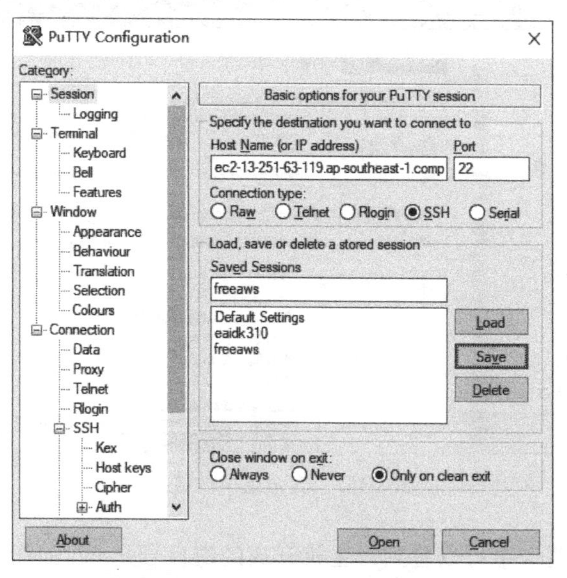

图 3.165　输入云主机地址和连接名

(4) 单击 Open 按钮,在 PuTTY 的命令行窗口中输入图 3.163 中给出的用户名,按回车键,如图 3.166 所示。

5. 开放其他端口

因为使用私钥进行登录,所以不需要密码就可以登录云主机。默认情况下,云主机仅开放 22 号端口用于 SSH 的登录。如果需要开放其他端口，需要在对应的安全组增加新的入站规则，步骤如下：

(1) 在如图 3.167 所示的“安全组”中单击 launch-wizard-2 链接，进入“创建安全组”界面。

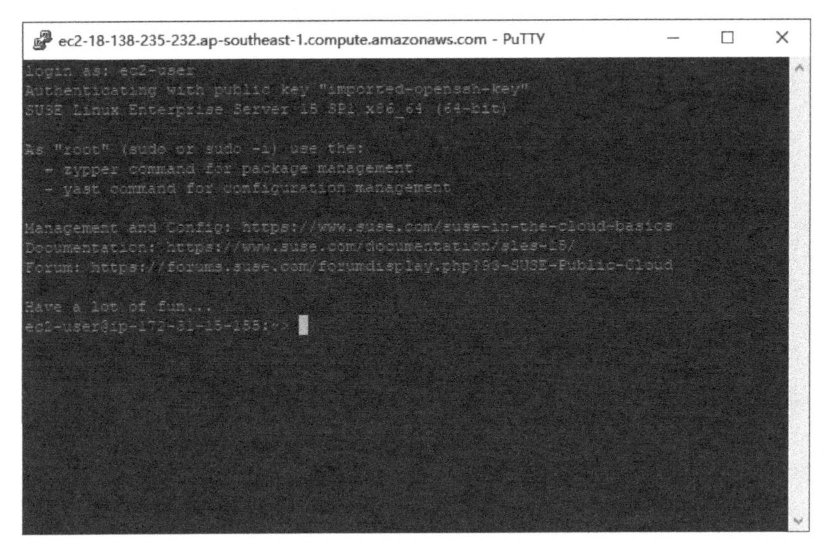

图 3.166　登录云主机

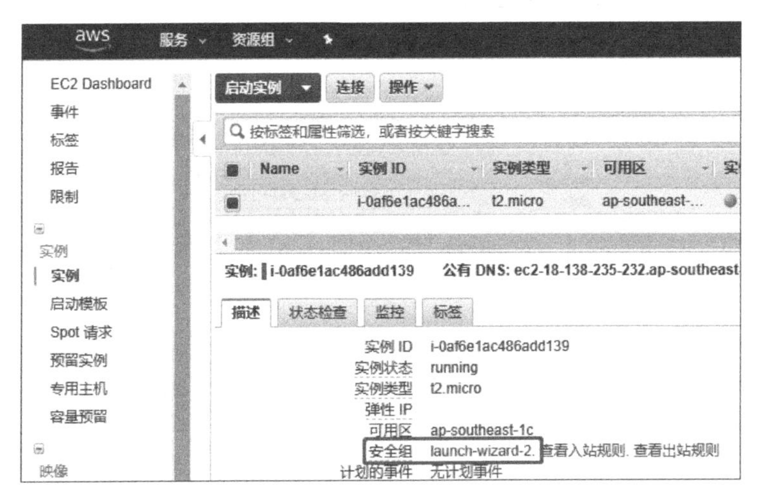

图 3.167　安全组中的链接

(2) 在“入站”选项卡中可以看到云主机开放的端口号是 22，如图 3.168 所示。

(3) 单击“编辑”按钮，在“编辑入站规则”对话框中单击“添加规则”按钮，添加 HTTP、ICMP 等协议，如图 3.169 所示。

接下来，以这台云主机作为跳板，构建它与 Home Assistant 之间的关联，从而使用户可以在任何地方访问内网的 Home Assistant。

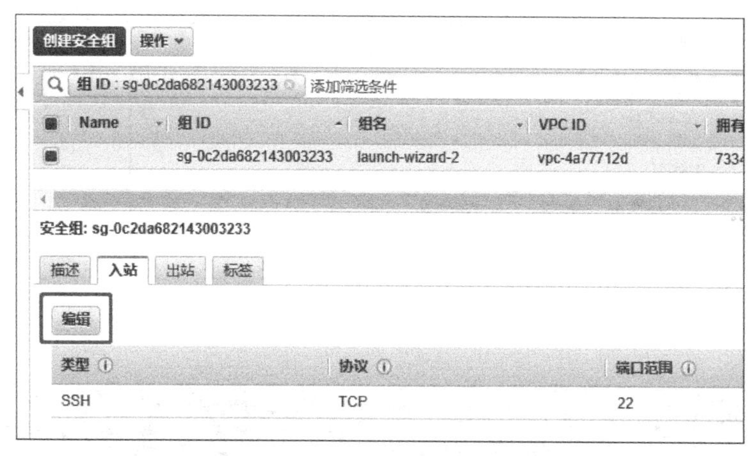

图 3.168　查看端口号

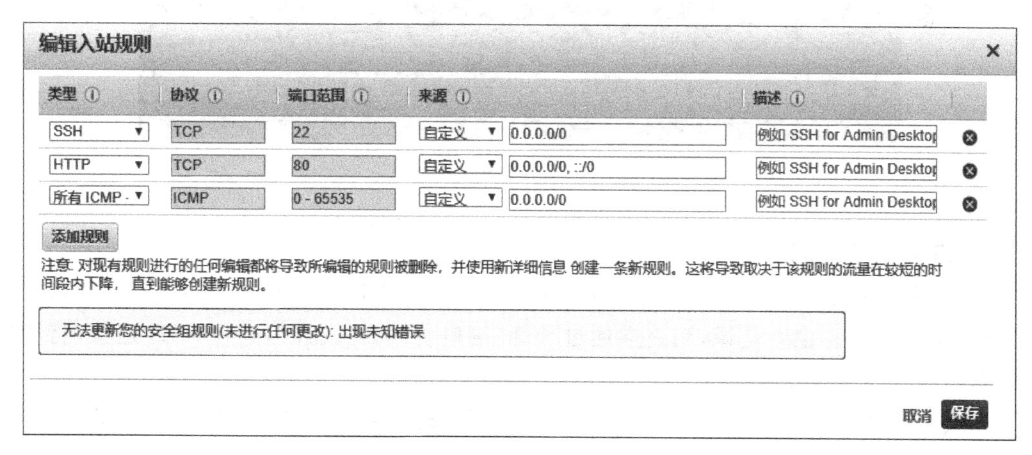

图 3.169　添加协议

3.6.2　SSH 隧道构建

通过 SSH 隧道技术，树莓派可以登录到云主机，树莓派上的服务就能被外网访问。

1. 从树莓派登录云主机

从树莓派登录云主机的步骤如下。

(1) 首先将私钥文件 myfreeaws.pem 复制到树莓派中，如图 3.170 所示。

(2) 在树莓派中执行命令 sudo cp myfreeaws.pem /etc，将该文件复制到 etc 目录下。

(3) 在 etc 目录下执行以下命令：

```
ssh -i "myfreeaws.pem" ec2-user@ec2-18-138-235-232.ap-southeast-1.compute.
amazonaws.com
```

结果如图 3.171 所示。

这样，就可以从树莓派登录云主机了。

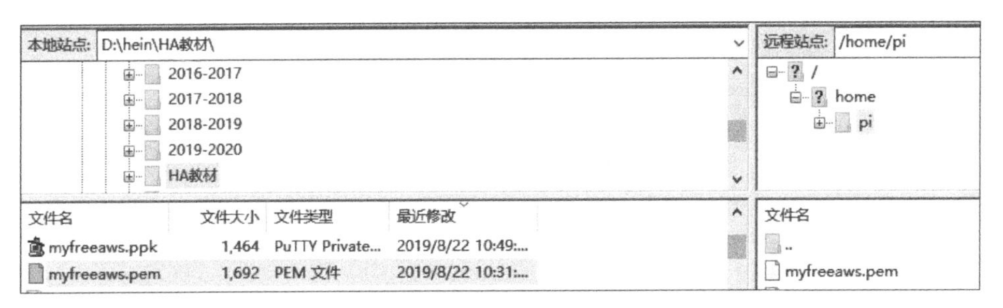

图 3.170　复制私钥文件

```
pi@raspberrypi:/etc $ ssh -i "myfreeaws.pem" ec2-user@ec2-18-138-235-232.ap-sout
heast-1.compute.amazonaws.com
Last login: Thu Aug 22 05:25:17 2019 from 180.97.204.210
SUSE Linux Enterprise Server 15 SP1 x86_64 (64-bit)

As "root" (sudo or sudo -i) use the:
  - zypper command for package management
  - yast command for configuration management

Management and Config: https://www.suse.com/suse-in-the-cloud-basics
Documentation: https://www.suse.com/documentation/sles-15/
Forum: https://forums.suse.com/forumdisplay.php?93-SUSE-Public-Cloud

Have a lot of fun...
ec2-user@ip-172-31-15-155:~>
```

图 3.171　登录云主机

2. 构建 SSH 隧道

通过构建 SSH 隧道，让整个 Internet 都能访问位于内网的 Home Assistant，即访问树莓派的 8123 端口。也就是说，当终端通过 8000 端口访问云主机时，通过 SSH 连接，将相应的通信数据转发到 Home Assistant 的 8123 端口。

要实现转发端口 8123 向 Internet 开放，必须修改 SSH 服务器端的相应配置，步骤如下：

(1) 在树莓派中执行命令 sudo nano /etc/ssh/sshd_config，在 nano 编辑器中将其中的代码 #GatewayPorts no 修改为 GatewayPorts yes。

(2) 执行命令 sudo systemctl restart sshd，重启 sshd。显示“Failed to restart sshd.service: Unit sshd.service not found”，说明尚未开启 sshd。

(3) 执行命令 sudo systemctl start sshd.service，开启 sshd 服务。

3. 远程转发

远程转发的步骤如下：

(1) 在树莓派中执行以下命令。

```
ssh -i "/etc/myfreeaws.pem" ec2-user@ec2-18-138-235-232.ap-southeast-1.
compute.amazonaws.com -R 0.0.0.0:8000:127.0.0.1:8123
```

其中，-R 表示远程转发规则，0.0.0.0:8000 代表云主机的 8000 端口，127.0.0.1:8123 代表树莓派本机的 8123 端口，结果如图 3.172 所示。

(2) 在 AWS 管理控制台添加入站规则，如图 3.173 所示。这样就打开了云主机防火墙，让 8000 端口能被 Internet 访问。

```
pi@raspberrypi:~ $ ssh -i "/etc/myfreeaws.pem" ec2-user@ec2-18-138-235-232.ap-southeast-1.compute.amazonaws.com -R 0.0.0.0:8000:127.0.0.1:8123
Last login: Thu Aug 22 07:58:03 2019 from 58.222.50.126
SUSE Linux Enterprise Server 15 SP1 x86_64 (64-bit)

As "root" (sudo or sudo -i) use the:
  - zypper command for package management
  - yast command for configuration management

Management and Config: https://www.suse.com/suse-in-the-cloud-basics
Documentation: https://www.suse.com/documentation/sles-15/
Forum: https://forums.suse.com/forumdisplay.php?93-SUSE-Public-Cloud

Have a lot of fun...
ec2-user@ip-172-31-15-155:~>
```

图 3.172　登录云主机并设置远程转发规则

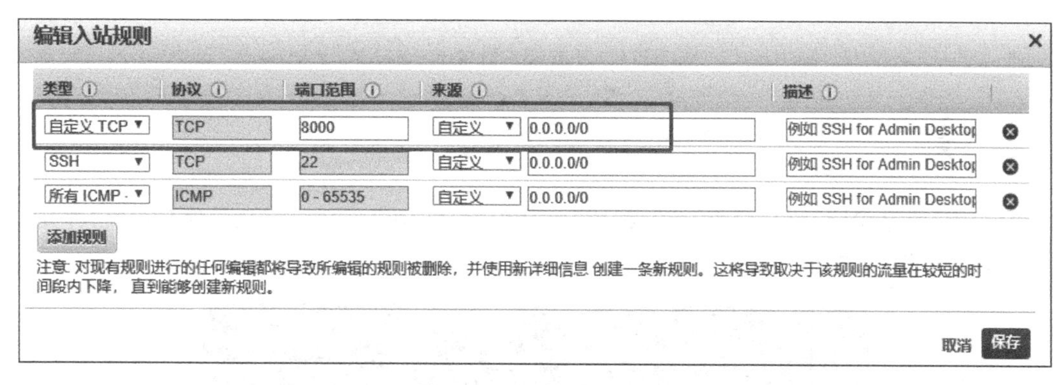

图 3.173　添加入站规则

(3) 保存入站规则。然后，通过浏览器访问 ec2-18-138-235-232.ap-southeast-1.compute.amazonaws.com:8000，就可以访问树莓派的 Home Assistant 了。

3.6.3　FRP 隧道构建

除了使用 SSH 隧道外，还可以通过 FRP 构建 TCP 隧道，实现内网 Home Assistant 服务的公网访问。

与 SSH 隧道构建类似，在构建 FRP 隧道时，在树莓派上运行 FRP 客户端，连接到云主机上的 FRP 服务器端。当远端访问云主机的 80 端口时，将通信数据通过 FRP 隧道转发到树莓派的 8123 端口。

1. 修改云主机防火墙的入站规则

在云主机上开放两个端口，一个是用于 FRP 连接的 7000 端口，另一个是云主机的 80 端口，如图 3.174 所示。

2. 配置 FRP 服务器

配置 FRP 服务器的步骤如下。

(1) 访问 FRP 软件的 github 地址 https://github.com/fatedier/frp/releases/tag/v0.21.0，找到 frp_0.21.0_linux_amd64.tar.gz，复制其链接地址 https://github.com/fatedier/frp/releases/download/v0.21.0/frp_0.21.0_linux_amd64.tar.gz。

(2) 使用 PuTTY 登录云主机，执行以下命令下载 FRP 软件安装包：

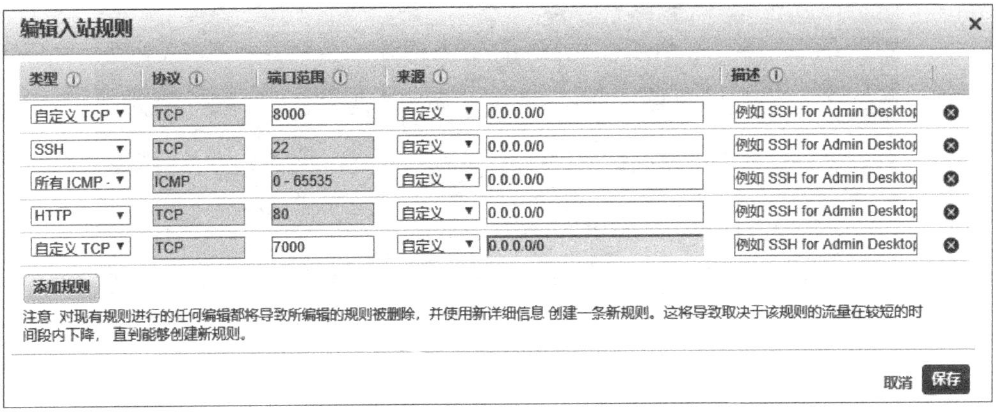

编辑入站规则

类型	协议	端口范围	来源		描述
自定义 TCP	TCP	8000	自定义	0.0.0.0/0	例如 SSH for Admin Desktop
SSH	TCP	22	自定义	0.0.0.0/0	例如 SSH for Admin Desktop
所有 ICMP -	ICMP	0 - 65535	自定义	0.0.0.0/0	例如 SSH for Admin Desktop
HTTP	TCP	80	自定义	0.0.0.0/0	例如 SSH for Admin Desktop
自定义 TCP	TCP	7000	自定义	0.0.0.0/0	例如 SSH for Admin Desktop

添加规则

注意: 对现有规则进行的任何编辑都将导致所编辑的规则被删除，并使用新详细信息 创建一条新规则。这将导致取决于该规则的流量在较短的时间段内下降，直到能够创建新规则。

取消 保存

图 3.174　开放云主机的 80 端口

```
wget https://github.com/fatedier/frp/releases/download/v0.21.0/frp_0.21.0_
linux_amd64.tar.gz
```

(3) 下载完成后，执行命令 tar -xzvf frp_0.21.0_linux_amd64.tar.gz 对 FRP 软件安装包进行解压缩，结果如图 3.175 所示。

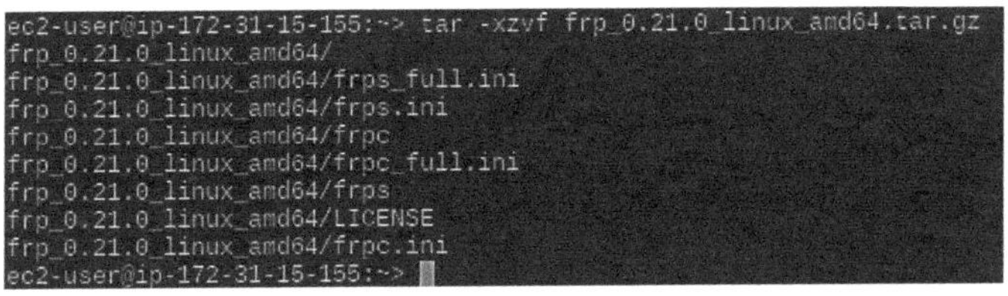

```
ec2-user@ip-172-31-15-155:~> tar -xzvf frp_0.21.0_linux_amd64.tar.gz
frp_0.21.0_linux_amd64/
frp_0.21.0_linux_amd64/frps_full.ini
frp_0.21.0_linux_amd64/frps.ini
frp_0.21.0_linux_amd64/frpc
frp_0.21.0_linux_amd64/frpc_full.ini
frp_0.21.0_linux_amd64/frps
frp_0.21.0_linux_amd64/LICENSE
frp_0.21.0_linux_amd64/frpc.ini
ec2-user@ip-172-31-15-155:~>
```

图 3.175　对 FRP 软件安装包进行解压缩

解压缩后共 7 个文件，其中，frpc 开头的文件是 FRP 客户端的相关程序与配置文件，frps 开头的文件是 FRP 服务器端的相关程序与配置文件。

(4) 由于在云主机上仅运行服务器端，所以要转到 FRP 安装目录，使用 rm frpc * 命令将客户端的相关程序和配置文件删除：

```
cd frp_0.21.0_linux_amd64
rm frpc*
```

(5) 使用 vi 命令(也可以用其他工具)修改 FRP 服务器端配置文件 frps.ini：

```
vi frps.ini
```

(6) 进入 vi 编辑环境的命令行模式，按 I 键切换到插入模式进行编辑，输入连接密码。编辑完成后，按 Esc 键回到命令行模式。

(7) 在命令行模式下，按冒号(:)键进入末行(last line)模式，输入图 3.176 中的命令(记住自己设置的 token 值，后面要使用)，然后保存 frps.ini 文件。

(8) 保存命令有 3 种：w filename(以指定的文件名 filename 保存)、wq(保存文件并退出 vi)、q!(不保存文件，强制退出 vi)。这里输入 wq，按回车键，保存 frps.ini 文件并退出 vi，如图 3.176 所示。

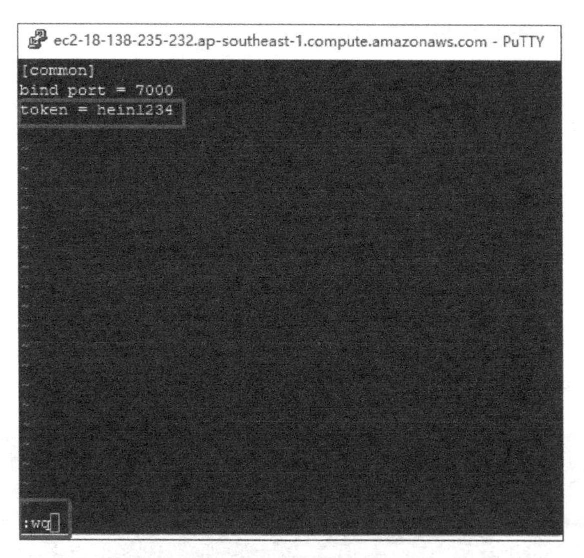

图 3.176　编辑 frps.ini

(9) 以 root 身份运行 frps 程序，这样，FRP 服务器端就准备好了，如图 3.177 所示。

```
ec2-user@ip-172-31-15-155:~/frp_0.21.0_linux_amd64> sudo ./frps -c ./frps.ini
2019/08/26 02:24:48
2019/08/26 02:24:48
```

图 3.177　FRP 服务器端准备完毕

3. 配置 FRP 客户端

配置 FRP 客户端的步骤如下。

(1) 在树莓派上下载 FRP 软件，由于树莓派是 ARM 架构的，所以要下载 frp_0.21.0_linux_arm.tar.gz 文件。

(2) 复制 FRP 软件安装包的链接地址，在树莓派中执行以下命令：

```
wget https://github.com/fatedier/frp/releases/download/v0.21.0/frp_0.21.0_
linux_arm.tar.gz
```

(3) 下载后，用同样的方法解压缩。由于在树莓派上仅运行 FRP 客户端，所以要将 frps 开头的文件删除。本步的整个过程如图 3.178 所示。

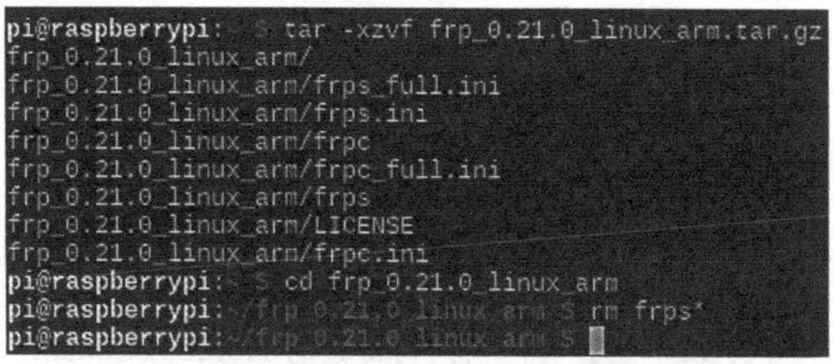

```
pi@raspberrypi:  tar -xzvf frp_0.21.0_linux_arm.tar.gz
frp_0.21.0_linux_arm/
frp_0.21.0_linux_arm/frps_full.ini
frp_0.21.0_linux_arm/frps.ini
frp_0.21.0_linux_arm/frpc
frp_0.21.0_linux_arm/frpc_full.ini
frp_0.21.0_linux_arm/frps
frp_0.21.0_linux_arm/LICENSE
frp_0.21.0_linux_arm/frpc.ini
pi@raspberrypi:  cd frp_0.21.0_linux_arm
pi@raspberrypi:  rm frps*
pi@raspberrypi:
```

图 3.178　解压缩和删除文件

(4) 编辑客户端配置文件 frpc.ini，指定服务器名称，添加刚才在服务器端设置的

token、本地端口 8123 和远程端口 80，如图 3.179 所示。

```
[common]
server_addr = ec2-18-138-235-232.ap-southeast-1.compute.amazonaws.com
server_port = 7000
token = hein1234

[frp]
type = tcp
local_ip = 127.0.0.1
local_port = 8123
remote_port = 80
```

图 3.179　编辑 frpc.ini 文件

(5) 运行 frpc 程序，指定配置文件 frpc.ini，建立连接，如图 3.180 所示。

```
pi@raspberrypi:~/frp_0.21.0_linux_arm $ ./frpc -c ./frpc.ini
2019/08/26 10:57:46 [I] [proxy_manager.go:300] proxy removed: []
2019/08/26 10:57:46 [I] [proxy_manager.go:310] proxy added: [frp]
2019/08/26 10:57:46 [I] [proxy_manager.go:333] visitor removed: []
2019/08/26 10:57:46 [I] [proxy_manager.go:342] visitor added: []
2019/08/26 10:57:47 [I] [control.go:246] [dfcb404e8bfef999] login to server succ
ess, get run id [dfcb404e8bfef999], server udp port [0]
2019/08/26 10:57:47 [I] [control.go:169] [dfcb404e8bfef999] [frp] start proxy su
ccess
```

图 3.180　FRP 客户端准备完毕

(6) 连接建立后，在浏览器中输入云主机的地址和端口 http://ec2-18-138-235-232.ap-southeast-1.compute.amazonaws.com（因为 80 端口是 HTTP 的默认端口，所以直接在浏览器中输入云主机的地址就可以了，不必加上端口号 80），就可以通过公网访问树莓派的 Home Assistant 了，如图 3.181 所示。

图 3.181　通过公网访问树莓派的 Home Assistant

4. 将 frps 命令加入云主机的自启动文件

(1) 在 PuTTY 中执行命令 sudo vi /etc/init.d/after.local。

（2）在 after.local 文件中输入代码 sudo /home/ec2-user/frp_0.21.0_linux_amd64/frps -c /home/ec2-user/frp_0.21.0_linux_amd64/frps.ini，将启动命令放在 after.local 文件中。

（3）保存 after.local 文件后，执行命令 sudo chmod +x /etc/init.d/after.local，设置 after.local 文件的权限为可执行。

（4）执行命令 sudo reboot 重启云主机。若命令正确执行，则不会有任何提示，如图 3.182 所示。

```
ec2-user@ip-172-31-15-155:~> sudo vi /etc/init.d/after.local
ec2-user@ip-172-31-15-155:~> sudo chmod +x /etc/init.d/after.local
ec2-user@ip-172-31-15-155:~> sudo reboot
```

图 3.182　将 frps 加入云主机的自启动文件

5. 将 frpc 命令加入树莓派的自启动文件

（1）在树莓派中执行命令 sudo vi /etc/rc.local。

（2）在文件 rc.local 中输入以下代码：

```
(
until ping -nq -c3 192.168.2.1; do
  #Waiting for network
  sleep 5
done
/home/pi/frp_0.21.0_linux_arm/frpc -c /home/pi/frp_0.21.0_linux_arm/frpc.ini
)&
```

代码位置如图 3.183 所示。

```
_IP=$(hostname -I) || true
if [ "$_IP" ]; then
  printf "My IP address is %s\n" "$_IP"
fi

(
until ping -nq -c3 192.168.2.1; do
  # Waiting for network
  sleep 5
done
/home/pi/frp_0.21.0_linux_arm/frpc -c /home/pi/frp_0.21.0_linux_arm/frpc.ini
)&
```

图 3.183　将 frpc 加入树莓派的自启动文件

（3）执行命令 sudo reboot 重启树莓派。然后就可以通过外网访问树莓派的 Home Assistant 了。

3.7　使用 TensorFlow 进行物体识别

TensorFlow 是谷歌公司开源的第二代人工智能学习系统，TensorFlow 计算框架可以很好地支持深度学习的各种算法，其应用不局限于深度学习，可以支持多种计算平台，系统稳定性较高。本节介绍如何在 Home Assistant 中使用 TensorFlow 进行物体识别。

3.7.1 安装 TensorFlow

安装 TensorFlow 的步骤如下。

(1) 执行命令 sudo pip3 install tensorflow 进行安装。由于 TensorFlow 以及其依赖的库都比较大,有时下载的时间比较长,如图 3.184 所示。

```
pi@raspberrypi:~ $ sudo pip3 install tensorflow
Looking in indexes: https://mirrors.aliyun.com/pypi/simple/, https://www.piwheel
s.org/simple
Collecting tensorflow
  Downloading https://www.piwheels.org/simple/tensorflow/tensorflow-1.14.0-cp35-
none-linux_armv7l.whl (100.7MB)
                                    | 1.9MB 14kB/s eta 1:50:42
```

图 3.184　下载时间较长的情况

(2) 可以在 Windows 中下载图 3.184 中的链接。https://www.piwheels.org/simple/tensorflow/tensorflow-1.14.0-cp35-none-linux_armv7l.whl 对应的 whl 包。下载完成后,将 whl 包上传到树莓派中的 pi 目录中(执行命令的默认目录)。也可以在树莓派的浏览器中直接将 whl 包下载到默认的 downloads 目录中,然后将其移动到 pi 目录中。

注意:树莓派 4B 默认是 Python 3.7 版本,对应的 whl 包是 https://www.piwheels.org/simple/tensorflow/tensorflow-1.13.1-cp37-none-linux_armv7l.whl。

(3) 下载完成后,使用命令 pip3 install tensorflow-1.14.0-cp35-none-linux_armv7l.whl --upgrade --user 安装下载的 whl 包。

注意:树莓派 4B 的安装命令是 pip3 install tensorflow-1.13.1-cp37-none-linux_armv7l.whl --upgrade --user。

(4) 安装 whl 包后,会自动安装 TensorFlow 的相关依赖库,安装成功后显示如图 3.185 所示的信息。

```
Installing collected packages: astor, termcolor, grpcio, absl-py, protobuf, h5py
, keras-applications, keras-preprocessing, gast, google-pasta, tensorflow-estima
tor, markdown, tensorboard, wrapt, tensorflow
Successfully installed absl-py-0.8.0 astor-0.8.0 gast-0.3.2 google-pasta-0.1.7 g
rpcio-1.24.0 h5py-2.10.0 keras-applications-1.0.8 keras-preprocessing-1.1.0 mark
down-3.1.1 protobuf-3.9.2 tensorboard-1.13.1 tensorflow-1.13.1 tensorflow-estima
tor-1.14.0 termcolor-1.1.0 wrapt-1.11.2
pi@raspberrypi:~ $
```

图 3.185　安装成功

3.7.2 配置 TensorFlow

作为开源项目,在 github 上有很多资料供参考和选用。

1. 下载物体识别相关程序

下载物体识别相关程序的步骤如下。

(1) 在浏览器中输入 https://github.com/tensorflow/models/tree/master/research/object_detection,可以下载整个 github 项目,也可以选择本书示例需要的 data、protos、utils 这 3 个目录内容进行下载,如图 3.186 所示。

(2) 在浏览器中输入 https://minhaskamal.github.io/DownGit/#/home,进入下载 github 项目子目录的工具页面,如图 3.187 所示。

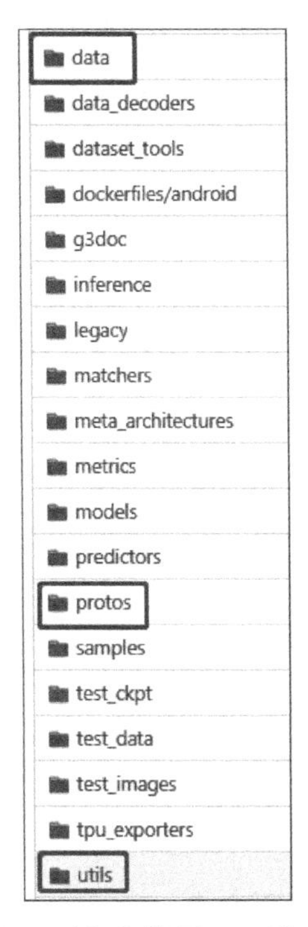

图 3.186　github 的 TensorFlow 项目

图 3.187　DownGit 工具

(3) 在输入框中分别输入以下 3 个链接：

https://github.com/tensorflow/models/tree/master/research/object_detection/data
https://github.com/tensorflow/models/tree/master/research/object_detection/protos
https://github.com/tensorflow/models/tree/master/research/object_detection/utils

然后，单击 Download 按钮下载对应的压缩文件。

(4) 在浏览器中输入 https://github.com/protocolbuffers/protobuf/，如图 3.188所示。

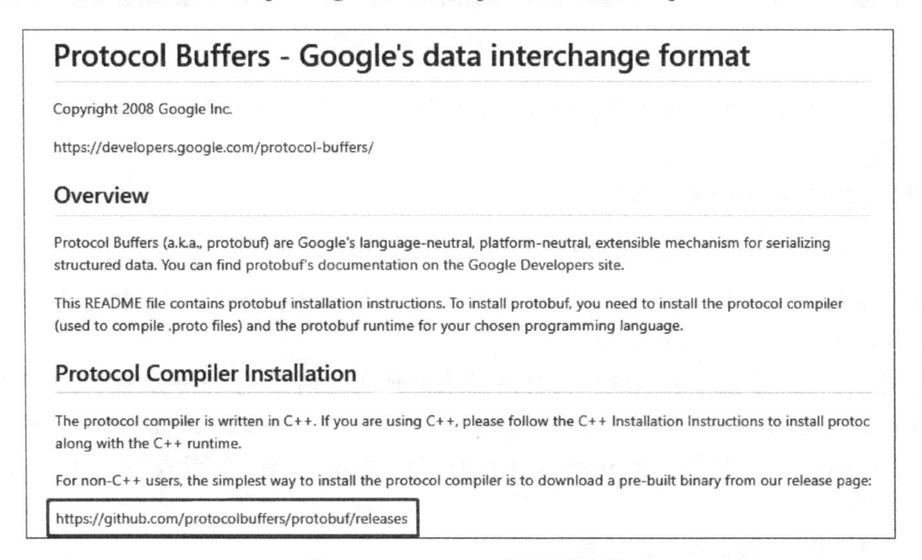

图 3.188　protoc 工具下载页面

(5) 由于 protoc 在树莓派 ARM 架构的 Linux 下没有直接编译好的版本，可以从源代码中编译，也可以下载 Windows 下的 protoc。单击图 3.188 中用方框标示的链接，下载已经编译好的 protoc 工具，如图 3.189 所示。

2. 编译 protos 目录内容

编译 protos 目录内容的步骤如下。

(1) 将上述 4 个下载后的压缩文件解压缩到当前文件夹 tensorflow 中，如图 3.190 所示。建立目录 object_detection，将刚才解压缩的 data、protos、utils 这 3 个目录复制到其中。

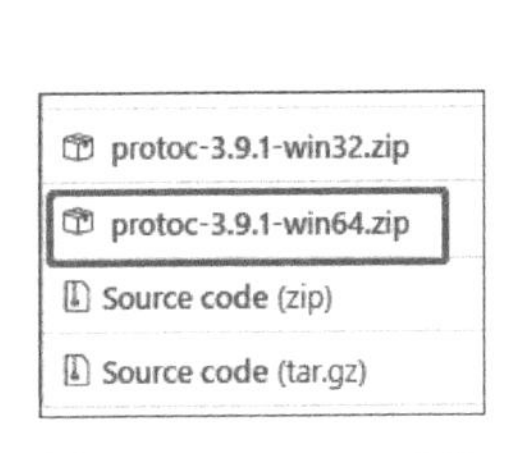

图 3.189　protoc 工具

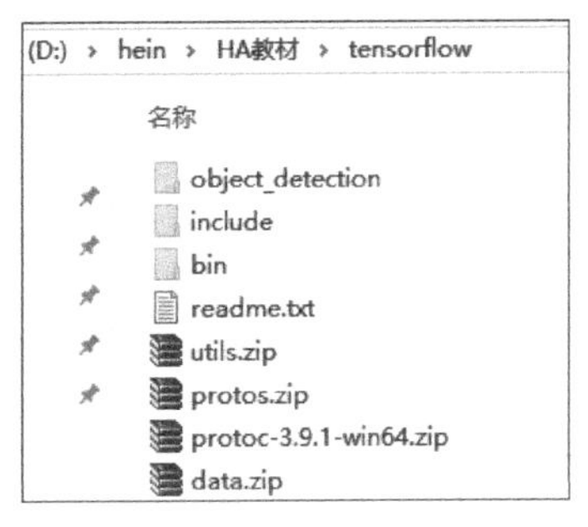

图 3.190　文件结构

(2) 在 Windows 命令窗口中进入 tensorflow 文件夹，执行以下命令：

```
for /f %G in ('dir /b object_detection\protos\* .proto') do bin\protoc object_
detection\protos\%G --python_out=.
```

如图 3.191 所示。

```
D:\>cd D:\hein\HA教材\tensorflow
D:\hein\HA教材\tensorflow>for /f %G in ('dir /b object_detection\protos\*.proto') do bin\protoc object_detection\protos\%G --python_out=.
D:\hein\HA教材\tensorflow>bin\protoc object_detection\protos\anchor_generator.proto --python_out=.
D:\hein\HA教材\tensorflow>bin\protoc object_detection\protos\argmax_matcher.proto --python_out=.
```

图 3.191　编译 proto 文件

上述批处理命令的作用是将 protos 目录中的 proto 文件编译成 Python 语言，生成对应的 py 文件。

DOS 命令中，for 的格式如下：

```
for [参数]%变量名  in (相关文件或命令)  do 执行的命令
```

其作用是对一个或一组文件的内容、字符串或命令输出中的每个对象执行特定命令，得到想要的结果。

上述命令中的参数/f 表示使用文件解析来处理文件内容、字符串及命令输出，%G 指定字母 G 为可替换的参数。上述命令对 in 中的所有 object_detection\protos 目录下的 proto 文件，执行 do 中的命令 protoc，将它们编译成 py 文件，放置在 object_detection\protos 目录中。

3. 下载训练好的物体识别模型

在浏览器中输入 https://github. com/tensorflow/models/blob/master/research/

object_detection/g3doc/detection_model_zoo.md，下载已经训练好的神经网络模型 faster_rcnn_inception_v2_coco。下载完成后，将其解压到当前文件夹中。

4. 配置文件结构

在树莓派中，将下载与生成的文件按如图 3.192 所示的结构存放在 .homeassistant 目录下。

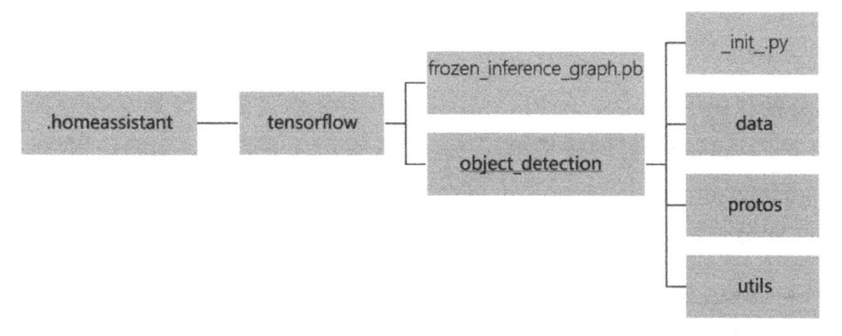

图 3.192 树莓派中的文件结构

在树莓派的 .homeassistant 目录下新建 tensorflow 目录，将 Windows 中训练好的 frozen_inference_graph.pb 文件和 object_detection 目录复制到 tensorflow 目录中，在 object_detection 目录中新建空文件__init__.py。

3.7.3 在 Home Assistant 中实现物体识别

在 Home Assistant 中实现物体识别的步骤如下。

(1) 在 packages 中编写程序 tensorflow_detect.yaml，该程序分为 3 部分，各部分代码如下：

① camera 部分：

```
camera:
  -platform: ffmpeg
   name: cam1
   input: /dev/video0
  -platform: local_file
   name: cars_on_road
   file_path: /home/pi/Pictures/cars_on_road.jpg
```

在该部分的代码中配置两个摄像头，一个是进行图像分析的 cam1，另一个是为处理后的图像打上标签的 cars_on_road。

② image_processing 部分：

```
image_processing:
  -platform: tensorflow
   scan_interval: 1000000
   confidence: 30
   source:
```

```
      - entity_id: camera.cam1
        name: car_detect
    file_out:
      - "/home/pi/Pictures/cars_on_road.jpg"
    model:
      graph: /home/pi/.homeassistant/tensorflow/frozen_inference_graph.pb
      categories:
        - car
```

在该部分的代码中，source 和 file_out 分别是图像输入源和处理后存放标签图片的文件名，model 是训练好的神经网络模型，categories 表示从图像中识别哪些物体（全部可识别物体在\tensorflow\object_detection\data\mscoco_complete_label_map.pbtxt 中）。

③ script 部分：

```
script:
  car_detection:
    alias: tensorflow识别汽车
    sequence:
    - service: image_processing.scan
      data:
        entity_id: image_processing.car_detect
```

(2) 检查配置，重启服务，刷新后的前端概览页面如图 3.193 所示。

图 3.193　前端概览页面

(3) 由于树莓派的处理能力比较弱，识别过程中机器会比较卡，在进行 TensorFlow 识别前，可以在 PuTTY 中输入命令 top 查看 CPU 的使用情况，如图 3.194 所示。

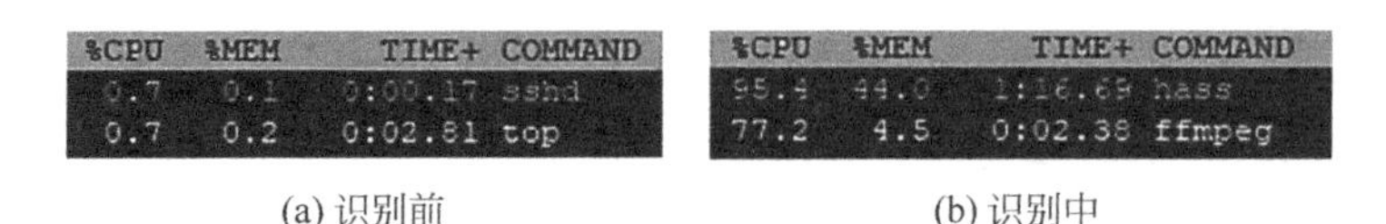

%CPU	%MEM	TIME+	COMMAND
0.7	0.1	0:00.17	sshd
0.7	0.2	0:02.81	top

(a) 识别前

%CPU	%MEM	TIME+	COMMAND
95.4	44.0	1:16.69	hass
77.2	4.5	0:02.38	ffmpeg

(b) 识别中

图 3.194　查看 CPU 使用情况

(4) 打开包含汽车的图片，摄像头对准屏幕进行识别，结果如图 3.195 所示。

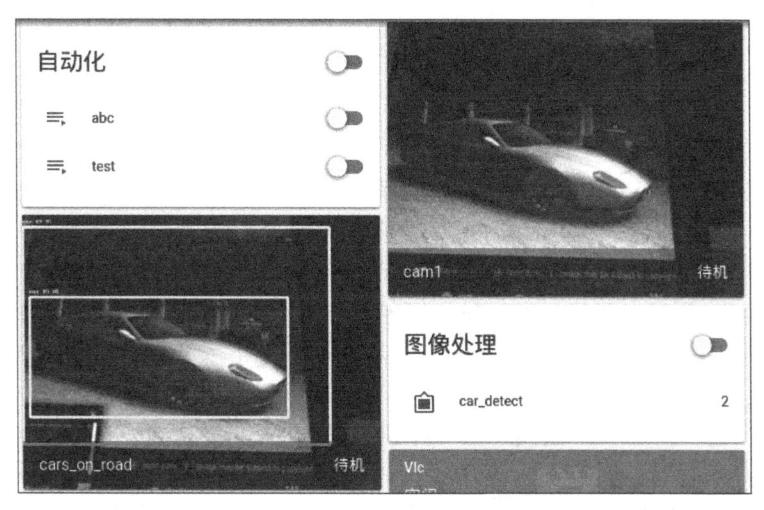

图 3.195 识别汽车的结果

(5) 打开文件管理器，在/home/pi/Pictures 目录下可以看到识别后保存的文件 cars_on_road.jpg。

(6) 完成识别后，将 image_processing 域屏蔽，否则会影响处理速度。

3.8 思 考 题

1. 在树莓派中实现第 2 章的案例。
2. 结合自动化规则，实现短信和邮件的自动报警功能。
3. 尝试各种人脸识别和物体识别的方法。
4. 访问网站 https://developers.google.cn/machine-learning/crash-course/，学习谷歌中文版使用 TensorFlow API 的《机器学习速成课程》。

第 4 章　Python

Python 是一门解释型、交互式、可移植、面向对象的高级语言。Python 的特色就是简单、优雅、明确，尽量使代码容易看明白，尽量将代码减少。

Python 拥有交互式的开发环境，Python 的解释运行方式大大节省了编译的时间。Python 语法简单，具有大部分面向对象语言的特征，可以完全进行面向对象编程。

Python 的以上特点使其在大多数平台上成为编写脚本或开发应用程序的理想语言。

4.1　Python 快速入门

运行 Python IDLE，在 Help 菜单中选择 Turtle Demo 命令，在 Python 的 Turtle 图形示例窗口中打开 Examples 中的文件，单击 START 按钮，运行示例程序，观察效果，如图 4.1 所示。

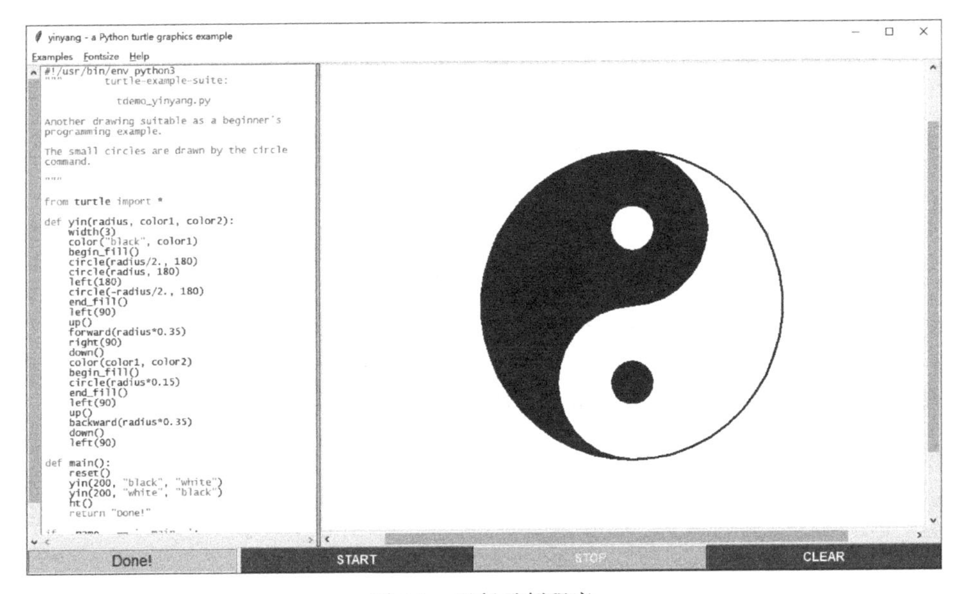

图 4.1　运行示例程序

Turtle 是 Python 内置的一个流行的、简单的绘图工具。可以把它理解为一只小海龟，它只能听懂有限的指令。它从坐标系原点位置开始，受到一组函数指令的控制，在这个直角坐标系中移动，从而在它爬行的路径上绘制图形。

下面通过使用 Turtle 绘图的实例介绍 Python 的基础知识。

4.1.1　Python 程序编写

在 Notepad++或其他编辑器中输入如图 4.2 所示的代码，保存为 myturtle.py。请务必注意，Python 程序区分大小写，如果写错了大小写，程序会报错。

```
1   import turtle #导入turtle库
2
3   window = turtle.Screen()  #创建一个新窗口用于绘图
4   babbage = turtle.Turtle()
5
6   #花朵中心与第一片花瓣
7   babbage.left(90)
8   babbage.forward(100)
9   babbage.right(90)
10  babbage.circle(10)
11  babbage.left(15)
12  babbage.forward(50)
13  babbage.left(157)
14  babbage.forward(50)
15
16  window.exitonclick()
```

图 4.2　程序 myturtle.py

Python 程序由一系列命令组成并从上到下执行。文件中的每一行都是一条 Python 命令，Python 一行一行地检查它们，然后按照先后顺序执行。

带＃符号的部分是注释，它增加了程序的可读性，计算机将忽略以＃开始的部分。

在 Python 程序的开头部分，通常会有一些 import 行。import 命令将 Python 代码从另一个文件中转移到当前程序中，它使得代码可以复用，可以避免将大量代码保存在同一个文件中带来的不便。

这些 import 行为当前程序导入一些附加特性，这些特性被分成不同的模块。程序第 1 行代码 import turtle 的作用是导入 Turtle 库以完成绘图工作。

第 3 行代码 window = turtle.Screen()的作用是创建一个新窗口用于绘图，其中的等号被定义为赋值运算符。

第 4 行代码 babbage = turtle.Turtle() 通过使用 Turtle 库创建名为 babbage 的 turtle 对象。

4.1.2　方法

方法能够有效地控制程序。在 4.1.1 节的例子中，使用方法来移动 Turtle、改变颜色或者创建窗体。程序中的每个语句都调用方法来完成某些事情。

babbage 对象有很多方法可供使用。第 7 行代码中的 left()方法使 babbage 对象向左转一定角度。括号里的参数可以控制该方法运行时的角度。程序中该参数为 90，因此 babbage 对象向左转 90°。

第 8～10 行代码分别使用了 forward()、right()和 circle()方法，完成的操作向前移动 100 个像素、右转 90°、画一个半径为 10 像素的圆。

至此，程序在屏幕上画出一条直线，直线上面连接一个圈，这是一朵花的花心部分。

第 11～14 行代码画出第一片花瓣。

最后一行代码 window.exitonclick()的作用是单击窗口内的任何位置即可关闭窗口。

现在要将花朵中心的颜色设为黄色，在第 9 行代码下添加 4 行新代码，如图 4.3 所示。

```
6   #花朵中心与第一片花瓣
7   babbage.left(90)
8   babbage.forward(100)
9   babbage.right(90)
10  babbage.color("black", "yellow")
11  babbage.begin_fill()
12  babbage.circle(10)
13  babbage.end_fill()
```

图 4.3　添加 4 行新代码

在添加的代码中，使用了 color(color1，color2)

方法。这里 color1 是画笔色，color2 是填充色。画完花朵中心后，用 begin_fill()方法填充花朵中心，然后用 end_fill()方法结束填充，以防止后续代码中的绘制花瓣被填充。

4.1.3 循环

接下来可以复制第 10～13 行代码来画第二片花瓣，但如果需要 24 片花瓣，就要重复很多次相同的代码。而使用循环，可以使用一小段代码让计算机反复执行特定部分的代码。for 循环如图 4.4 所示。

```
for i in range(1,24):
    babbage.left(15)
    babbage.forward(50)
    babbage.left(157)
    babbage.forward(50)
```

图 4.4 for 循环

Python 中的循环代码段通常使用固定的格式。第一行以冒号结尾，其后的每一行都使用相同的缩进(Python 没有规定缩进是几个空格还是用 Tab 键，但按照惯例，应该始终坚持使用 4 个空格的缩进)，当缩进结束时，Python 就认为该代码段结束了。

for 循环可以用来遍历数据，它在每次循环中对一个数据进行处理。

Python 的另一种循环是 while 循环，它是最简单的循环。只要结果是布尔类型的语句，就可以作它的判断条件。它将会持续循环到条件为假；如果条件始终为真，它将一直循环下去。

4.1.4 分支

Python 不仅可以使用循环来不断执行某段代码，还可以使用分支来控制 Python 程序流，使其根据不同条件执行不同的代码。

分支由 if 语句实现。if 语句与 while 循环相同，只需要一个布尔类型的条件。它后面还可以有附加语句，如 elif(else if 的简写)和 else 语句。

一个 if 语句最多只执行一段代码。只要 Python 发现条件为真，就执行该段代码并结束整个 if 语句；如果没有一个条件为真，则执行 else 后面的代码段。如果条件为假，且没有 else 语句，Python 就会跳过 if 语句，不执行其中的任何代码。

前面的程序绘制的花瓣都是黑色的，可以使用分支语句 if…elif…else 让 Python 根据不同的条件做不同的事情，用红、橙、黄 3 种颜色来绘制这些花瓣，代码如图 4.5 所示。

```
15  for i in range(1,24):
16      if babbage.color() == ("red", "black"):
17          babbage.color("orange", "black")
18      elif babbage.color() == ("orange", "black"):
19          babbage.color("yellow", "black")
20      else:
21          babbage.color("red", "black")
22      babbage.left(15)
23      babbage.forward(50)
24      babbage.left(157)
25      babbage.forward(50)
```

图 4.5 if…elif…else 语句

babbage.color()方法(注意不带任何参数)告诉应用程序当前使用的颜色，它的返回值是一对颜色——第一个是画笔色，第二个是填充色。在前面画花朵中心时，使用的是("black", "yellow")。

双等号(==)表示相等。

如果 if 的条件为真(本例中,如果 turtle 的颜色为("red", "black")),Python 将执行 if 之后的代码;如果 if 的条件为假,Python 将转而执行 elif 之后的代码。如果 elif 的条件为假,Python 将转到 else 处执行。

到此为止,if 和 elif 处的条件都为假,Python 将执行 else 之后的代码,花瓣的颜色为("red", "black")。这些 if 语句能够在画完一个花瓣后改变画笔颜色。

最后添加语句 babbage.hideturtle()和 window.exitonclick(),前一个语句的功能是隐藏 turtle,以保证其不会遮挡绘制的图片,后一个语句的功能在 4.1.2 节已作了介绍。代码如图 4.6 所示。

程序的运行效果如图 4.7 所示。

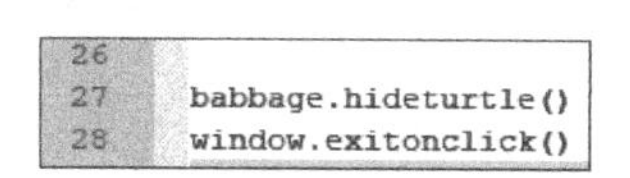

图 4.6　隐藏 turtle 和关闭窗口的代码

图 4.7　程序的运行效果

4.2　树莓派 Python 编程基础

前面对 Python 程序设计的流程作了概要介绍,本节将介绍树莓派 Python 编程的基础知识。

有两种使用 Python 的模式,分别是 Shell 模式和文本模式。Shell 模式可以执行用户输入的每条命令,对于调试和实验非常有利。文本模式就是 4.1 节中使用的方法,以文本形式将 Python 代码保存为文件,可以一次性运行全部命令。

在树莓派中,可以在 LX 终端中输入 python3 进入 Python 的 Shell 模式。Shell 模式以 3 个大于号(>>>)作为命令提示符,如图 4.8 所示。

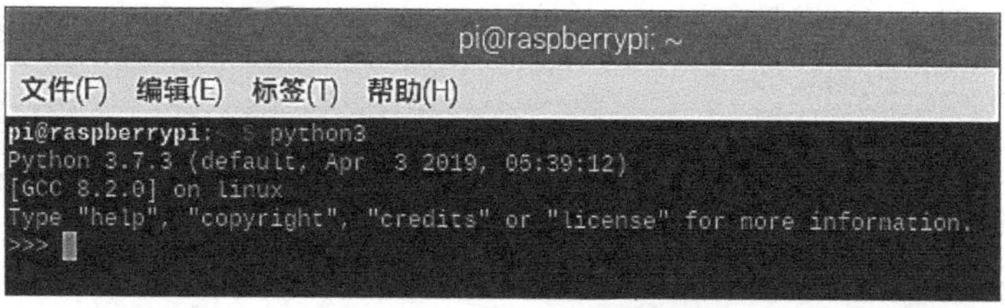

```
pi@raspberrypi: ~
文件(F)  编辑(E)  标签(T)  帮助(H)
pi@raspberrypi: ~ $ python3
Python 3.7.3 (default, Apr  3 2019, 05:39:12)
[GCC 8.2.0] on linux
Type "help", "copyright", "credits" or "license" for more information.
>>>
```

图 4.8　Shell 模式

也可以通过如图 4.9 所示的 Thonny Python IDE,同时进入文本模式和 Shell 模式。

在进入 Thonny Python IDE 后,单击主界面工具栏中的 Load 按钮加载 4.1 节的程序后,可能会出现如图 4.10 所示的对话框,单击 Yes 按钮,自动将制表符转换为 4 个空格。

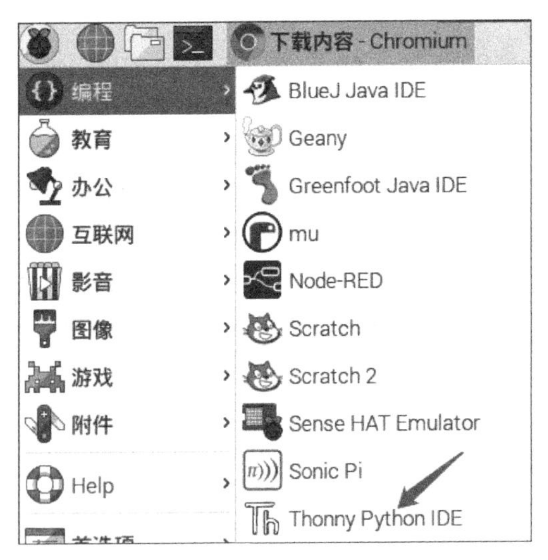

图 4.9　Thonny Python IDE

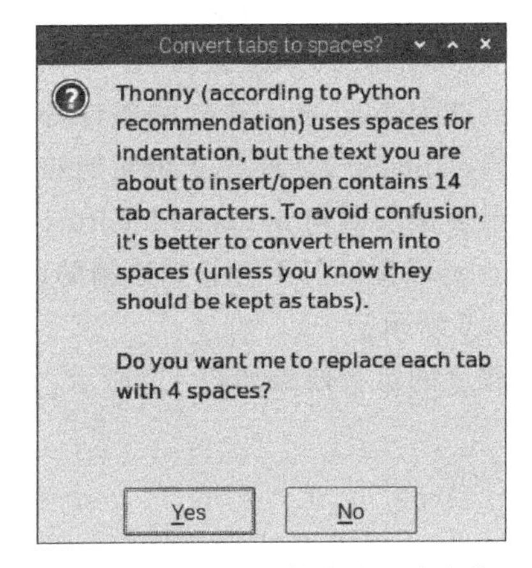

图 4.10　将制表符转换为 4 个空格

在 Thonny Python IDE 的 Shell 模式中输入变量赋值语句，在 Variables 区可以看到赋值结果，如图 4.11 所示。

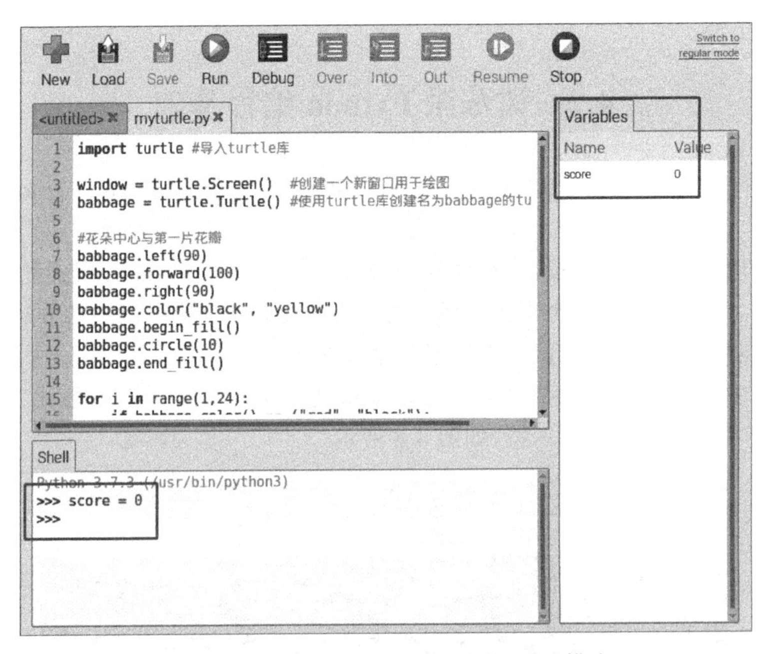

图 4.11　Thonny Python IDE 中的 Shell 模式

4.2.1　变量

上面在 Shell 中输入了语句 score = 0，这是一个赋值语句，它使名字为 score 的变量取值为 0。在此之后，在 Shell 中只要出现 score，就会用 0 来替换 score。

继续输入 print (score)，结果如图 4.12 所示。

Python 按顺序执行命令，在使用变量 score 之前必须先给它赋值，否则 Python 会报错。

如果想改变变量 score 的值，只需要给它赋一个新值即可，如 score = 1。再次执行 print(score)，结果如图 4.13 所示。

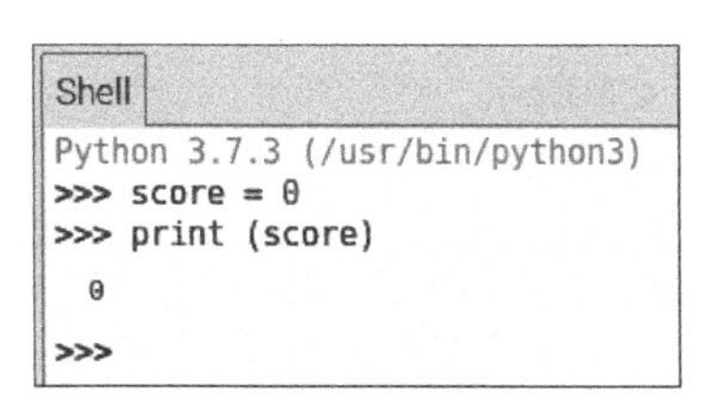

图 4.12　print 语句的结果

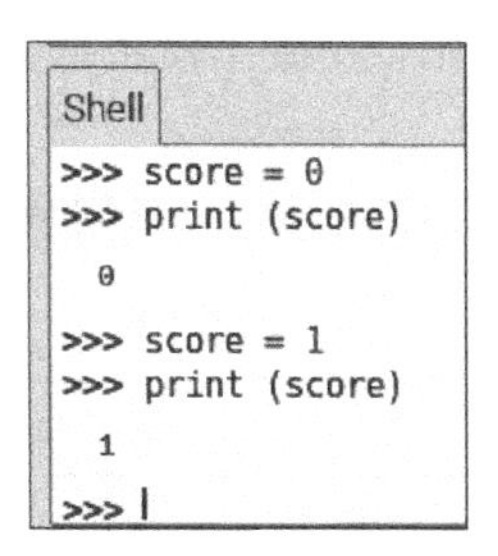

图 4.13　为变量赋新值后 print 语句的结果

在计算机程序中，变量不仅可以是数字，还可以是其他数据类型。

变量名必须是大小写英文字母、数字和下画线的组合，但不能用数字开头，并且不能使用 Python 关键字(如 if、for 等)。只要符合上述规则，变量可以使用任何名字。

Python 的命名习惯是使用小写字母，用下画线将单词分开，如 high_score=100。一个变量的值既可以是数字也可以是字符串，如图 4.14 所示。当然，变量的当前值只能有一种数据类型。

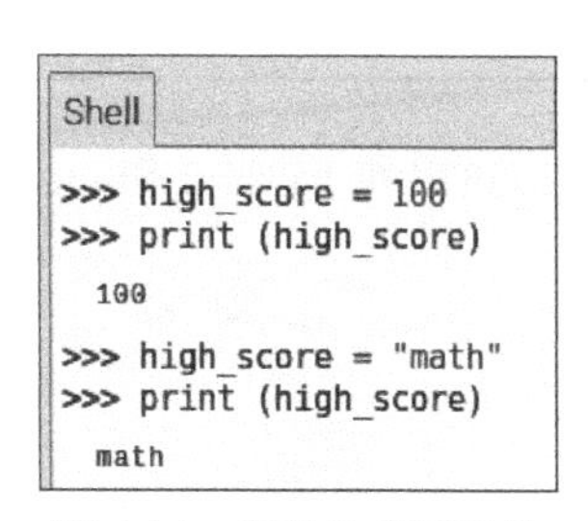

图 4.14　变量的值可以是数字或字符串

4.2.2　值和类型

当人们看到数字 8 时，不会在意它究竟是文字还是数字。在 Python 中，每个数据都有特定的类型，这样 Python 才知道该如何处理它。通过函数 type()可以查看 Python 数据的类型，如图 4.15 所示。

从图 4.15 可知，第一个数据(8)是 int(整数)数据类型，第二个数据("8")是 str(字符串)数据类型。Python 认为整数 8 和字符串"8"是不同的，这两种数据类型的运算结果如图 4.16 所示。

8+8 是将两个数字加在一起，而"8"+"8"是将两个字符串合并在一起。由此可见，区分数据类型非常重要，如果出错，将会得到奇怪的结果。图 4.17 显示了 float 和 bool 两个数据类型。

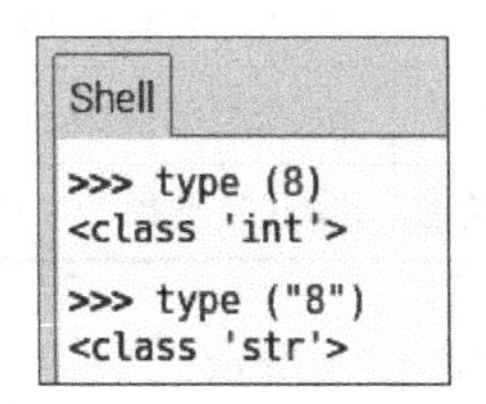

图 4.15　查看数据类型

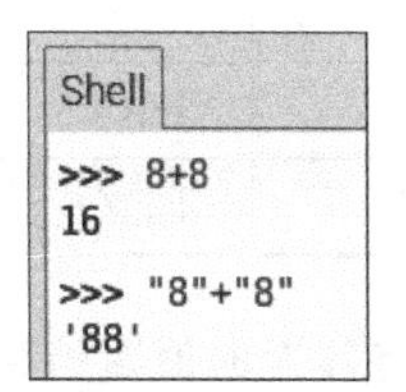

图 4.16　不同数据类型的运算结果

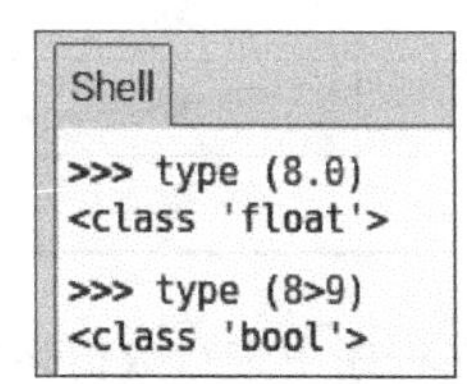

图 4.17　float 和 bool 数据类型

float(浮点数)数据类型表示一个实数，其小数点位置不固定。bool(布尔值)数据类型只有两个值：True 和 False。

1. 数值

数据的具体类型决定了 Python 可以对其执行哪些操作。数值(包括 int 和 float 类型)可以进行两种操作：数值比较和数值运算。

1）数值比较

数值比较需要两个数值，返回值为 bool 类型，如表 4.1 所示。

表 4.1　数值比较

操作符	含　　义	例　　子	操作符	含　　义	例　　子
<	小于	9<8(False)	<=	小于或等于	9<=9(True)
>	大于	9>8(True)	>=	大于或等于	9>=10(False)
==	等于	9==9(True)	!=	不等于	9!=10(True)

可以在 Python Shell 中输入比较操作命令进行验证，如图 4.18 所示。

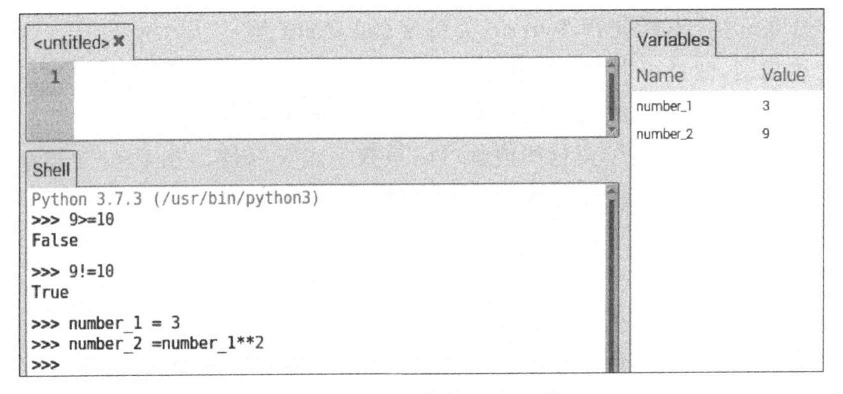

图 4.18　两种数值操作示例

2）数值运算

数值运算的返回值为 int 或 float 类型，如表 4.2 所示。

表 4.2　数值运算

操作符	含　　义	例　　子	操作符	含　　义	例　　子
+	加	2+2 结果为 4	%	求余	5%2 结果为 1
-	减	3-2 结果为 1	* *	乘方	4 * * 2 结果为 16
*	乘	2 * 3 结果为 6	int()	转换为 int 类型	Int(3.2)结果为 3
/	除	10/5 结果为 2	float()	转换为 float 类型	float(3)结果为 3.0

在程序中进行数值运算时，通常都将其返回值赋给某个变量，如图 4.18 所示。

2. 字符串

字符串类型可以保存任何文字，包括单个字符和一组字符。创建字符串时，只需要将数据用单引号或者双引号括起来就可以了。在 Python 中，两种引号都可以，首选双引号，因为它可以处理带单引号的字符串。

在 Python 3 中，字符串采用 Unicode 编码，也就是说，Python 的字符串支持多语言。

由于 Python 源代码是文本文件，所以，如果源代码中包含中文，在保存源代码时，需要保存为 UTF-8 编码格式。当 Python 解释器读取源代码时，为了让它按 UTF-8 编码读取，通常在文件开头添加以下两行：

```
#!/usr/bin/env python3
#-*-coding: utf-8 -*-
```

第一行注释是为了告诉 Linux/OS X 系统，这是一个 Python 可执行程序。Windows 系统会忽略这个注释。

第二行注释是为了告诉 Python 解释器按照 UTF-8 编码读取源代码，否则，源代码中的中文在输出时可能会有乱码。

申明了 UTF-8 编码并不意味着源代码文件就是 UTF-8 编码的，必须并且要确保文本编辑器正在使用 UTF-8 编码。

Python 提供了一些字符串操作方法。表 4.3 给出了一些常用的字符串操作。图 4.19 是在 Python Shell 中的字符串操作示例。

表 4.3 常用的字符串操作方法

操作方法	含　义	例　子
string[*x*]	获取第 *x* 个字符(从 0 开始计数)	"abcde"[1]结果为"b"
string[*x*:*y*]	获取从第 *x* 个字符到第 *y* 个字符的字符串(结果中不包含第 *y* 个字符)	"abcde"[1:3]结果为"bc"
string[:*y*]	获取从字符串开始处到第 *y* 个字符处的字符串(结果中不包含第 *y* 个字符)	"abcde"[:3]结果为"abc"
string[*x*:]	获取从第 *x* 个字符开始到字符串结束处的字符串	"abcde"[3:]结果为"de"
len(string)	返回字符串长度	len("abcde")结果为 5
string1+string2	合并两个字符串	"abc"+"def"结果为"abcdef"

3. bool 类型

bool 类型非常简单，只有两种取值：True 和 False。注意，在 Python 中，这两个值的首字母要大写，并且不需要加引号。这两个值通常用于条件语句(如 if)的判断条件中。对 bool 类型可以进行与(and)、或(or)和非(not)操作，如图 4.20 所示。

4. 数据类型转换

使用函数 int()、float()和 str()可以分别将其他数据类型转换为整数、浮点数和字符串。

4.2.3 结构体

除了简单数据类型，还可以将数据用不同方式组合起来，创建结构体。

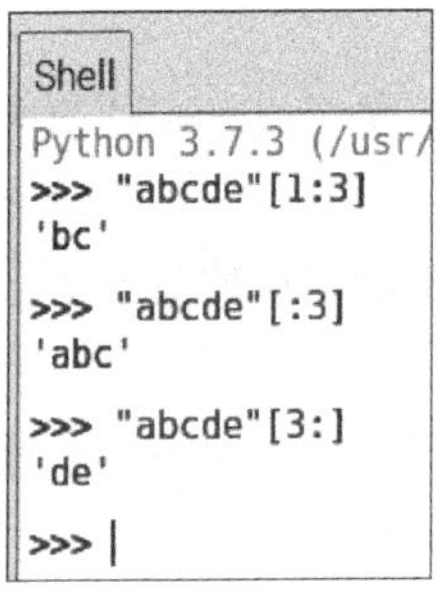

```
Shell
Python 3.7.3 (/usr/
>>> "abcde"[1:3]
'bc'
>>> "abcde"[:3]
'abc'
>>> "abcde"[3:]
'de'
>>> |
```

图 4.19　字符串操作示例

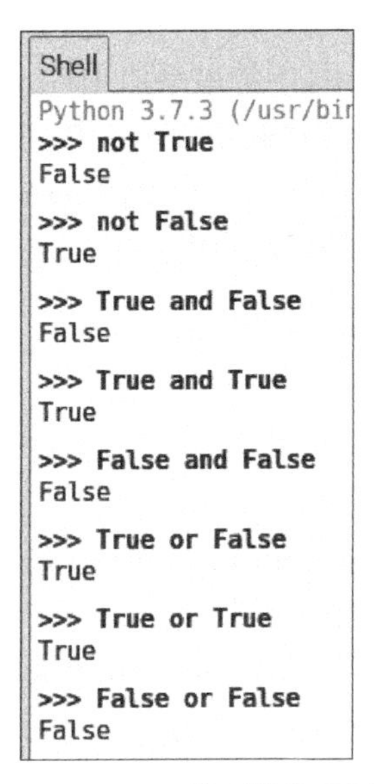

图 4.20　bool 类型操作示例

1. 列表和元组

最简单的结构体是线性结构(sequences),它将元素一个接一个地存储起来。线性结构分为两类：列表(list)和元组(tuple)。

列表是一种有序的集合,可以随时添加和删除其中的元素。元组与列表非常类似,但是元组一旦初始化就不能修改。

用方括号将数字括起来构成列表,用括号将数字括起来构成元组。在结构体名后面的方括号中指定元素下标,就可以访问单个元素。注意,下标从 0 开始,因此 list_1[0]和 tuple_1[0]可以访问线性结构中的第一个元素。大多数情况下,列表和元组是相似的,如图 4.21 所示。

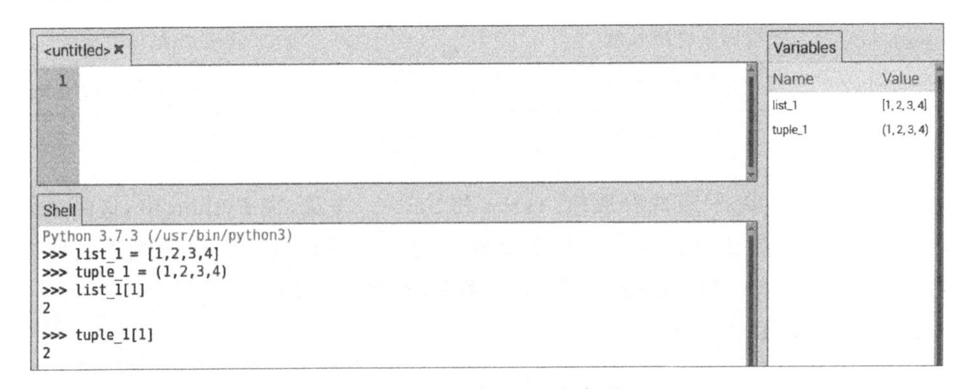

图 4.21　list 与 tuple 相似处

但是,在更新元素时就会发现列表和元组的差别：可以更新列表中的单个元素,但不能更新元组中的单个元素,如图 4.22 所示。

如果想更新元组中的单个元素,可以一次性覆盖元组中的所有元素,如图 4.23 所示。

字符串操作方法可用于列表和元组,具体方法参考表 4.3,操作示例如图 4.24 所示。

```
>>> list_1[1]=88
>>> list_1
[1, 88, 3, 4]

>>> tuple_1[1]=88
  Traceback (most recent call last):
    File "<pyshell>", line 1, in <module>
  TypeError: 'tuple' object does not support item assignment
```

图 4.22　列表与元组更新单个元素时的差别

```
>>> tuple_1 = (1,88,3,4)
>>> tuple_1
(1, 88, 3, 4)
```

图 4.23　元组更新元素的方法

```
>>> len(list_1)
4

>>> tuple_1[:3]
(1, 88, 3)
```

图 4.24　列表和元组的字符串操作示例

2. 列表操作方法

列表操作方法如表 4.4 所示。

表 4.4　列表操作方法

操作方法	含　　义	例　　子
list.append(item)	添加元素 item 到列表 list 尾部	list_1.append(0)
list.extend(list_2)	合并列表 list_2 到列表 list 尾部	list_1.extend([0,-1])
list.insert(x,item)	在列表 list 的第 x 个位置插入元素 item	list_1.insert(1,88)
list.sort()	对列表 list 中的元素进行排序	list_1.sort()
list.index(item)	返回列表 list 中第一次出现元素 item 的位置	list_1.index(0)
list.count(item)	计算列表 list 中元素 item 出现的次数	list_1.count(0)
list.remove(item)	删除列表 list 中第一次出现的元素 item	list_1.remove(0)
list.pop(x)	返回并删除列表 list 的第 x 个元素	list_1.pop(1)

列表操作示例如图 4.25 所示。

```
>>> list_1 = [1,2,3,4]
>>> list_1.append(0)
>>> list_1
[1, 2, 3, 4, 0]

>>> list_1.extend([0,-1])
>>> list_1
[1, 2, 3, 4, 0, 0, -1]

>>> list_1.insert(1,88)
>>> list_1
[1, 88, 2, 3, 4, 0, 0, -1]
```

```
>>> list_1.sort()
>>> list_1
[-1, 0, 0, 1, 2, 3, 4, 88]

>>> list_1.index(0)
1

>>> list_1.count(0)
2

>>> list_1.remove(0)
>>> list_1
[-1, 0, 1, 2, 3, 4, 88]
```

图 4.25　列表操作示例

pop(x)比较特殊，首先，它返回列表中第 x 个位置的元素值，随后从列表中删除该元素，如图 4.26 所示。

3. 元组操作方法

元组除了不能直接修改单个元素外,其他与列表非常类似。所有对列表的操作方法,只要不改变元素的值,都可以用于元组;如果改变了元组元素的值,则出现错误信息,如图 4.27 所示。

```
>>> list_1
[-1, 0, 1, 2, 3, 4, 88]

>>> out = list_1.pop(1)
>>> out
0

>>> list_1
[-1, 1, 2, 3, 4, 88]
```

图 4.26　pop 操作结果

```
>>> tuple_1 = (1,2,3,4)
>>> tuple_1.index(2)
1

>>> tuple_1.sort()
  Traceback (most recent call last):
    File "<pyshell>", line 1, in <module>
  AttributeError: 'tuple' object has no attribute 'sort'
```

图 4.27　元组操作示例

4. 字典

列表和元组是元素的集合,每个元素都有一个下标。在列表["a","b","c","d"]中,a 的下标是 0,b 的下标是 1,以此类推。

如果要创建一个数据结构,把学号与名字关联起来,就要用到字典(dictionary,简称 dict)。Python 内置的字典使用键-值(key-value)对格式存储,具有极快的查找速度。

这是因为字典的实现原理和查字典是一样的。假设字典包含 1 万个汉字,要查某一个字,有两种方法。第一种方法是把字典从第一页往后翻,直到找到想要的字为止,这种方法就是在列表中查找元素的方法,列表越大,查找越慢。

第二种方法是先在字典的索引表(例如部首表)中查这个字对应的页码,然后直接翻到该页,找到这个字。无论找哪个字,这种查找速度都非常快,几乎不会随着字典大小的增加而变慢。字典采用第二种方法。

在 Python 中,可以使用大括号定义字典,如图 4.28 所示。

```
>>> name = {"8108311" : "Mary",
            "8108312" : "John"}
```

图 4.28　定义字典

字典中的元素称为键-值对,其中第一部分是键(key),第二部分是值(value)。只需要给定一个新键及其对应的值,就可以在字典中添加新元素,如图 4.29 所示。

```
>>> name["8108310"] = "Hein"
>>> name
{'8108311': 'Mary', '8108312': 'John', '8108310': 'Hein'}
```

图 4.29　添加新元素

和列表比较,字典有以下几个特点:

(1) 查找和插入的速度极快,不会随着键的增加而变慢。

(2) 需要占用大量的内存空间。

而列表则相反,具有以下特点:

(1) 查找和插入的时间随着元素的增加而增加。

(2) 占用内存空间小。

所以,字典是用空间来换取时间的一种方法。

5. 集合

与列表和元组使用下标、字典使用键不同,Python 的集合(set)允许将一堆数据放在一起而不用指定元素的下标或序号。

集合和字典的唯一区别仅在于集合不存储对应的值。Python 中的集合操作方法如表 4.5 所示。

表 4.5 集合操作方法

操作方法	含　　义
item in set	测试给定的值 item 是否在集合 set 中
set_1 & set_2	返回集合 set_1 和 set_2 共有的元素
set_1 | set_2	合并集合 set_1 和 set_2 中的元素
set_1 - set_2	返回仅在集合 set_1 中存在而在集合 set_2 中不存在的元素
set_1 ^ set_2	返回仅在集合 set_1 或 set_2 中存在的元素,不包括这两个集合共有的元素

对两个集合 herbs 和 spices 的操作示例如图 4.30 所示。

```
Shell
Python 3.7.3 (/usr/bin/python3)
>>> herbs = {'thyme','dill','corriander'}
>>> spices = {'cumin','chilli','corriander'}
>>> "thyme" in herbs
True

>>> herbs & spices
{'corriander'}

>>> herbs | spices
{'corriander', 'dill', 'thyme', 'cumin', 'chilli'}

>>> herbs - spices
{'thyme', 'dill'}

>>> herbs ^ spices
{'thyme', 'chilli', 'dill', 'cumin'}
```

图 4.30 集合操作示例

4.2.4 控制程序流程

控制程序流程包括循环和分支。

1. while 循环

while 循环是最简单的循环,结果是 bool 类型的任何语句都可以作为它的判断条件。如果条件始终为真,while 循环将一直执行下去,直到条件为假。图 4.31 是一个简单的例子。

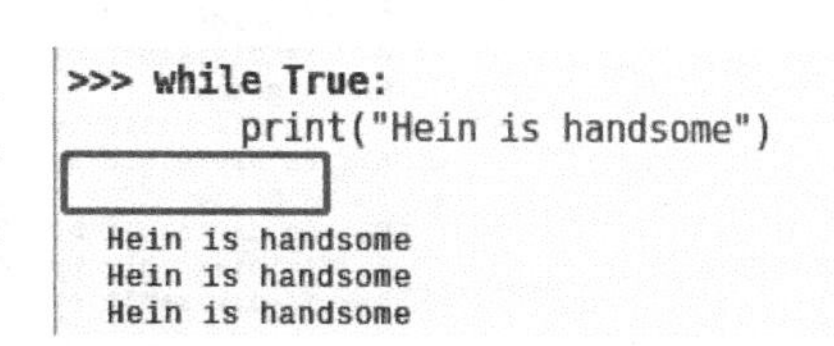

图 4.31 while 循环示例

书写时,条件后面要加上冒号,接下来的一行要缩进,所有缩进部分都属于循环体。

要在 Python Shell 中运行这段代码，必须在输入 print 语句之后按回车键，然后按退格键删除自动产生的缩进，最后再按回车键。图 4.31 中的矩形框部分就是用退格键删除的缩进部分。最后按回车键表明循环体结束并执行这段代码。

这段代码会陷入死循环——不断执行 print 语句。按 Ctrl+C 组合键可以终止执行。

为了不陷入死循环，通常需要一个或多个变量以便在循环内部改变判断条件，最终能够使条件不成立。

2. for 循环

for 循环可以用来遍历数据，它在每次循环中对一个数据进行处理，如图 4.32 所示。

在 for 循环中，range(x,y)遍历从 x 到 $y-1$ 的每个数字。range(x,y,z)的第三个参数 z 用于设定数字递增值的大小（即步长）。例如，把 range(1,6)改成 range(1,6,2)，for 循环将会只计算 1～5 的所有奇数；把 range(1,6)改成 range(2,6,2)，for 循环将会只计算 2～5 的所有偶数，如图 4.33 所示。

```
>>> for i in range(1,6):
        print (i, "times seven is", i*7)

1 times seven is 7
2 times seven is 14
3 times seven is 21
4 times seven is 28
5 times seven is 35
```

图 4.32　for 循环示例

```
>>> for i in range(1,6,2):
        print (i, "times seven is", i*7)

1 times seven is 7
3 times seven is 21
5 times seven is 35

>>> for i in range(2,6,2):
        print (i, "times seven is", i*7)

2 times seven is 14
4 times seven is 28
```

图 4.33　range 第三个参数的作用示例

3. 循环嵌套

在编写程序时，经常会遇到需要同时遍历多组数据的情况，这个时候就要用到循环嵌套。

编写循环嵌套时要注意缩进级别，各层循环体依次缩进。只有这样，Python 才能确定哪些代码属于第几层循环体，以及每层循环体在何处结束。

图 4.34 是用来找出 1～10 中所有素数的程序及运行结果。

```
>>> for i in range (1,10):
        is_prime = True
        for k in range (2,i):
            if (i%k) == 0:
                print (i, "  is divisible by ", k)
                is_prime = False
        if is_prime:
            print (i, " is prime ")

1  is prime
2  is prime
3  is prime
4   is divisible by  2
5  is prime
6   is divisible by  2
6   is divisible by  3
7  is prime
8   is divisible by  2
8   is divisible by  4
9   is divisible by  3
```

图 4.34　找出 1～10 中所有素数的程序及运行结果

执行嵌套循环时可能会使程序变慢,例如找出 3000 以内的素数(只需要将上述程序第一行的 10 改成 3000 即可),程序运行就会花非常长的时间。这是因为外层循环要循环上千次,每次进入内层循环也需要执行很多次。

如果做这个实验,就会发现整个程序运行起来很慢(如果不想等待,可以按 Ctrl+C 键停止运行)。

可以通过下面的方法改进该程序:首先使用 range(1,3000,2) 跳过所有的偶数,这样就直接省去一半时间;其次,在 if 语句结束处增加 break 语句,一旦发现某个数字是合数,就执行 break 语句跳出 for 循环,继续执行下面一行(if is_prime:)。改进的程序如图 4.35 所示。

```
>>> for i in range (1,3000,2):
        is_prime = True
        for k in range (2,i):
            if (i%k) == 0:
                print (i, "  is divisible by ", k)
                is_prime = False
                break
        if is_prime:
            print (i, " is prime ")
```

图 4.35　程序优化

4. if 语句

Python 使用分支来控制程序流,使其根据不同条件分别执行不同的代码。分支由 if 语句实现,上面的例子中已用到了 if 语句。

类似 while 循环,if 语句的执行只需要一个 bool 类型的条件。if 语句后面还可以有附加语句,如 elif 和 else 语句。

if 语句可以不带 elif 或 else。如果判断条件不成立,同时也没有 else 语句,Python 就会跳过 if 语句,不执行其中的任何代码。

带 elif 和 else 语句的程序如图 4.36 所示。

在 Thonny Python IDE 中输入程序源代码,保存源代码文件后,单击 Run 按钮运行程序,在"enter a number:"后输入数字,按回车键,会得到相关信息。

在图 4.36 中可以看到,输入数字 10,只返回该数字可以被 2 整除的信息,而没有返回该数字能被 5 整除的信息,请思考如何修改程序以解决这个问题。

5. 异常处理

如果在刚才的例子中输入非数字的字符,就会发现报错信息,如图 4.37 所示。

这是因为 Python 不能把非数字的字符转换成数字,不知道该怎么处理,就会显示错误信息。

根据图 4.37 中 Python 发现异常时输出的错误信息修改程序。修改后的程序及运行结果如图 4.38 所示。

4.2.5　函数

函数是 Python 支持的一种代码段封装。把大段代码拆成函数,通过对各个函数的调用,就可以把复杂任务分解成简单的任务,这种分解可以称为面向过程的程序设计方法。函数就是面向过程的程序设计的基本单元。

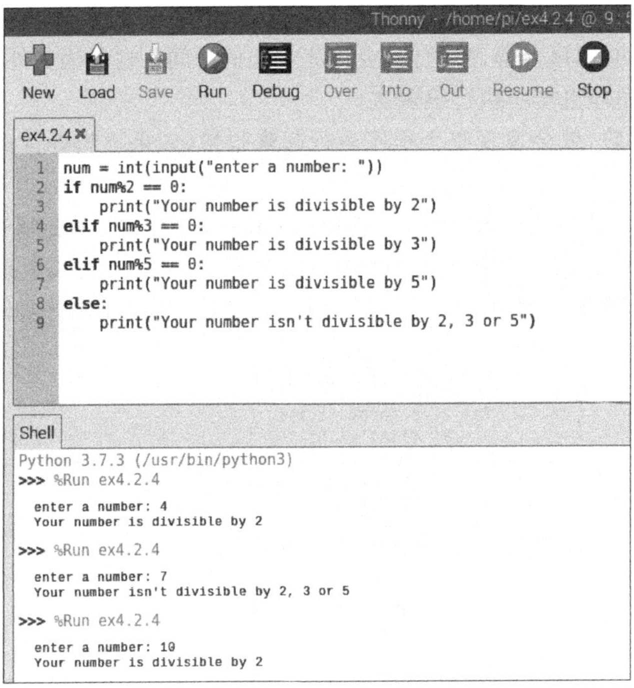

```
Thonny - /home/pi/ex4.2.4 @ 9:5
New  Load  Save  Run  Debug  Over  Into  Out  Resume  Stop
ex4.2.4
1  num = int(input("enter a number: "))
2  if num%2 == 0:
3      print("Your number is divisible by 2")
4  elif num%3 == 0:
5      print("Your number is divisible by 3")
6  elif num%5 == 0:
7      print("Your number is divisible by 5")
8  else:
9      print("Your number isn't divisible by 2, 3 or 5")

Shell
Python 3.7.3 (/usr/bin/python3)
>>> %Run ex4.2.4

 enter a number: 4
 Your number is divisible by 2

>>> %Run ex4.2.4

 enter a number: 7
 Your number isn't divisible by 2, 3 or 5

>>> %Run ex4.2.4

 enter a number: 10
 Your number is divisible by 2
```

图 4.36 带 elif 和 else 语句的程序

```
>>> %Run ex4.2.4

  enter a number: a
  Traceback (most recent call last):
    File "/home/pi/ex4.2.4", line 1, in <module>
      num = int(input("enter a number: "))
  ValueError: invalid literal for int() with base 10: 'a'
```

图 4.37 异常情况

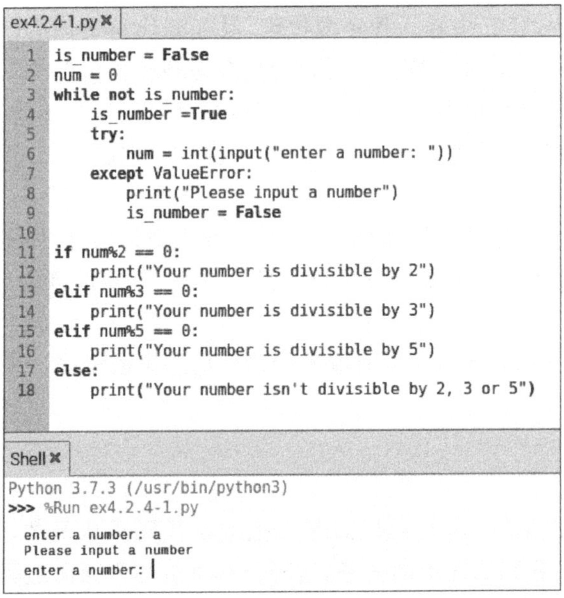

```
ex4.2.4-1.py
1   is_number = False
2   num = 0
3   while not is_number:
4       is_number =True
5       try:
6           num = int(input("enter a number: "))
7       except ValueError:
8           print("Please input a number")
9           is_number = False
10
11  if num%2 == 0:
12      print("Your number is divisible by 2")
13  elif num%3 == 0:
14      print("Your number is divisible by 3")
15  elif num%5 == 0:
16      print("Your number is divisible by 5")
17  else:
18      print("Your number isn't divisible by 2, 3 or 5")

Shell
Python 3.7.3 (/usr/bin/python3)
>>> %Run ex4.2.4-1.py

 enter a number: a
 Please input a number
 enter a number: |
```

图 4.38 异常处理

4.1 节的 myturtle.py 程序使用方法来移动 turtle、改变颜色或者创建窗体。例如，通过 babbage.forward(50) 调用 babbage 的 forward 方法，通过 window.exitonclick() 调用 window 的 exitonclick 方法。每次调用这些方法时，都会运行保存在 Python 库中的相应代码。

所有的高级语言都支持函数，Python 也不例外。Python 不但允许用户非常灵活地定义函数，而且内置了很多有用的函数，可以直接调用。

Python 的函数与方法的工作方式类似，但是函数不需要导入(import)任何模块。使用循环和函数都可以减少代码的重复。

前面的例子中已经使用过一些 Python 内置函数，如 print() 和 input()。此外，用户还可以自定义函数，如图 4.39 所示。

```
>>> def circlearea(radius):
        return radius * 3.14

>>> circlearea(2)
6.28
```

图 4.39　自定义函数

在 Python 中，定义函数时要使用 def 语句，依次写出函数名、带括号的参数和冒号(:)，然后，在缩进块中编写函数体，函数的返回值用 return 语句返回。

在图 4.39 的程序中，用关键字 def 定义函数，def 之后是函数名 circlearea，括号里是参数 radius。在程序中可以直接使用函数名和参数，参数值在函数调用时传递过去。return 语句用来向主程序返回函数的返回值。如果有多条 return 语句，Python 将在第一次遇到 return 语句时返回函数的返回值。

在上述例子中，当 Python 执行到 circlearea(2)时，会把 2 作为参数 radius 的值传入 circlearea 函数，然后使用该函数进行计算，并返回计算结果 6.28。

函数包含的参数可以有多个。如图 4.40 所示的程序中的函数包含两个参数：x 和 y。

```
ex4.2.5-1.py
1 def bigger(x,y):
2     if x>y:
3         return x
4     else:
5         return y
6
7 print("The bigger of 3 and 4 is ", bigger(3,4))
8 print("The bigger of 6 and 5 is ", bigger(6,5))

Shell
Python 3.7.3 (/usr/bin/python3)
>>> %Run ex4.2.5-1.py
  The bigger of 3 and 4 is  4
  The bigger of 6 and 5 is  6
```

图 4.40　包含两个参数的函数

4.2.6　类

面向对象的程序设计(Object Oriented Programming，OOP)是一种程序设计思想。面向对象编程把对象作为程序的基本单元，一个对象包含了数据和操作数据的函数。

面向过程的程序设计把计算机程序视为一系列命令的集合，即一组顺序执行的函数。

为了简化程序设计，面向过程把函数继续切分为子函数，即通过把大块函数切割成小块函数来降低系统的复杂度。

而面向对象的程序设计把计算机程序视为一组对象的集合，而每个对象都可以接收其他对象发过来的消息，并处理这些消息，计算机程序的执行过程就是一系列消息在各个对象之间传递过程。

在 Python 中，所有数据类型都可以视为对象，当然也可以自定义对象。自定义的对象数据类型就是面向对象的程序设计中的类(class)。

1. 面向过程和面向对象

下面以一个例子来说明面向过程的程序设计和面向对象的程序设计在程序流程上的不同之处。

假设要处理学生的成绩表，在面向过程的程序中可以用一个字典表示一个学生的成绩：

```
std1 ={ 'name': 'Michael', 'score': 98 }
std2 ={ 'name': 'Bob', 'score': 81 }
```

而处理学生成绩可以通过函数实现，例如打印学生的成绩：

```
def print_score(std):
    print('%s: %s' %(std['name'], std['score']))
```

如果采用面向对象的程序设计思想，首先要思考的不是程序的执行流程，而是 Student 这种数据类型应该被视为一个对象，这个对象拥有 name 和 score 这两个属性(property)。

如果要打印一个学生的成绩，首先必须创建这个学生对应的对象，然后，给对象发一个 print_score 消息，让对象把自己的数据打印出来。代码如下：

```
class Student(object):
    def __init__(self, name, score):
        self.name =name
        self.score =score
    def print_score(self):
        print('%s: %s' %(self.name, self.score))
```

给对象发消息实际上就是调用对象的关联函数，称之为对象的方法(method)。面向对象的程序代码如下：

```
bart =Student('Bart Simpson', 59)
lisa =Student('Lisa Simpson', 87)
bart.print_score()
lisa.print_score()
```

面向对象的程序设计思想是从自然界中来的，在自然界中，类和实例(instance)的概念是很普遍的。类是一种抽象概念，例如上面定义的 Student 类是指学生这个概念；而实例则是一个个具体的 Student，例如 bart 和 lisa 是两个具体的 Student。

所以，面向对象的程序设计思想是：首先抽象出类，然后根据类创建实例。

面向对象程序设计的抽象程度比函数高，因为一个类既包含数据又包含操作数据的方法。

2. 类

类是创建实例的模板。实例则是一个一个具体的对象,各个实例拥有的数据都互相独立,互不影响。方法是与实例绑定的函数,和普通函数不同,方法可以直接访问实例的数据。通过在实例上调用方法,就能够直接操作对象内部的数据,而无须知道方法内部的实现细节。

在 4.1 节的 myturtle.py 程序中,类将数据和函数组合起来构成一个对象。在代码 babbage = turtle.Turtle()中,turtle.Turtle()返回一个由 turtle 模块中的 Turtle 类创建的对象。同样,在代码 window = turtle.Screen()中,tuttle.Screen()返回一个由 turtle 模块中的 Screen 类创建的对象。

简而言之,类是用来构建对象的蓝图。对象可以存储数据,并且提供操作数据的方法,而方法其实就是类中的函数。

在 myturtle.py 程序中,不用关心 turtle 对象中的数据是如何存放的,只需要将 turtle 对象保存在名为 babbage 的变量里,当调用某个方法时,该方法就知道如何存取它需要的各种数据,这样可以使程序简洁易用。

例如,只用代码 babbage.forward(100)就可以将 turtle 向前移动并将结果画在屏幕上。在屏幕上画这条线时,上面的代码知道用什么颜色的画笔、turtle 的起始位置在哪里以及其他各种画线所需要的信息,因为它们都已经存储在对象中了。

图 4.41 所示的程序可以显示对象中包含的内容。

ex4.2.6-1.py

```
1  class Person():
2      def __init__(self, age, name):
3          self.age = age
4          self.name =name
5
6      def birthday(self):
7          self.age =self.age + 1
8
9  mary = Person(28, "Mary")
10 jay = Person(18, "Jay")
11 print(mary.name, mary.age)
12 print(jay.name, jay.age)
```

Shell

```
Python 3.7.3 (/usr/bin/python3)
>>> %Run ex4.2.6-1.py

  Mary 28
  Jay 18
```

图 4.41　对象中包含的内容

在 Python 中,变量、函数和方法的名字通常用小写字母。类是个例外,因此 Person 类由大写字母 P 开头。

方法的定义方式和函数一样,区别只是方法的参数总是以 self 开始,用来表示本地变量。在图 4.41 所示的例子中,本地变量包括 self.age 和 self.name,它们会在类的每个实例中都创建一份。

在上面的例子中,用 Person 类创建了两个对象(即类的实例),每个对象都有自己的 self.age 和 self.name 变量。可以在对象外面访问它们(就像在 print 语句中那样),这两个变量称为 Person 类的属性。

在程序中，__init__是每个类都有的特殊方法。该方法在创建或初始化类的实例时会被调用。因此，mary = Person(28,"Mary")会创建 Person 类的一个对象，并使用参数(28,"Mary")调用__init__方法。该方法通常可以用来设置属性。

可以根据已经存在的类创建一个新的类。例如，创建一个类以保存 Parent(父母)类的相关信息，该类也存在年龄(age)、名字(name)两个属性和生日(birthday)方法，Python 允许一个类从其他类中继承属性和方法，如图 4.42 所示。

```
ex4.2.6-2.py
1  class Person():
2      def __init__(self, age, name):
3          self.age = age
4          self.name =name
5      def birthday(self):
6          self.age =self.age + 1
7
8  class Parent(Person):
9      def __init__(self, age, name):
10         Person.__init__(self,age,name)
11         self.children = []
12     def add_child(self,child):
13         self.children.append(child)
14     def print_children(self):
15         print("The children of ", self.name, "are:")
16         for child in self.children:
17             print(child.name)
18
19 lisa =Parent(58, "Lisa")
20 mary = Person(28, "Mary")
21 print(lisa.name, lisa.age)
22 lisa.add_child(mary)
23 lisa.print children()

Shell
Lisa 58
The children of  Lisa are:
Mary
```

图 4.42　类的继承

Person 是 Parent 的超类，Parent 是 Person 的子类。把一个类名放入要定义的另一个类名后面的括号里，前者就变成后者(要定义的新类)的超类。子类调用超类的__init__方法，会自动获得超类的属性和方法的访问权限而不用重写代码。

类最大的优势就是方便重用代码，在 4.1 节的 myturtle.py 程序中，可以方便地操纵 turtle 而不用关心它做了些什么，是怎么做的。因为 turtle 类封装了这些信息，只要知道方法名，就可以毫无障碍地使用它们了。

4.2.7　模块

在程序开发过程中，随着程序代码越写越多，一个文件中的代码就会越来越长，同时也越来越不容易维护。

为了编写可维护的代码，可以把很多函数分别放到不同的文件里。这样，每个文件包含的代码较少，很多编程语言采用这种组织代码的方式。在 Python 中，一个源代码文件就称为一个模块(module)。

使用模块最大的好处是大大提高了代码的可维护性。另外，编写代码不必从零开始，当一个模块编写完毕，就可以在其他地方被引用。在编写程序的时候，经常会引用其他模块，包括 Python 内置的模块和来自第三方的模块。

使用模块还可以避免函数名和变量名冲突。相同名字的完全可以存在于不同的模块中，因此，在编写一个模块时，不必考虑函数和变量名与其他模块冲突的问题。但是，要注意，自定义函数名尽量不要与内置函数名冲突。Python 的所有内置函数详见 https://docs.python.org/3/library/functions.html。

在 4.1 节的 myturtle.py 程序中，使用了 import turtle 语句将代码从另一个文件导入当前程序文件中。

创建自己的模块时，要注意以下两点：

(1) 模块名要遵循 Python 变量命名规范，不要使用中文和特殊字符。

(2) 自定义模块名不要和系统模块名冲突，最好先查看系统是否已存在该模块。检查方法是：在 Python 交互环境下执行“import 模块名”命令，若成功则说明系统存在该模块，若出现错误信息则表示该模块名可以使用。

下面给出自定义模块的示例。

创建模块文件 module_example.py，内容如图 4.43 所示。

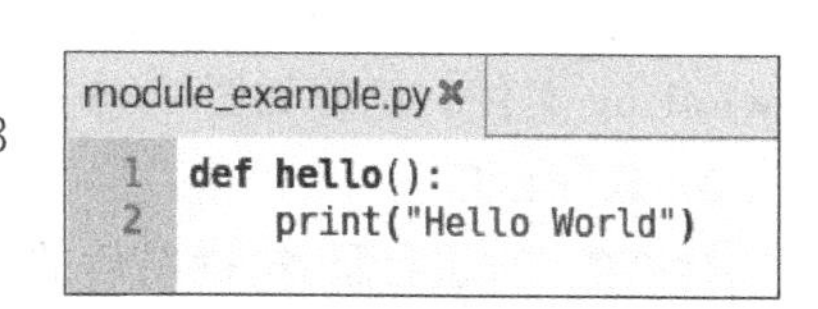

图 4.43 模块文件

创建 ex4.7.2-1.py 文件，内容如图 4.44 所示。

程序的第一行将 module_example 模块的所有函数和类导入文件中，在函数或类名前加上模块名作为前缀就可以使用它们了(第 2 行代码)。

如果只需要模块中的某一部分，也可以只导入这一部分，如图 4.45 所示。

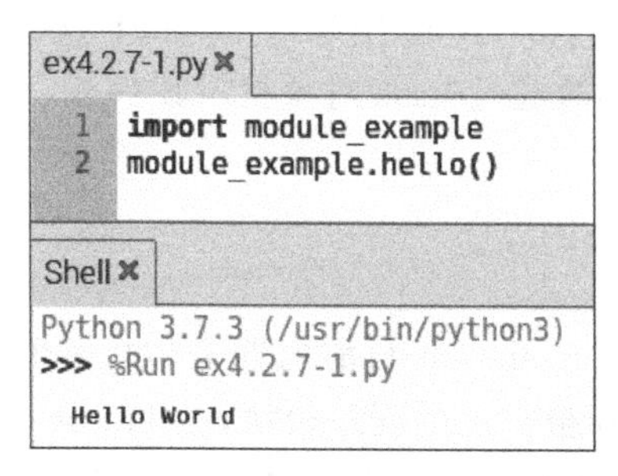

图 4.44 导入模块

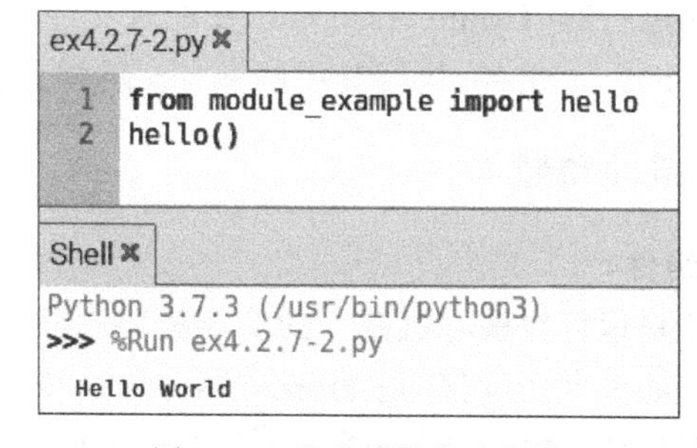

图 4.45 导入模块指定部分

使用模块而不是将所有代码放入同一个文件的优点是，模块代码可以在不同工程间复用，同时可以避免将大工程保存在单个文件中给调试和维护带来的不便。另外，可以将不同的模块分给不同的组完成，方便团队开发工作。

4.3 Python 与 Home Assistant

Home Assistant 的程序主要由两大部分组成：核心与组件。

核心主要包含状态、事件、服务三大对象。在 Home Assistant 前端的开发者工具栏中，单击“状态”按钮可以看到状态对象，单击“事件”按钮可以看到被监听的事件对象，单击“服务”按钮可以看到服务对象。

组件(component)是运行在核心机制上的功能模块。组件可以写状态、读状态、注册服务、调用服务、激发事件和监听事件。同时,组件也可以跟外部世界互动,例如获得汇率、执行开灯动作、从温湿度传感器上读取温度和湿度等。

通过 Python 编程增加新的组件和平台,可以扩充 Home Assistant 的能力。

1. 编写源代码文件

在 homeassistant 目录下新建 custom_components 文件夹,在该目录下编写组件程序 newhal.py 文件,代码如下:

```
def setup(hass,config):
hass.states.set("newhal.hello_world","太棒了!")
```

程序中设置了一个名为 newhal.hello_world 的实体,状态为字符串"太棒了!"。

2. 修改配置文件

在配置文件 configure.yaml 中增加域 newhal,域名一般与组件程序名相同(上面的 newhal.py 文件),位置如图 4.46 所示。

3. 运行程序

检查配置,重启服务,刷新后的前端概览页面如图 4.47 所示。

图 4.46 在配置文件中增加域

图 4.47 程序运行结果

程序运行时,Home Assistant 在配置文件 configure.yaml 中发现 newhal 域后,会自动调用 newhal.py 文件,执行其中的 setup 函数,该函数通过 hass 对象显示其状态。

4.3.1 组件和域

1. 组件

组件是运行在核心机制上的功能模块。Home Assistant 目前内置了 800 多个组件(包括组件下的平台)。组件是 Home Assistant 中不断被扩展的程序模块,在 Home Assistant 每次发布的新版本中,都会增加一些新的组件。组件的扩展意味着 Home Assistant 功能的增加。

大部分组件一方面与 Home Assistant 核心交互(读写实体的状态与属性、注册/调用服务、触发/监听事件),另一方面与外部设备交互,将 Home Assistant 核心中的数据与外部实体有效地对应起来,完成某一外部实体(设备)与 Home Assistant 核心(状态、事件、服务)之间的通信。

例如,智能灯组件在系统中注册开关灯的服务后,当服务被调用时,该组件程序与智能灯通信,完成对应动作。同时,该组件会定期查询智能灯的开关状态,将此信息写入对应实体的状态中。

又如,温度传感器组件定时与温度传感器通信,获得温度信息,写入对应实体的状态中。

也有一些组件并不与外部实体交互,仅仅完成 Home Assistant 核心中状态、事件、服务之间的有效逻辑连接。例如,自动化组件根据配置文件中的 trigger 信息监听对应事件,根据配置文件中的 condition 信息判断对应实体状态是否符合条件,根据配置文件中的 action 信息调用对应的服务。

2. 域

组件程序的名称通常就是域的名称,如上面的 newhal。服务的注册与调用都需要指定域。

在形如 light.bedroom 的实体中,light 就是域。

配置文件的基本格式是“域:此域下的对应配置信息”的列表。在如图 4.48 所示的配置文件 configure.yaml 中,sensor、tts、media_player 等就是域的名称。

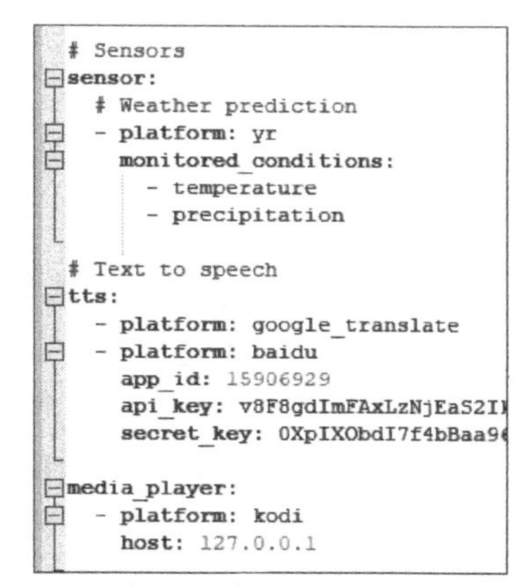

图 4.48 配置文件中的域

在 Home Assistant 中,通常会以下面的逻辑使用域:

(1) 在加载配置文件过程中,根据其中的域,加载对应名字的组件程序。

(2) 每一个组件程序都会定义一个同名的域。

(3) 在一个组件程序中维护状态的实体时,使用对应的域名作为标识前缀。

(4) 在一个组件程序中注册的服务,定义在对应的域中。

4.3.2 实体、状态和属性

1. 实体

外部设备在 Home Assistant 中体现为实体(entity),在前端概览页面上呈现。实体是由组件程序生成的,同时组件程序会决定实体在前端的显示特性(是否可见、图标、名称等)。

一个具体的物理设备可能对应一个或多个实体。例如,一个手机摄像头设备在系统中除了对应摄像头这个实体外,还对应各种开关实体,例如闪光灯开关、前后摄像头切换开关等。

每个实体,如一盏灯、一个开关,都有一个状态(state),如 on、off 等。每个实体除了状态外还可以有若干个属性(attribute),如颜色值。

2. 状态

系统中的每个实体都有一个当前状态,状态是这个实体的最重要的性质。例如一个智能开关的状态值一般是 on 或者 off。

Home Assistant 对状态值并没有任何限定,只要是字符串,都可以设置成某个实体的状态。

可以新增一个实体 light.a,将状态设置为 on,步骤如下。

(1) 在前端概览页面中单击“开发者工具”栏的状态按钮,在如图 4.49 所示的“实体”下输入 light.a,在 State 下输入 on。

(2) 单击 SET STATE 按钮,刷新后在前端概览页面出现“灯光”实体,如图 4.50 所示。

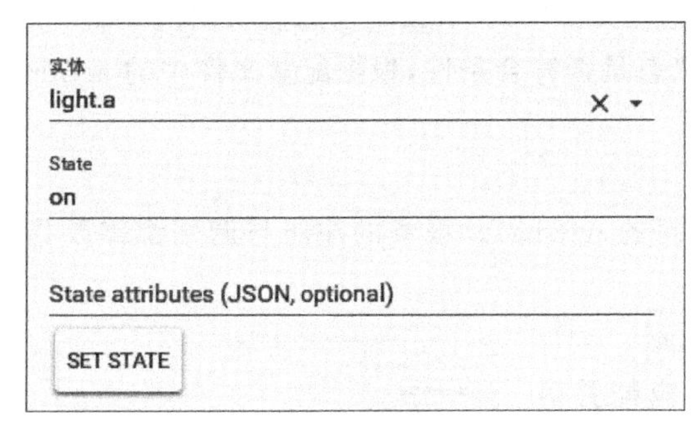

图 4.49　新增实体 light.a

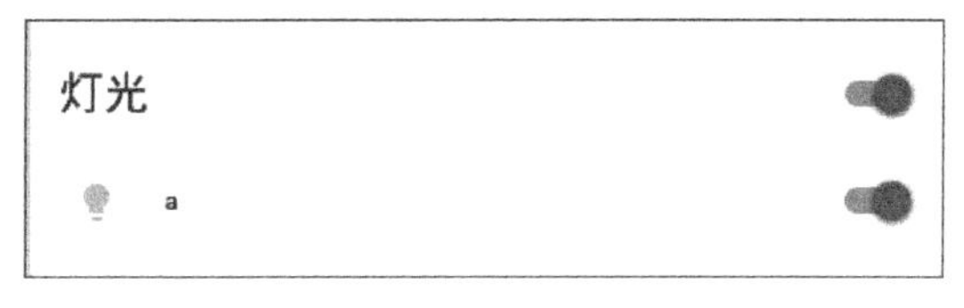

图 4.50　前端概览页面出现的“灯光”实体

3. 属性

实体除了状态之外，还存在零个或多个属性。实体的属性是为了更好地描述实体。

一个实体的属性是由若干个“属性名称:属性值”组成的数据结构，在 Home Assistant 中通过 JSON 格式表达。

在 Home Assistant 的 Web 前端中，通过单击开发者工具栏的“状态”按钮，可以查看当前系统中的所有实体及其状态和属性，如图 4.51 所示。

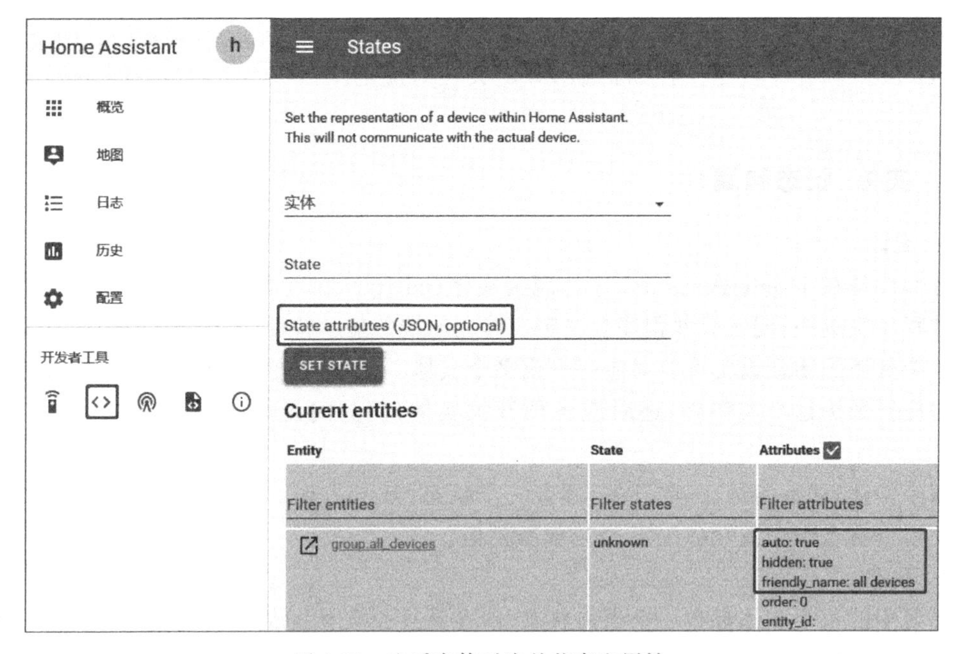

图 4.51　查看实体对应的状态和属性

在 Home Assistant 中，有一些预定义的属性，用于指定这个实体在前端展现时的效果，如表 4.6 所示。

可以自定义实体的属性，这些自定义属性会覆盖实体的预定义属性，从而改变其特性。

实体自定义往往用于前端更人性化的显示，例如，将程序定义的实体英文名改为中文名。下面对 light.a 实体的属性进行修改。

表 4.6　预定义属性

属性名称	描　　述
friendly_name	在前端显示的实体名称，可以是中文
icon	供前端使用的实体图标，来源于 materialdesignicons.com
hidden	前端是否隐藏该实体的显示，可以设置为 true 或 false
entity_picture	图片的 URL，对应图片在前端替代域的默认图标
assumed_state	实体的状态是否是被推测出来的
unit_of_measurement	状态值的单位，如摄氏度(℃)

(1) 在 State attributes 中添加代码，添加实体 light.a 的属性 friendly_name，如图 4.52 所示。

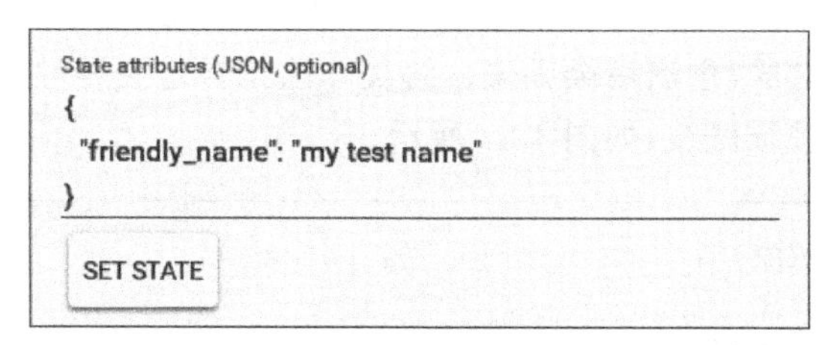

图 4.52　添加实体 light.a 的属性 friendly_name

(2) 单击 SET STATE 按钮，前端概览页面中实体 light.a 的名称发生变化，如图 4.53 所示。

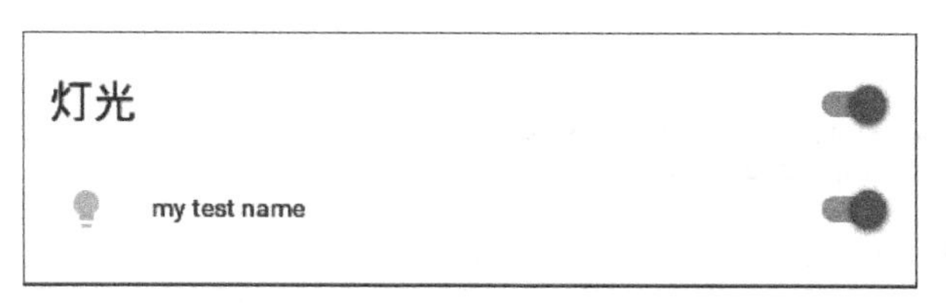

图 4.53　实体 light.a 的名称发生变化

(3) 添加实体 light.a 的属性 hidden，如图 4.54 所示。

State attributes (JSON, optional)

```
{
 "friendly_name": "my test name",
 "hidden":true
}
```

图 4.54　添加实体 light.a 的属性 hedden

(4) 单击 SET STATE 按钮，在 statesUI 界面下，前端概览页面中该实体不再显示。

(5) 执行“开发者工具”栏的信息按钮，单击 Go to the Lovelace UI，如图 4.55 所示。

(6) 单击 Home Assistant 右侧的⋮按钮，选择 Unused entities，可以在前端概览页面中看到所有未显示的实体，如图 4.56 所示。

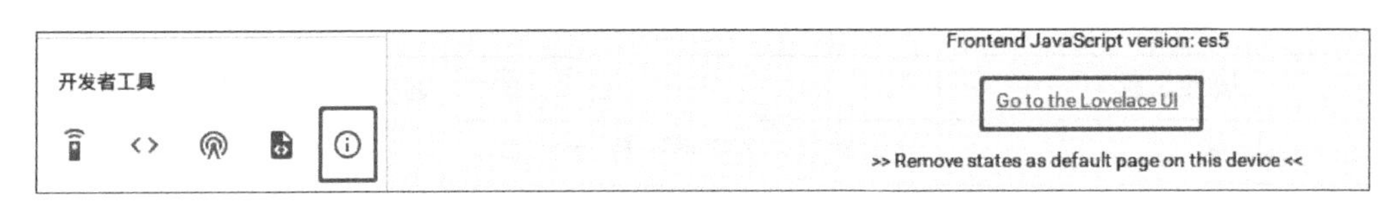

图 4.55　切换至 Lovelace UI

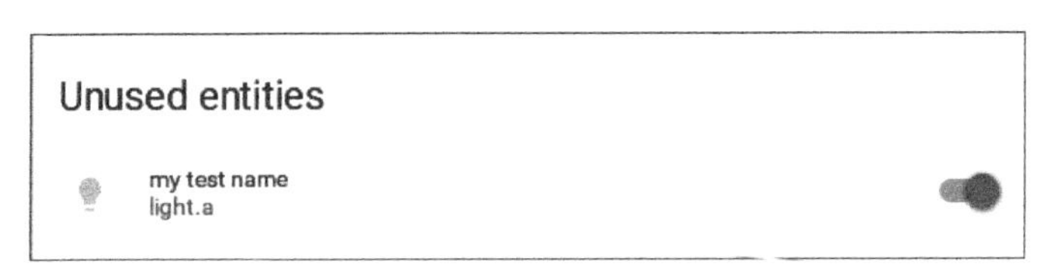

图 4.56　在 Lovelace UI 中显示所有实体

(7) 通过单击“开发者工具”栏的状态按钮，然后修改属性，可以改变实体在前端的显示，但这种改变只是临时的，重启后会丢失。解决办法是自定义属性，执行“配置”|“自定义”命令，选择相应的实体进行修改，如图 4.57 所示。

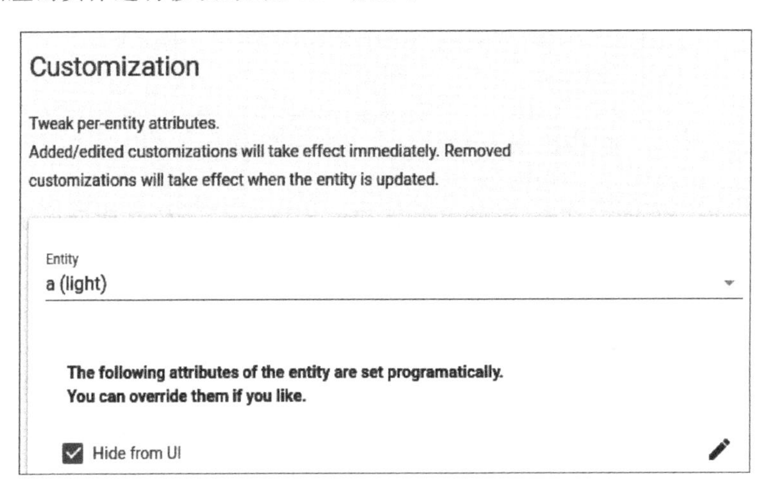

图 4.57　自定义属性

(8) 除了通过“开发者工具”进行属性修改外，还可以通过编写 Python 程序实现属性设置。在 configuration.yaml 中添加 newha2 域，编写 newha2.py 程序，内容如下：

```
DOMAIN = "newha2"
def setup(hass, config):
    attr = {"icon": "mdi:yin-yang","friendly_name":"new world"}
    hass.states.set(DOMAIN+".hello_world","太棒了!", attributes =attr)
    return True
```

在上面的代码中，首先在组件程序中定义 newha2 域(DOMAIN = "newha2")，随后设置实体的属性 attr(icon 和 friendly_name)，这样就可以改变前端概览页面的显示。

检查配置，重启服务，前端概览页面如图 4.58 所示。

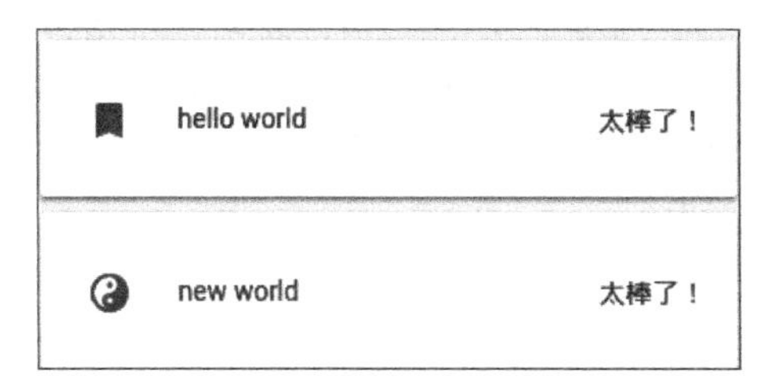

图 4.58 设置属性后的前端概览页面

(9) 读取 configuration.yaml 中的配置信息并根据该信息改变实体的属性值，在 configuration.yaml 中添加 newha3 域，内容如下：

```
newha3:
  name_tobe_displayed:我的新名字
```

编写 newha3.py 程序，内容如下：

```
#logging 为应用与库定义了实现灵活的事件日志系统的函数与类
import logging
#引入下面两个库,用于配置文件格式校验
#voluptuous,这个库是 Python 中用于校验数据是否符合规定格式的库
#homeassistant.helpers,这个库定义了 Home Assistant 中常用的一些方法、类型、常量
#程序中仅使用了其中的 string 定义
import voluptuous as vol
import homeassistant.helpers.config_validation as cv
DOMAIN ="newha3"
ENTITYID =DOMAIN +".hello_world"
#预定义配置文件中的 key 值
CONF_NAME_TOBE_DISPLAYED ="name_tobe_displayed"
#logging 中最基础的对象 logger,用 logging.getLogger(name)方法初始化
_LOGGER =logging.getLogger(__name__)
#配置文件的样式
#程序中定义的 CONFIG_SCHEMA 的实际含义如下
#在域 newha3 的配置中,name_tobe_displayed 在配置文件中必须存在,否则报错,其类型是字符串
#在编写配置文件的时候,照着这个格式写就可以了
CONFIG_SCHEMA =vol.Schema(
    {
        DOMAIN: vol.Schema(
            {
                vol.Required(CONF_NAME_TOBE_DISPLAYED): cv.string,
            }),
    },
    extra=vol.ALLOW_EXTRA)
def setup(hass, config):
    #配置文件加载后,setup()函数被系统调用
    #组件的 setup()函数获得的 config 是完整的配置项
```

```
#(与平台不同,在平台的初始化函数中获得的仅是平台的配置项)
#配置项是一个字典类型的数据,可以用 get()函数得到对应键的值
#config[DOMAIN]代表这个域下的配置信息
conf =config[DOMAIN]
#获得具体配置项信息
friendly_name =conf.get(CONF_NAME_TOBE_DISPLAYED)
_LOGGER.info("Get the configuration %s=%s; %s=%s",
             CONF_NAME_TOBE_DISPLAYED, friendly_name)
#根据配置内容设置属性值
attr ={"icon": "mdi:yin-yang", "friendly_name": friendly_name}
hass.states.set(ENTITYID, '太棒了', attributes=attr)
return True
```

保存文件,检查配置,重启服务,前端概览页面如图 4.59 所示。

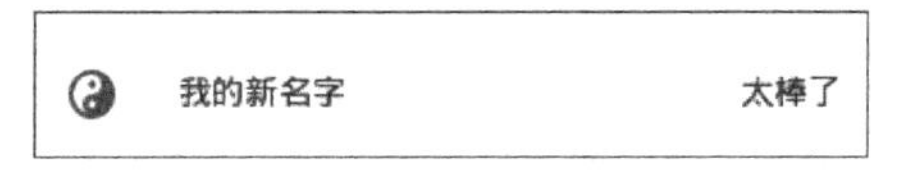

图 4.59　读取配置文件中的内容并显示实体

4.3.3　事件和服务

事件(event)是激发/监听机制,事件代表当前发生了什么,如 state_changed(状态改变)事件。触发一个事件,监听者监听到事件后,就执行相应的动作。

服务(service)是注册/调用机制,注册过的服务就可以被调用。每个服务代表一个功能,例如 switch.turn_on(打开开关)。

1. 事件

事件总线是 Home Assistant 中最核心的机制。组件程序可以在事件总线上触发事件,也可以在事件总线上监听事件(当监听到事件发生时执行相应动作)。

被触发的事件包含事件类型、触发时间和事件附加信息等。事件类型代表事件的类型;触发时间是指事件被触发的时间;事件附加信息是一些{key:value}格式的信息,以表达事件的内容。

在 Home Assistant 的 Web 前端中,可以单击如图 4.60 所示的"开发者工具"栏的事件

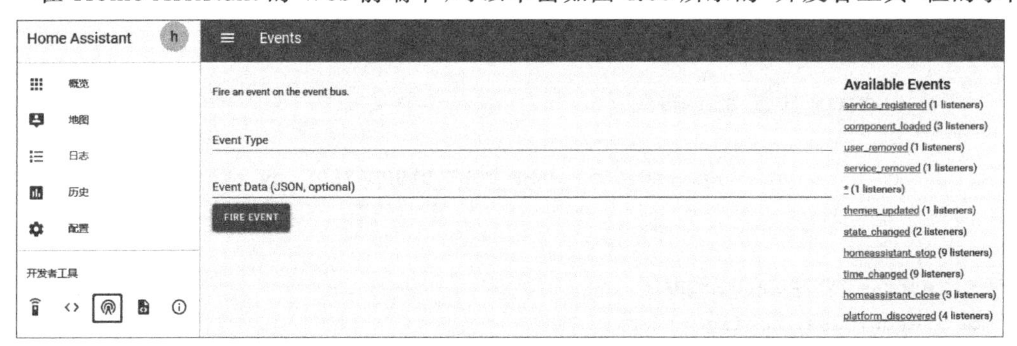

图 4.60　事件相关内容

按钮，获得系统中被监听的事件以及每个事件被多少个组件监听（右边）的信息；也可以输入事件类型和事件附加信息，手工触发一个事件。

在 Home Assistant 中，事件是非常灵活的。事件类型可以是任何字符串，事件附加信息可以是任何字典结构的数据。

编写程序 newha4.py，通过事件触发实现状态值的改变。代码如下：

```
#datatime 提供了可以通过多种方式操作日期和时间的类，程序引入 datetime 库以方便时间的相
#关计算，timedelta 对象表示两个日期或者时间之间的间隔
from datetime import timedelta
import logging
import voluptuous as vol
#引入 Home Assistant 中定义的一些类与函数
#track_time_interval 是监听时间变化事件的函数
from homeassistant.helpers.event import track_time_interval
import homeassistant.helpers.config_validation as cv
DOMAIN = "newha4"
ENTITYID = DOMAIN + ".hello_world"
CONF_STEP = "step"
DEFAULT_STEP = 1
#定义时间间隔为 3s
TIME_BETWEEN_UPDATES = timedelta(seconds=3)
_LOGGER = logging.getLogger(__name__)
CONFIG_SCHEMA = vol.Schema(
    {
        DOMAIN: vol.Schema(
            {
                #配置参数 step，只能是正整数，默认值为 3
                vol.Optional(CONF_STEP, default=DEFAULT_STEP): cv.positive_int,
            }),
    },
    extra=vol.ALLOW_EXTRA)
def setup(hass, config):
    """配置文件加载后，setup 被系统调用。"""
    conf = config[DOMAIN]
    step = conf.get(CONF_STEP)
    _LOGGER.info("Get the configuration %s=%d", CONF_STEP, step)
    attr = {"icon": "mdi:yin-yang",
            "friendly_name": "迎接新世界",
            "unit_of_measurement": "steps"}
    #构建类 GrowingState
    GrowingState(hass, step, attr)
    return True
class GrowingState(object):
    """定义一个类，此类中存储了状态与属性值，并定时更新状态。"""
    def __init__(self, hass, step, attr):
```

```
        """GrowingState 类的初始化函数,参数为 hass、step 和 attr."""
        #定义类中的一些数据
        self._hass =hass
        self._step =step
        self._attr =attr
        self._state =0
        #在类初始化的时候,设置初始状态
        self._hass.states.set(ENTITYID, self._state, attributes=self._attr)
        #track_time_interval 函数设置了时间变化事件的监听和对应动作
        #每隔一段时间更新一次实体的状态
        track_time_interval(self._hass, self.update, TIME_BETWEEN_UPDATES)
    def update(self, now):
        """在 GrowingState 类中定义函数 update,更新状态。"""
        _LOGGER.info("GrowingState is updating…")
        #状态值每次增加 step
        self._state =self._state +self._step
        #设置新的状态值
        self._hass.states.set(ENTITYID, self._state, attributes=self._attr)
```

保存程序,检查配置,重启服务,在概览页面中显示计数情况,如图 4.61 所示。

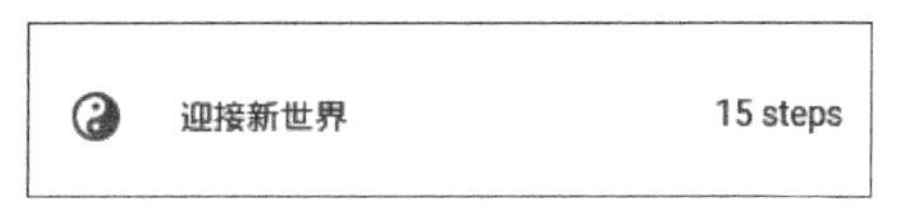

图 4.61 计数情况

2. 服务

服务表示组件对外公布的一个功能,如 switch.turn_on 表示打开开关,当这个功能被调用时,组件就完成对应的打开开关的动作。组件可以在 Home Assistant 中注册一个服务,可以调用任意已注册的服务。

在 Home Assistant 的 Web 前端,单击“开发者工具”栏中的事件按钮,可以看到在系统的各个域中注册的服务,可以输入 JSON 格式的服务参数,手动调用服务,如图 4.62 所示。

服务在内核中的实现是基于事件机制的。在注册、删除、调用、执行服务时,会在内核中自动触发 service_registered、service_removed、call_service、service_executed 等事件,内核程序也通过对 call_service 事件的监听来启动具体服务程序的运行。

(1) 编写注册服务 newha.change_state 的程序 newha5.py。

```
#引入记录日志的库
import logging
DOMAIN ="newha5"
ENTITYID =DOMAIN +".hello_world"
#在 Python 中,__name__代表模块名字
_LOGGER =logging.getLogger(__name__)
def setup(hass, config):
    """配置文件加载后,setup 被系统调用。"""
```

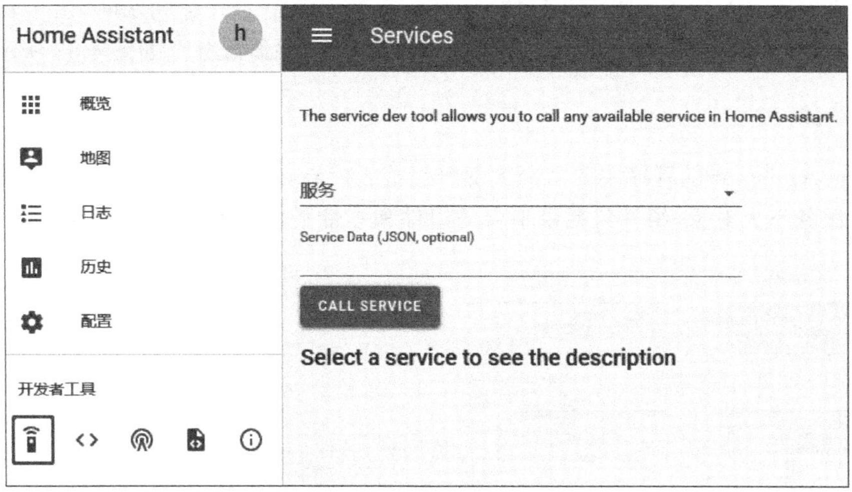

图 4.62　服务相关内容

```
attr = {"icon": "mdi:yin-yang",
        "friendly_name": "迎接新世界", }
hass.states.set(ENTITYID, '注册服务', attributes=attr)
def change_state(call):
    """change_state 函数切换改变实体的状态。"""
    #记录 info 级别的日志
    _LOGGER.info("newha's chage_state service is called.")
    #切换改变状态值
    if hass.states.get(ENTITYID).state == '注册服务':
        hass.states.set(ENTITYID, '很好', attributes=attr)
    else:
        hass.states.set(ENTITYID, '注册服务', attributes=attr)
#注册服务 newha.change_state
#使用函数 hass.services.register(DOMAIN, service_name, func) 注册一个新的服务
#其中第三个参数 func 代表当服务被调用时执行的函数
hass.services.register(DOMAIN, 'change_state', change_state)
return True
```

(2) 保存程序，检查配置，重启服务。在代码 hass.states.set(ENTITYID, '注册服务', attributes=attr)的作用下，在前端概览页面中显示“注册服务”，如图 4.63 所示。

(3) 单击“开发者工具”栏中的服务按钮，进入 newha5.change_state 程序，单击 CALL SERVICE 按钮。当执行到程序中的 if 语句块时，由于其 state 为“注册服务”，程序将其改为“很好”，如图 4.64 所示。

图 4.63　初始显示内容　　图 4.64　显示内容的改变

(4) 再次单击 CALL SERVICE 按钮，当执行到程序中的 if 语句块时，由于其 state 为“很好”，而非“注册服务”，程序执行 else 分支，将其改为“注册服务”，如图 4.63 所示。

4.3.4 平台

Home Assistant 的程序主要由两大部分组成：核心与组件。核心主要包含状态机、事件总线和服务三大对象，组件包括带平台的组件和不带平台的组件，如图 4.65 所示。

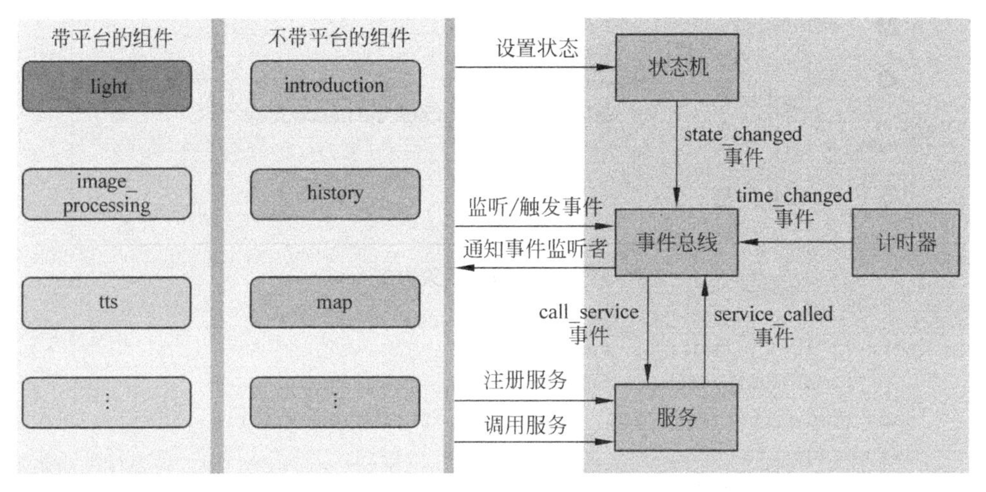

图 4.65　Home Assistant 程序的核心与组件

有些组件，如灯(light)，会涵盖对不同品牌的灯的控制。这种组件的逻辑分成两部分：通用智能灯的逻辑部分，以及品牌相关智能灯的逻辑部分。它们在 Home Assistant 中体现出来的功能是相似的，但实现的内部逻辑并不完全相同。例如，小米智能灯和 PHILIPS 智能灯在 Home Assistant 中都展现为一个有开关、能调节亮度和颜色等的实体，但它们有各自的通信协议和控制逻辑。这些不同的程序代码称为平台(platform)，而相同的部分称为 light 域或 light 组件。

又如 tts，在 2.4.1 节和 3.3.1 节中使用过的百度语音和 Google 语音都是文字转语音的组件。前者构建在对 baidu API 调用的逻辑上，称为 tts 域下的百度平台；后者构建在对 Google API 调用的逻辑上，称为 tts 域下的 Google 平台。

在 Windows 中的 Home Assistant 安装位置如图 4.66 所示。每个文件或目录就是一个组件。如果是一个目录，这个目录下的__init__.py 是这个组件的核心逻辑部分，其余的 Python 文件是这个组件在不同平台上的逻辑部分，Python 文件名就是平台的名字。

« 用户 › Administrator › AppData › Local › Programs › Python › Python35 › Lib › site-packages › homeassistant › components › abode

homeassistant
pycache
auth
components
pycache
abode

名称	修改日期	类型	大小
pycache	2019/5/19 9:30	文件夹	
init.py	2019/5/19 9:27	Python File	11 KB
alarm_control_panel.py	2019/5/19 9:27	Python File	3 KB
binary_sensor.py	2019/5/19 9:27	Python File	2 KB
camera.py	2019/5/19 9:27	Python File	3 KB

图 4.66　Windows 下的 Home Assistant 组件和平台

在树莓派的相关目录下也是如此，如图 4.67 所示。

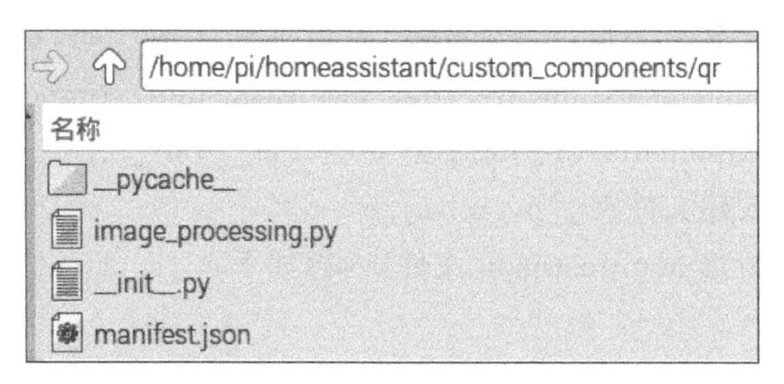

图 4.67 树莓派下的 Home Assistant 组件和平台

4.4 编写二维码组件

如图 4.65 所示，由于 image_processing 组件域已经搭建了图像处理的框架，只需要写一个平台(platform)就可以完成二维码组件的编写。

每一个二维码都有 3 个定位块。识别二维码时会先找到定位块，读取二维码的编码信息，然后遵循一定的规则对二维码的编码信息进行解码，得到的信息就是我们想要的内容。

编写二维码识别组件，需要用到 Python 中用于图形处理的 pillow 库和用于二维码识别的 pyzbar 库。执行命令 sudo pip3 install pyzbar pillow 对这两个库进行安装。

1. 测试二维码

将 PC 上的二维码图片文件 example.png 上传到树莓派的 pi 目录中，进入 Python 3 编程环境。分别执行命令 from pyzbar import pyzbar 和 from PIL import Image，导入 pyzbar 和 pillow 库中需要的对象。

然后执行命令 pyzbar.decode(Image.open('example.png'))，pyzbar 中的 decode 用于识别图形中的条形码和二维码，pillow 中的 Image.open 用于打开图片文件。

上述操作的结果如图 4.68 所示，包括二维码的内容、类型、在图片中的位置等信息。

```
pi@raspberrypi:~ $ python3
Python 3.7.3 (default, Apr  3 2019, 05:39:12)
[GCC 8.2.0] on linux
Type "help", "copyright", "credits" or "license" for more information.
>>> from pyzbar import pyzbar
>>> from PIL import Image
>>> pyzbar.decode(Image.open('example.png'))
[Decoded(data=b'https://u.wechat.com/ELMY3njNYA2081U7wp_sKRo', type='QRCODE', rect=Rect(left=32, top=24, width=212, height=212), polygon=[Point(x=32, y=24), Point(x=32, y=236), Point(x=244, y=236), Point(x=244, y=24)])]
>>> exit()
pi@raspberrypi:~ $
```

图 4.68 执行命令及结果

2. 编写 Python 程序

在 3.4.1 节中进行人脸识别时，使用了 image_processing 域，从摄像头中读取图片，按不同逻辑处理后生成实体。

二维码识别功能也可以创建为 image_processing 域下的平台，这样就可以节省大量的代码。从摄像头中读取图片、处理频率、生成对应的服务等逻辑实现只要应用 image_ processing 域中现存的框架就可以了。

在编写程序时可以参考 Home Assistant 中组件程序源代码,链接是 https://github.com/home-assistant/home-assistant/tree/dev/homeassistant/components。

(1) 在 custom_components/qr 目录下建立空文件__init__.py。

(2) 在 qr 目录下新建文件夹__pycache__。

(3) 在 qr 目录下新建 manifest.json 文件,内容如下:

```
{
  "domain": "qr",
  "name": "qr",
  "documentation": "",
  "requirements": ["pyzbar", "pillow"],
  "dependencies": [],
  "codeowners": []
}
```

其中 requirements 表示需要的库,如果事先没有安装,会自动安装。

(4) 在 qr 目录下新建 image_processing.py 文件,内容如下:

```
import logging
import voluptuous as vol
import homeassistant.helpers.config_validation as cv
from homeassistant.core import split_entity_id
from homeassistant.components.image_processing import (
    ImageProcessingEntity, CONF_SOURCE, CONF_ENTITY_ID, CONF_NAME)
_LOGGER =logging.getLogger(__name__)
def setup_platform(hass, config, add_entities, discovery_info=None):
    """setup_platform 函数是在加载平台程序时自动被调用的入口。读取配置中的摄像头信
       息,然后以此来初始化 QrEntity 对象。"""
    entities =[]
    for camera in config[CONF_SOURCE]:
        entities.append(QrEntity(
            camera[CONF_ENTITY_ID], camera.get(CONF_NAME)
        ))
    add_entities(entities)
class QrEntity(ImageProcessingEntity):
    """在类的初始化函数中,name 表示对应实体的名称。"""
    def __init__(self, camera_entity, name):
        """Initialize QR image processing entity."""
        super().__init__()
        self._camera =camera_entity
        if name:
            self._name =name
        else:
            self._name ="QR {0}".format(
```

```
            split_entity_id(camera_entity)[1])
        self._state =None
    """下面 3 个函数用于读取当前的内容变量值。"""
    @property
    def camera_entity(self):
        """Return camera entity id from process pictures."""
        return self._camera
    @property
    def state(self):
        """Return the state of the entity."""
        return self._state
    @property
    def name(self):
        """Return the name of the entity."""
        return self._name
"""到此为止,其他 image_processing 域下的平台程序基本相同。"""
"""各个平台主要的不同体现在下面的 process_image 函数中。该函数定义对图片做哪些操作,最
  后如何输出对应实体的状态和属性。"""
    def process_image(self, image):
        """读取图片,使用 decode 发现其中的编码。如果有,就将对应实体的状态设置为第一个
           被读到的二维码;如果没有,就将实体状态设置为 None。"""
        import io
        from pyzbar import pyzbar
        from PIL import Image
        stream =io.BytesIO(image)
        img =Image.open(stream)
        barcodes =pyzbar.decode(img)
        if barcodes:
            self._state =barcodes[0].data.decode("utf-8")
        else:
            self._state =None
```

注意:对于 Home Assistant 0.88 以下版本,将上面的程序以文件名 qr.py 保存在 custom_components/image_processing 目录下,在步骤(2)和(3)中创建的两个文件也保存在该目录下。

3. 修改 configuration.yaml 文件

代码如下:

```
camera:
  -platform: ffmpeg
   name: cam1
   input: /dev/video0

image_processing:
  -platform: qr
```

```
    scan_interval: 2
    source:
      - entity_id: camera.cam1
        name: QRCode
```

4. 扫描二维码

检查配置，重启服务。将摄像头对准二维码图片，当发现二维码时，显示二维码对应的链接，如图 4.69 所示。

图 4.69　扫描二维码的输出结果

4.5　树莓派 GPIO 设备控制

GPIO(General Purpose I/O Ports)意思为通用输入输出端口，通俗地说，就是引脚，可以通过它们输出高低电平，或者通过它们读入引脚的状态(是高电平还是低电平)。树莓派的 GPIO 如图 4.70 所示。

GPIO 是一个比较重要的概念，用户可以通过 GPIO 与硬件进行数据交互(如 UART)，控制硬件(如 LED、蜂鸣器等)工作，读取硬件的工作状态信号(如中断信号)等。

通过它们可以与外界交互，使用它们对树莓派进行各种各样的扩展，可以将它们当作可编程开关控制其他事务，或者用它们从外界接收信息。

GPIO 的使用非常广泛，掌握了 GPIO，就相当于基本上掌握了操作硬件的能力。数字艺术家使用它们来创建交互式作品，机器人建造者使用它们来提高机器人的性能。

在开始构建电路之前，首先需要知道如何连接树莓派 GPIO。

1. 母转公接头

使用母转公接头是最简单的选择，转接头的母头可以直接连接到 GPIO 引脚，公头可以插入面包板，这是访问 GPIO 最简便的方法。

2. GPIO 扩展板

可以使用 40P 排线将树莓派的 GPIO 引脚通过 GPIO 扩展板(T 型扩展板)连接起来，如图 4.71 所示。需要注意的是，连接的时候，必须将 40P 排线的 1 号脚(有小三角符号的一侧,即图 4.71 中排线的深色边缘一侧)对准树莓派的 1 号脚(即图 4.71 中被排线深色边缘遮住的引脚)。如果插反,会导致树莓派被烧坏。

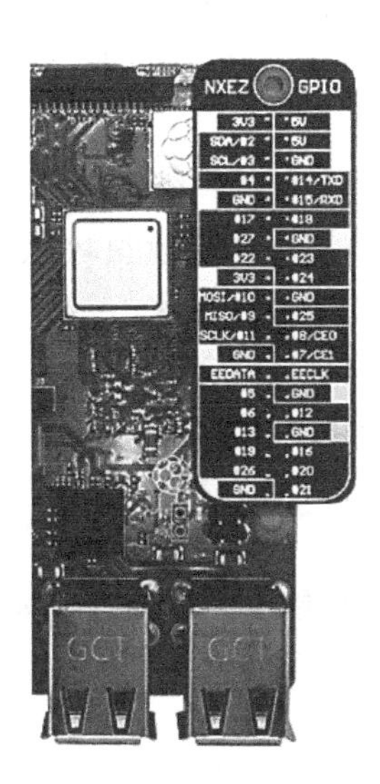

(a) 实物参考卡片

BCM 编码	功能名	物理引脚 BOARD编码		功能名	BCM 编码
	3.3V	1	2	5V	
2	SDA.1	3	4	5V	
3	SCL.1	5	6	GND	
4	GPIO.7	7	8	TXD	14
	GND	9	10	RXD	15
17	GPIO.0	11	12	GPIO.1	18
27	GPIO.2	13	14	GND	
22	GPIO.3	15	16	GPIO.4	23
	3.3V	17	18	GPIO.5	24
10	MOSI	19	20	GND	
9	MISO	21	22	GPIO.6	25
11	SCLK	23	24	CE0	8
	GND	25	26	CE1	7
0	SDA.0	27	28	SCL.0	1
5	GPIO.21	29	30	GND	
6	GPIO.22	31	32	GPIO.26	12
13	GPIO.23	33	34	GND	
19	GPIO.24	35	36	GPIO.27	16
26	GPIO.25	37	38	GPIO.28	20
	GND	39	40	GPIO.29	21

(b) 引脚对照表

图 4.70　GPIO

图 4.71　GPIO 扩展板与树莓派通过 40P 排线连接

一旦在 GPIO 上连接了其他硬件,就有可能直接给 CPU 供电,也就可能损坏 CPU。绝对不可将 3.3V 电压连接到 GPIO 上。这一点非常重要,也是大家要特别注意的地方。

与使用母转公接头相比,GPIO 扩展板虽然没有提供任何新特性,但是看起来更规整,也不容易混淆引脚。

3. 无焊面包板

无论选择上述哪种方式，都需要使用面包板。它提供了可以快速地将各个元件的电路连接在一起的简单方式，完成任务之后可以轻松拆除电路。

面包板有不同的尺寸，但基本排列是类似的。典型的面包板的长边有两个电源接口，可以用来提供正负电源。面包板上有两排插孔，中间留有间隙。一般将与长边垂直的每 5 个插孔用一根金属条连接。面包板中央的一条凹槽是针对需要集成电路、芯片的实验而设计的。

可以将元件直接插入孔中，使用公对公连接线或者小段单芯线缆将各个元件连接起来。

通过树莓派的 I/O 口可以连接很多外设，如舵机、红外发送/接收模块、继电器、步进电机、各类兼容传感器、屏幕等，通过这些外设可以制作很多有趣的电路。

4. RPi.GPIO

对于 Python 用户，可以使用 RPi.GPIO 提供的 API 对 GPIO 进行编程，RPi.GPIO 是一个控制树莓派 GPIO 通道的模块，它提供了一个类以控制树莓派上的 GPIO。通常在文件开头使用 import RPi.GPIO as GPIO 导入该模块。

大多数树莓派的映像中默认安装了 RPi.GPIO，可以直接使用该模块。如果没有安装，可以通过执行命令 sudo apt-get install python-dev 进行安装。

4.5.1 Python 编程控制 LED

LED 是英文 Light Emitting Diode 的缩写，也就是通常所说的发光二极管。树莓派 GPIO 控制输出的入门练习都是从控制 LED 灯开始的。

双色 LED 能够发出两种不同颜色的光，经常用作电视机、数字照相机和遥控器的指示灯，实验用的双色 LED 如图 4.72 所示。

本实验将引脚 R 和 G 连接到树莓派的 GPIO，对树莓派进行编程，将 LED 的颜色从红色变为绿色，然后使用 PWM(Pulse Width Modulation，脉冲宽度调制)混合成其他颜色。双色 LED 的原理图如图 4.73 所示。

图 4.72　双色 LED

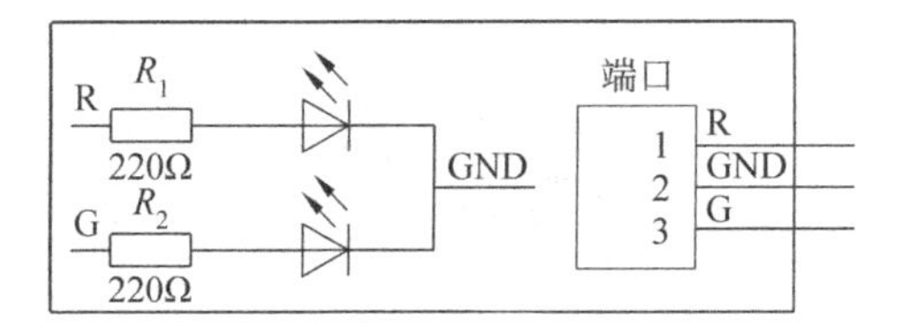

图 4.73　双色 LED 原理图

1. 电路连接

树莓派的功能名、BCM 编码、物理引脚以及双色 LED 模块引脚之间的对应关系如表 4.7 所示，GPIO 扩展板与双色 LED 模块之间的连接示意图如图 4.74 所示，实物图如图 4.75 所示(注意：不同实物的引脚顺序有所不同，在图 4.72 所示的双色 LED 中，其一引脚对应 GND，中间引脚对应 R，S 引脚对应 G)。

2. 软件编写

在 pi 目录下编写文件 gpio_led.py，代码如下：

表 4.7　双色 LED 引脚对应表

树莓派功能名	GPIO 扩展板		双色 LED 模块引脚
	BCM 编码	物理引脚	
GPIO.0	17	11	R
GPIO.1	18	12	G
GND	GND	GND	GND

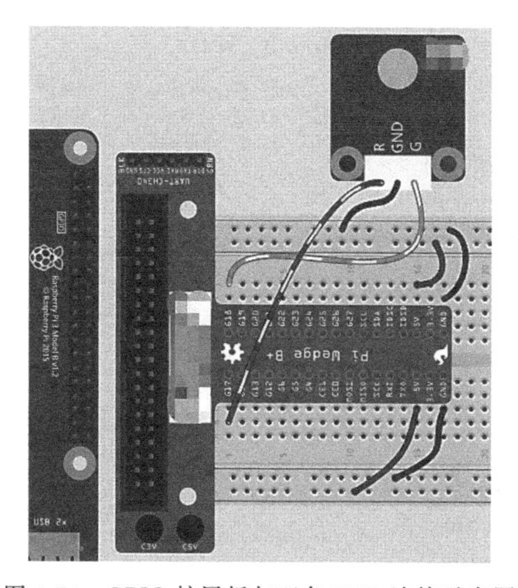

图 4.74　GPIO 扩展板与双色 LED 连接示意图

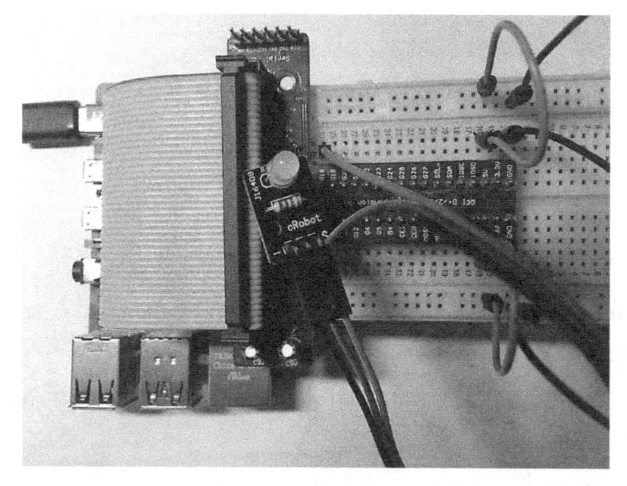

图 4.75　GPIO 扩展板与双色 LED 连接实物图

```
#!/usr/bin/env python
import RPi.GPIO as GPIO
import time
colors = [0xFF0000, 0x00FF00, 0x0FF000, 0xF00F00]
```

```
pins ={'pin_R':11, 'pin_G':12}                #pins 是字典
GPIO.setmode(GPIO.BOARD)                       #按实际位置为 GPIO 编号
for i in pins:
    GPIO.setup(pins[i], GPIO.OUT)              #设置引脚为输出模式
    GPIO.output(pins[i], GPIO.HIGH)            #设置引脚为高电平(+3.3V)以关闭 LED
p_R =GPIO.PWM(pins['pin_R'], 2000)             #设置频率为 2kHz
p_G =GPIO.PWM(pins['pin_G'], 2000)
p_R.start(0)                                   #初始占空比为 0(LED 关闭)
p_G.start(0)
def map(x, in_min, in_max, out_min, out_max):
    return (x -in_min) *  (out_max -out_min) / (in_max -in_min) +out_min
def setColor(col):
    R_val =(col & 0xFF0000) >>16
    G_val =(col & 0x00FF00) >>8
    R_val =map(R_val, 0, 255, 0, 100)
    G_val =map(G_val, 0, 255, 0, 100)
    p_R.ChangeDutyCycle(R_val)                 #改变占空比
    p_G.ChangeDutyCycle(G_val)
def loop():
    while True:
        for col in colors:
            setColor(col)
            time.sleep(0.5)
def destroy():
    p_R.stop()
    p_G.stop()
    for i in pins:
        GPIO.output(pins[i], GPIO.HIGH)        #关闭所有 LED
    GPIO.cleanup()

if __name__ =="__main__":
    try:
        loop()
    except KeyboardInterrupt:
        destroy()
```

在 pi 目录下执行命令 python3 gpio_led.py,运行程序,观察 LED 颜色变化情况。

代码解析如下。

1) if __name__ == "__main__"的含义

对于很多编程语言(例如 C、C++,以及完全面向对象的编程语言 Java、C# 等)来说,程序都必须有一个入口。

在 C 和 C++ 中,需要一个 main 函数作为程序的入口,也就是程序的运行会从 main()函数开始。同样,在 Java 和 C# 中,也必须有一个包含 Main 方法的主类作为程序入口。

而 Python 则不同,它属于脚本语言,不像编译型语言那样先将程序编译成二进制再运

行，而是动态地逐行解释运行。也就是从脚本第一行开始运行，因此没有统一的入口。

一个 Python 源代码文件除了可以直接运行外，还可以作为模块（也就是库）被其他源代码文件导入。不管是直接运行还是导入，最顶层的代码都会被运行（Python 用缩进来区分代码层次）。而实际上在导入的时候，有一部分代码可能是不希望被运行的。

假设有一个名为 const.py 的文件，其代码及运行结果如图 4.76 所示。

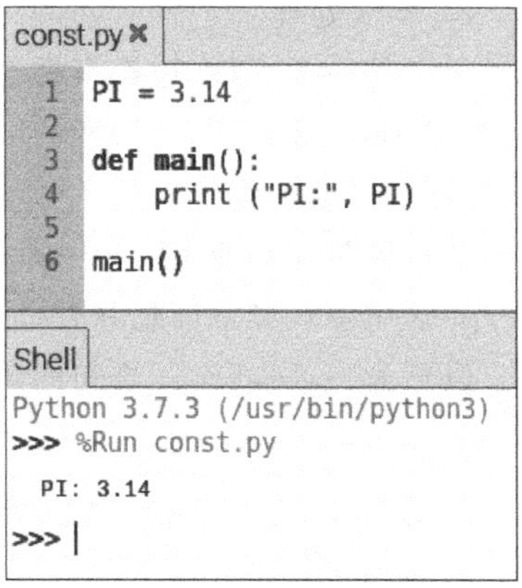

```
const.py
1  PI = 3.14
2
3  def main():
4      print ("PI:", PI)
5
6  main()

Shell
Python 3.7.3 (/usr/bin/python3)
>>> %Run const.py
  PI: 3.14
>>> |
```

图 4.76　const.py 的代码及运行结果

在这个文件里定义了 PI 为 3.14，然后又写了一个 main 函数来输出定义的 PI，这个 main 函数就相当于对定义做一遍人工检查，看看值设置的对不对。

假设又有一个名为 area.py 的文件，用于计算圆的面积，该文件中需要用到 const.py 文件中的 PI，为此把 const.py 中的 PI 导入 area.py，代码及运行结果如图 4.77 所示。

可以看到，const.py 中的 main 函数也被运行了，实际上不希望它被运行，这个 main() 函数只是为了对常量 PI 的定义进行测试。这时，if __name__ == '__main__'就派上了用场。修改 const.py 代码，再运行 area.py，修改后的代码以及输出结果如图 4.78 所示，这才是我们想要的效果。

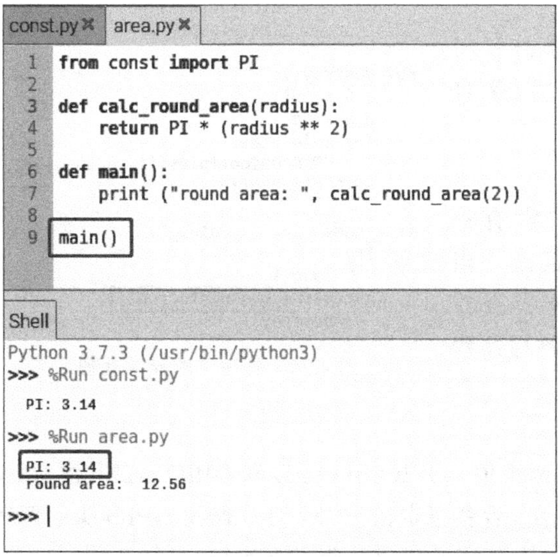

```
const.py  area.py
1  from const import PI
2
3  def calc_round_area(radius):
4      return PI * (radius ** 2)
5
6  def main():
7      print ("round area: ", calc_round_area(2))
8
9  main()

Shell
Python 3.7.3 (/usr/bin/python3)
>>> %Run const.py
  PI: 3.14
>>> %Run area.py
  PI: 3.14
  round area:  12.56
>>> |
```

图 4.77　area.py 的代码及运行结果

```
const.py  area.py
1  PI = 3.14
2
3  def main():
4      print ("PI:", PI)
5
6  if __name__ == "__main__":
7      main()
8

Shell
Python 3.7.3 (/usr/bin/python3)
>>> %Run const.py
  PI: 3.14
>>> %Run area.py
  PI: 3.14
  round area:  12.56
>>> %Run area.py
  round area:  12.56
>>> %Run const.py
  PI: 3.14
>>>
```

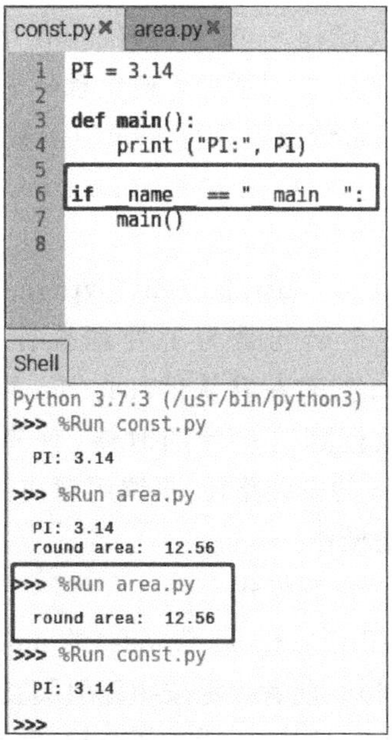

图 4.78　if __name__ == '__main__'的作用

if __name__=='__main__'就相当于 Python 模拟的程序入口。Python 本身并没有规定这么写，这只是一种编码习惯。由于模块之间相互引用，不同模块可能都有这样的定义，而入口程序只能有一个。到底哪个入口程序被选中，这取决于__name__的值。

if __name__=='__main__'的意思就是，当模块直接运行时，其中的 main 代码块将被运行；当模块被导入时，其中的 main 代码块不被运行。

2）异常处理

异常是一类事件，这类事件会在程序执行过程中发生，影响程序的正常执行。一般情况下，在 Python 无法正常处理程序时就会发生异常。当 Python 发生异常时需要捕获并处理它，否则程序将会终止执行。

捕捉异常可以使用 try…except 语句，该语句用来检测 try 语句块中的错误，从而让 except 语句捕获异常信息并处理。

以下为 try…except 语句的语法：

```
try:
    <语句>          #运行别的代码
except <名字>:
    <语句>          #如果 try 部分引发了异常
except <名字>,<数据>:
    <语句>          #如果 try 部分引发了异常并获得了附加的数据
else:
    <语句>          #如果没有异常发生
```

在如图 4.79 所示的程序中，发生异常时执行函数 destroy，关闭所有的 LED。其中，KeyboardInterrupt 表示用户中断执行（通常是按 Ctrl+C 键）。

GPIO.cleanup()的作用是释放脚本中使用的 GPIO 引脚。一般来说，程序在结束时都需要释放资源，这个好习惯可以避免意外损坏树莓派。

正常情况下执行 loop()函数，该函数循环执行 setColor(col)函数和 time.sleep(0.5)方法（休息 0.5s）。

3）#!/usr/bin/env python 的作用

这个语句是为了处理操作系统用户没有将 Python 安装在默认的/usr/bin 路径下的问题。当系统执行到这一行的时候，首先会到 env 里查找 Python 的安装路径，再调用对应路径下的解释器程序完成操作。

```
def loop():
    while True:
        for col in colors:
            setColor(col)
            time.sleep(0.5)

def destroy():
    p_R.stop()
    p_G.stop()
    for i in pins:
        GPIO.output(pins[i], GPIO.HIGH)
    GPIO.cleanup()

if __name__ == "__main__":
    try:
        loop()
    except KeyboardInterrupt:
        destroy()
```

图 4.79　程序中的异常处理

4）设置模式

GPIO.setmode(mode)的 mode 参数有两个值：GPIO.BOARD 和 GPIO.BCM（注意，全是大写）。前者指定按物理引脚查找 GPIO 头，后者指定按 BCM 编号查找 GPIO 头。两种模式各有长处，前者方便查找，后者方便程序在不同的树莓派版本上运行。

对照图 4.70 和表 4.7 可知，树莓派的 GPIO.0 对应的 BCM 编码为 17，对应的物理引脚为 11；树莓派的 GPIO.1 功能对应的 BCM 编码为 18，对应的物理引脚为 12。

由于程序中使用了 GPIO.BOARD，所以 GPIO.setmode(GPIO.BOARD)上一行的代码 pins = {'pin_R':11, 'pin_G':12} 代表的是物理引脚 11 和 12，即 GPIO.0 和 GPIO.1。

5）设置 GPIO 头的输入和输出

GPIO.setup(channel,mode)的参数 channel 就是要用的 GPIO 头，参数 mode 有 GPIO.IN(输入)和 GPIO.OUT(输出)两个值。

GPIO.output(channel,GPIO.HIGH)表示输出高电平，也就是输出信号 1；GPIO.output(channel, GPIO.LOW)表示输出低电平，也就是输出信号 0。

6）利用脉宽调制输出模拟信号

树莓派本身既不能接收模拟信号，也不能输出模拟信号，它要么输出 1，要么输出 0。不过，可以通过改变输出数字信号的占空比(duty cycle，即一个周期内 GPIO 打开时间占总时间的比例)使输出效果近似模拟信号。

占空比是指在一个周期内，信号处于高电平的时间占据整个信号周期的百分比。几种占空比的输出信号波形如图 4.80 所示。

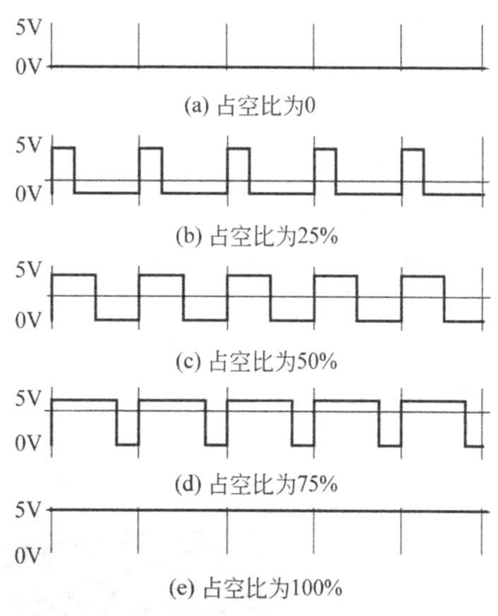

图 4.80　几种占空比的输出信号波形

对于 LED 的亮度调节，有一个传统办法，就是串联一个可调电阻，改变电阻值，LED 的亮度就会改变。

还有一个办法，就是脉冲宽度调制(pulse width modulation，PWM，简称脉宽调制)。这种办法不串联电阻，而是串联一个开关。假设在 1s 内，有 0.5s 的时间开关是打开的，有 0.5s 开关是关闭的，那么 LED 就亮 0.5s，灭 0.5s。这样持续下去，LED 就会闪烁。如果把频率调高一点，例如 1ms，0.5ms 开，0.5ms 灭，那么 LED 的闪烁频率就很高。当闪烁频率超过一定值时，人眼就会感觉不到 LED 的闪烁，而感觉到 LED 的亮度只有原来的一半。同理，如果 1ms 内，0.1ms 开，0.9ms 灭，那么，人眼感觉 LED 的亮度只有原来的 1/10。这就是脉宽调制的基本原理。

在 GPIO.PWM(channel,frequency)中，参数 channel 是 GPIO 头，参数 frequency 是频率。代码 GPIO.PWM(pins['pin_R'], 2000)和 GPIO.PWM(pins['pin_G'], 2000)就是给 GPIO.0 和 GPIO.1(物理引脚 11 和 12)设置 2kHz 的频率。

在函数 setColor(col)中，ChangeDutyCycle(dc)的作用就是改变占空比(0.0 ≤ dc ≤ 100.0)，确定开启的时间与常规时间的时间比例。

7）setColor(col)函数

在 loop 循环中，执行 for col in colors，对于程序开始时的代码 colors = [0xFF0000, 0x00FF00, 0x0FF000, 0xF00F00]中的每个颜色，在 setColor(col) 函数中执行(col & 0xFF0000) >> 16 和(col & 0x00FF00) >> 8。

RGB 颜色是由红(Red)、绿(Green)、蓝(Blue)三原色组成的，所以可以使用这 3 个颜色的组合来代表一种具体的颜色，其中 R、G、B 的数值都为 0～255。

在表达颜色的时候，既可以使用 3 个十进制数值来表达，也可以使用 0x00RRGGBB 格式的十六进制数值来表达(其中 RR、GG、BB 分别为用两位十六进制数表示的 R、G、B 的值)。下面是常见颜色的表达形式：红色为(255,0,0)或 0x00ff0000,绿色为(0,255,0)或 0x0000ff00,蓝色为(0,0,255)或 0x000000ff。

代码(col& 0x00ff0000) >> 16 的含义是,首先将颜色值与十六进制表示的 0x00ff0000 进行与运算,运算结果中除了表示红色的数值之外,表示绿色和蓝色的数值都为 0。再将结果右移 16 位,得到的就是红色的值。所以这句代码主要用来从一个颜色中抽取红色的值。

同样,也可以通过代码(color & 0x0000ff00) >> 8 得到绿色的值,通过代码(col & 0x000000ff) >>0 得到蓝色的值。

双色 LED 只有两种颜色(红和绿)。所以程序在得到 R_val 和 G_val 的值后,通过 map() 函数得到 0～100%的占空比。最后执行 ChangeDutyCycle,实现双色 LED 从红色到绿色再到混合色的效果。

4.5.2 利用 Home Assistant 组件控制 LED

在 Home Assistant 中,GPIO 上的 LED 是通过 rpi_gpio_pwm 组件接入的,而这个组件基于 pigpiod 服务,所以要先启动这个服务,该服务运行在 8888 端口上。

默认配置的 pigpiod 服务将监听端口绑定在 IPv6 上。需要修改其配置,将其绑定在 IPv4 上。具体步骤如下。

(1) 执行命令 sudo nano /lib/systemd/system/pigpiod.service,通过 nano 编辑器修改代码,在原代码 ExecStart=/usr/bin/pigpiod -l 后添加 -n 127.0.0.1,如图 4.81 所示。

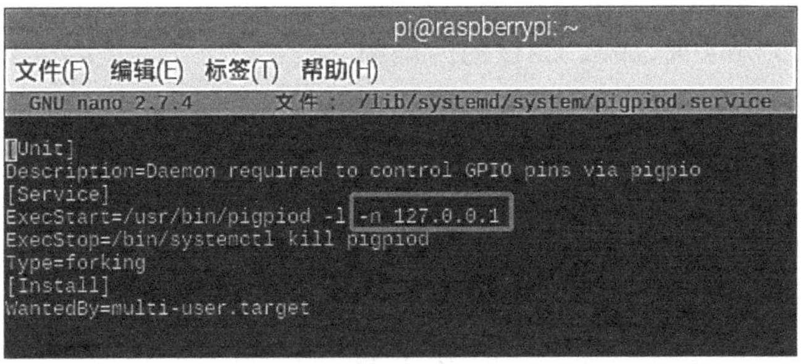

```
pi@raspberrypi: ~
文件(F) 编辑(E) 标签(T) 帮助(H)
GNU nano 2.7.4        文件： /lib/systemd/system/pigpiod.service

[Unit]
Description=Daemon required to control GPIO pins via pigpio
[Service]
ExecStart=/usr/bin/pigpiod -l -n 127.0.0.1
ExecStop=/bin/systemctl kill pigpiod
Type=forking
[Install]
WantedBy=multi-user.target
```

图 4.81 修改配置文件

(2) 保存文件后,执行命令 sudo systemctl --system daemon-reload,重载配置文件。

(3) 执行命令 sudo systemctl enable pigpiod,将 pigpiod 服务加入自启动中。

(4) 执行命令 sudo systemctl start pigpiod,启动 pigpiod 服务。

(5) 执行命令 netstat -an|grep 8888,可以看到本机的 8888 端口被打开了,如图 4.82 所示。

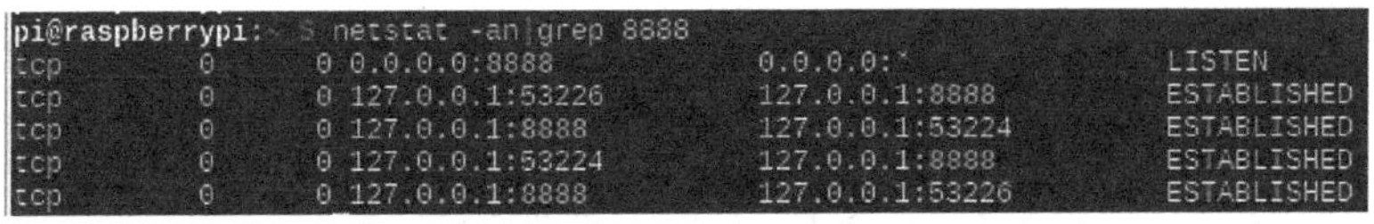

```
pi@raspberrypi:~ $ netstat -an|grep 8888
tcp        0      0 0.0.0.0:8888            0.0.0.0:*               LISTEN
tcp        0      0 127.0.0.1:53226         127.0.0.1:8888          ESTABLISHED
tcp        0      0 127.0.0.1:8888          127.0.0.1:53224         ESTABLISHED
tcp        0      0 127.0.0.1:53224         127.0.0.1:8888          ESTABLISHED
tcp        0      0 127.0.0.1:8888          127.0.0.1:53226         ESTABLISHED
```

图 4.82 查看 pigpiod 服务端口

(6) 在配置文件 configuration.yaml 中添加如下代码：

```
light:
  -platform: rpi_gpio_pwm
   leds:
     -name: my_led
      driver: gpio
      pins: [17]
      type: simple
```

(7) 重启 Home Assistant，前端概览页面中出现如图 4.83 所示的“灯光”卡片。

(8) 单击右侧的开关，可以打开或关闭灯光。单击 my_led，出现如图 4.84 所示的窗口，可以进行亮度调节。

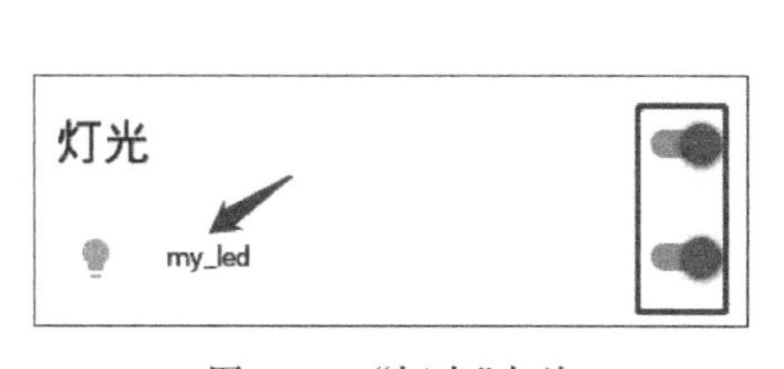

图 4.83 “灯光”卡片

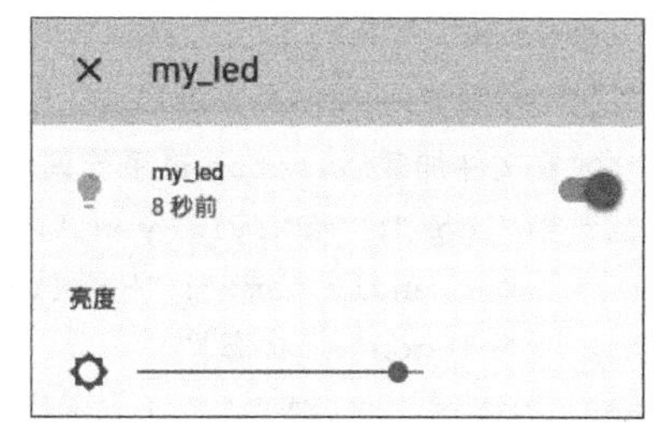

图 4.84 亮度调节

4.5.3 利用自定义 Home Assistant 服务控制 LED

4.5.2 节通过 Home Assistant 自带的 pigpiod 服务实现了对 LED 的控制。也可以自己编写服务实现对 LED 的控制，步骤如下。

(1) 在 configuration.yaml 中添加域 gpio_led，代码及位置如图 4.85 所示。

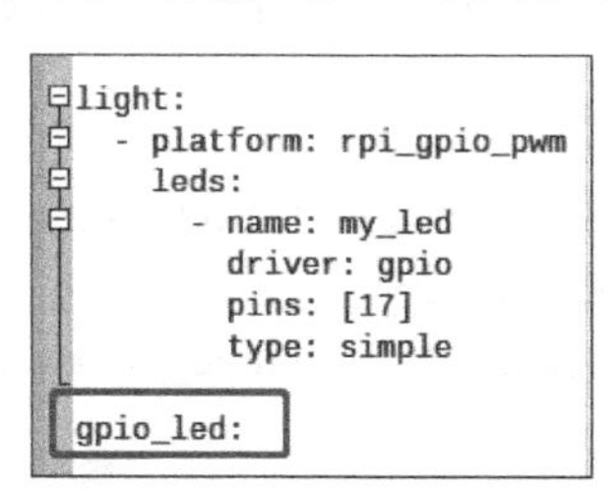

图 4.85 添加域 gpio_led

(2) 添加 gpio_led.change_state 服务。

在/home/pi/homeassistant/custom_components 目录下编写文件 gpio_led.py，内容如下：

```
import logging
DOMAIN ="gpio_led"
ENTITYID =DOMAIN +".hello_world"
#在 python 中，__name__代表模块名字
_LOGGER =logging.getLogger(__name__)
```

```
def on():
    import RPi.GPIO as GPIO
    import time
    GPIO.setmode(GPIO.BCM)
    GPIO.setup(18, GPIO.OUT)
    GPIO.output(18, GPIO.HIGH)
    _LOGGER.info("Turn——on")
def off():
    import RPi.GPIO as GPIO
    import time
    GPIO.setmode(GPIO.BCM)
    GPIO.setup(18, GPIO.OUT)
    GPIO.output(18, GPIO.LOW)
    _LOGGER.info("Turn——off")
def setup(hass, config):
    """配置文件加载后,setup 被系统调用。"""
    attr ={"icon": "mdi:yin-yang",
           "friendly_name": "树莓派 GPIO 灯",
           "slogon": "状态!"}
    hass.states.set(ENTITYID, '关闭', attributes=attr)
    def change_state(call):
        """change_state 函数切换改变实体的状态。"""
        #记录 info 级别的日志
        _LOGGER.info("hachina's change_state service is called.")
        #切换改变状态值
        if hass.states.get(ENTITYID).state =='关闭':
            on()
            hass.states.set(ENTITYID, '开启', attributes=attr)
        else:
            off()
            hass.states.set(ENTITYID, '关闭', attributes=attr)
    #注册服务 gpio_led.change_state
    hass.services.register(DOMAIN, 'change_state', change_state)
    return True
```

(3) 检查配置,重启服务,在前端概览页面出现如图 4.86 所示的卡片。

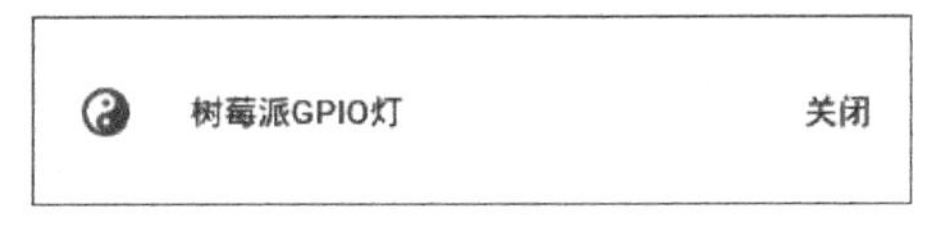

图 4.86 “树莓派 GPIO 灯”卡片

(4) 通过前端或代码编写方式实现自动化服务 GPIO_Led,文件 automations.yaml 内容如下:

```
alias: GPIO_Led
```

```
trigger:
-entity_id: light.my_led
 from: 'on'
 platform: state
 to: 'off'
condition: []
action:
-data:
 friendly_name:树莓派 GPIO 灯
 icon: mdi:yin-yang
 slogon:状态!
service: gpio_led.change_state
```

(5) 检查配置,重载自动化服务,在前端概览页面出现如图 4.87 所示的"自动化"卡片。

下面对自动化服务的效果进行解析。

(1) 开始时,"树莓派 GPIO 灯"和"灯光"的 my_led 都处于关闭状态,如图 4.88 所示。树莓派上连接的 LED 处于关闭状态。

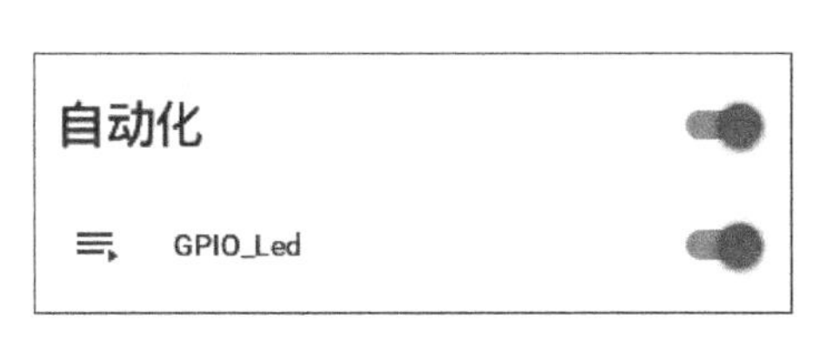

图 4.87 "自动化"卡片

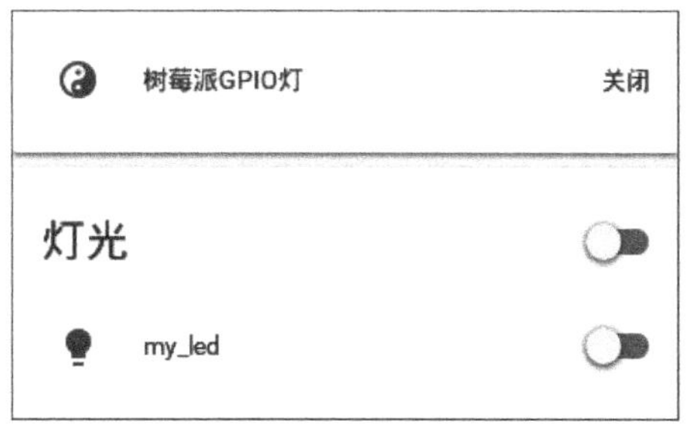

图 4.88 开始状态

(2) 在自动化服务开启的状态下,打开 my_led,如图 4.89 所示。树莓派上连接的 LED 变为红色。

(3) 关闭 my_led,LED 的状态从 on 变成 off,触发自动化。执行自动化服务中的 action,调用 gpio_led.change_state,执行 gpio_led.py 中的内容,"树莓派 GPIO 灯"的状态变为"开启",如图 4.90 所示。树莓派上连接的 LED 变为绿色。

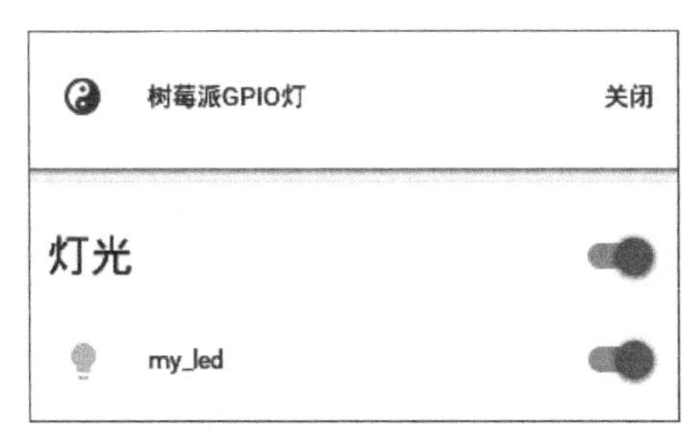

图 4.89 打开 my_led

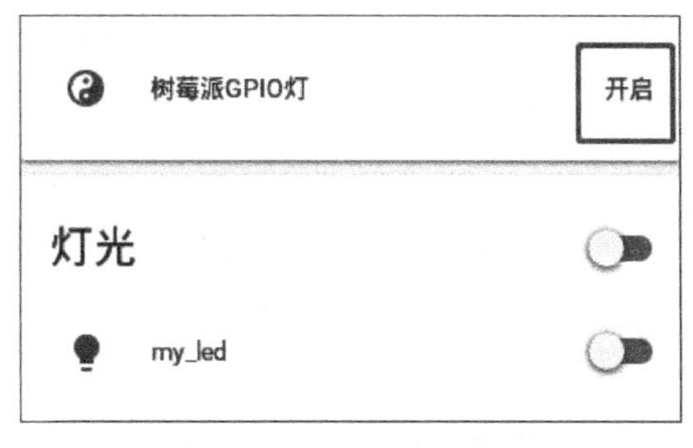

图 4.90 触发自动化,改变状态

4.6 思 考 题

1. 访问 Python 官网 docs.python.org/zh-cn，了解 Python 3.5、3.6、3.7 的版本差别。

2. 访问微软公司 Python 视频网站 https://channel9. msdn. com/Series/Intro-to-Python-Development 并进行学习。

3. 访问 https://github. com/microsoft/c9-python-getting-started，结合微软公司的 Python 视频网站进行学习。

4. 访问 https://github.com/home-assistant/home-assistant/tree/dev/homeassistant/components，学习如何编写 Home Assistant 组件程序，尝试实现第 3 章的 dlib、微软人脸识别和 TensorFlow 物体识别功能。

5. 尝试通过 GPIO 连接其他硬件设备，如数字温度传感器 DHT11、DHT22、DS18B20 等，开启制作智能硬件之旅。

第 5 章　OpenCV

虽然 Python 很强大，而且也有自己的图像处理库，但是相对于 OpenCV，它的功能还是弱了很多。

OpenCV(open source computer vision library，开源计算机视觉库)是一个开源的跨平台计算机视觉库，它实现了图像处理和计算机视觉方面的很多通用算法，已经成为计算机视觉领域最有力的研究工具之一。

OpenCV 的底层是用 C 和 C++ 编写的，轻量且高效，可以运行在多个操作系统(Linux、Windows、Mac OS、Android、iOS 等)上，同时提供了多种编程语言的 API 接口。和很多开源软件一样，OpenCV 也提供了完善的 Python 接口，非常便于调用。

OpenCV 的应用领域包括机器人视觉、模式识别、机器学习、工厂自动化生产线产品检测、医学影像、摄像机标定、遥感图像等。

OpenCV 可以解决的问题包括人机交互、机器人视觉、运动跟踪、图像分类、人脸识别、物体识别、特征检测、视频分析、深度图像等。

在树莓派的 LX 终端中执行下列命令安装 OpenCV：

```
sudo apt-get install libopencv-dev
sudo apt-get install python-opencv
```

注：Windows 环境下的命令是 pip3 install opencv-python，部分程序在树莓派中运行可能会不太顺畅，可以在 PC 中运行。

如果出现类似图 5.1 所示的错误信息，说明在安装过程中有些依赖库的源在国外，无法访问，而国内的阿里源、清华源等没有收录这些依赖库。遇到这种情况，可以尝试执行下列命令进行安装：

```
sudo apt-get install libatlas-base-dev
sudo apt-get install libjasper-dev
sudo apt-get install python-pyqt5
sudo apt-get install libqtgui4
sudo apt-get install libqt4-test
```

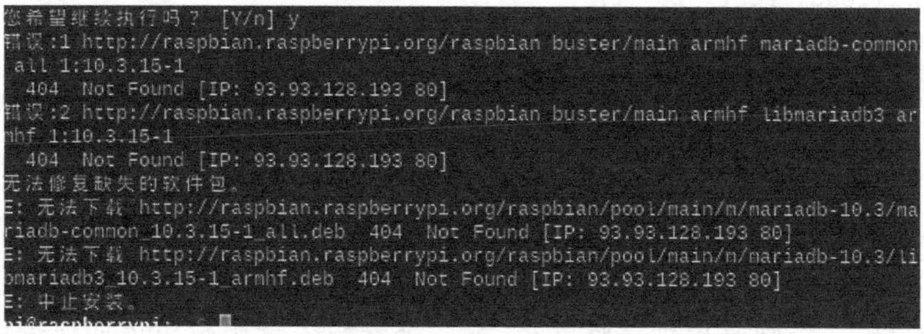

```
您希望继续执行吗？ [Y/n] y
错误:1 http://raspbian.raspberrypi.org/raspbian buster/main armhf mariadb-common
 all 1:10.3.15-1
  404  Not Found [IP: 93.93.128.193 80]
错误:2 http://raspbian.raspberrypi.org/raspbian buster/main armhf libmariadb3 ar
mhf 1:10.3.15-1
  404  Not Found [IP: 93.93.128.193 80]
无法修复缺失的软件包。
E: 无法下载 http://raspbian.raspberrypi.org/raspbian/pool/main/m/mariadb-10.3/ma
riadb-common_10.3.15-1_all.deb  404  Not Found [IP: 93.93.128.193 80]
E: 无法下载 http://raspbian.raspberrypi.org/raspbian/pool/main/m/mariadb-10.3/li
bmariadb3_10.3.15-1_armhf.deb  404  Not Found [IP: 93.93.128.193 80]
E: 中止安装。
pi@raspberrypi: ~ $
```

图 5.1　安装 OpenCV 时的报错信息

OpenCV 安装完毕后，执行命令 import cv2 检查 OpenCV 是否安装成功，执行命令 cv2.__version__可以查看安装的版本，如图 5.2 所示。

```
pi@raspberrypi:~ $ python3
Python 3.7.3 (default, Apr  3 2019, 05:39:12)
[GCC 8.2.0] on linux
Type "help", "copyright", "credits" or "license" for more information.
>>> import cv2
>>> cv2.__version__
'3.4.3'
>>>
```

图 5.2　安装成功

5.1　图　　像

NumPy(numerical python)是 Python 语言的一个扩展程序库，支持丰富的数组与矩阵运算，是一个运行速度非常快的数学库。NumPy 主要用于数组计算，包含强大的 *N* 维数组对象 ndarray、广播功能函数、整合 C/C++/FORTRAN 代码的工具、线性代数、傅里叶变换、随机数生成等功能。

NumPy 通常与 SciPy(Scientific Python)和 Matplotlib(绘图库)一起使用，这种组合广泛用于替代 Matlab，是一个强大的科学计算环境，有助于 Python 学习者更好地掌握数据科学或者机器学习的知识。关于 NumPy 的具体用法详见其中文官网 https://www.numpy.org.cn。

SciPy 是一个开源的 Python 算法库和数学工具包。SciPy 包含的模块有最优化、线性代数、积分、插值、特殊函数、快速傅里叶变换、信号处理、图像处理、常微分方程求解和其他科学与工程中常用的计算。

Matplotlib 是 Python 和 NumPy 的可视化操作界面。它为利用通用的图形用户界面工具包(如 Tkinter、wxPython、Qt 或 GTK+)，在应用程序中进行嵌入式绘图提供了应用程序接口(Application Programming Interface，API)。

5.1.1　图像读写

编写程序 opencv.py，代码如下：

```
import numpy as np
import cv2
img=cv2.imread('test.jpg',0)
cv2.imshow('image',img)
cv2.waitKey(0)
cv2.destroyAllWindows()
```

当对应的图片文件 test.jpg 在 opencv.py 同一个目录下时，运行结果如图 5.3 所示。

1. 图像的读入

在程序 opencv.py 中，使用函数 cv2.imread('test.jpg',0)读入图像。这幅图像应该位于程序所在的目录下，否则要提供完整路径；第二个参数告诉函数应该如何读取这幅图像，1 代表以彩色模式读取(默认值)图像，0 代表以灰度图模式读取图像，－1 代表加载图像时包含 Alpha 通道。

图 5.3 运行结果

2. 图像的显示

函数 cv2.imshow('image',img)用于显示图像,窗口自动调整为图像大小。第一个参数是窗口的名字,第二个参数是显示图像的句柄。在程序执行的过程中窗口会一闪而过。

cv2.waitKey(0)是键盘绑定函数,它的时间尺度是毫秒级。如果省略函数的参数,函数等待特定的几毫秒,检查是否有键盘输入。在等待时间内,如果用户按下任意键,函数会返回按键的 ASCII 码值,程序继续运行;如果没有键盘输入,返回值为 −1。如果设置函数参数为 0,那么函数将会一直等待键盘输入。

函数 cv2.destroyAllWindows 用于删除用户创建的任何窗口。如果在括号内输入要删除的窗口名,例如 cv2.destroyWindow('image'),就可以删除指定的窗口。

3. 保存图像

函数 cv2.imwrite 用于保存图像。该函数有两个参数,第一个参数是保存的文件名,第二个参数是保存的图像。

修改上述程序,按 S 键保存程序并退出编辑状态,按 Esc 键(ASII 码为 27)不保存程序并退出编辑状态。

完整代码如下:

```
import numpy as np
import cv2
img=cv2.imread('test.jpg',0)
cv2.imshow('image',img)
k =cv2.waitKey(0)&0xFF
if k ==27:
  cv2.destroyAllWindows()
elif k ==ord('s'):
  cv2.imwrite('testgray.png',img)
  cv2.destroyAllWindows()
```

5.1.2 图像处理

RGB 颜色空间也称为三基色空间，是人们最熟悉的颜色空间，任何一种颜色都可以通过这 3 种颜色混合而成。

一般对颜色空间的图像进行处理都是在 HSV 空间进行的，HSV 分别表示色调(Hue)、饱和度(Saturation)和亮度 (Value)。HSV 空间是根据颜色的直观特性创建的一种颜色空间，也称六角锥体模型。

对于图像而言，在 RGB 空间、HSV 空间或者其他颜色空间，识别相应的颜色都是可行的。之所以选择 HSV 空间，是因为：使用 HSV 空间进行颜色识别的范围更广、更方便；而 RGB 由 3 个分量构成，需要判断每种分量所占的比例。

在 OpenCV 中有超过 150 种颜色空间转换方法，但是经常用到的只有两种，即 BGR 空间转换为 Gray 空间和 BGR 空间转换为 HSV 空间。注意，Gray 空间和 HSV 空间不可以互相转换。

颜色空间转换要用到的函数是 cv2.cvtColor(input_image,flag)，其中 flag 就是转换类型。对于 BGR 空间转换为 Gray 空间，使用的 flag 是 cv2.COLOR_BGR2GRAY；对于 BGR 空间转换为 HSV 空间，使用的 flag 是 cv2.COLOR_BGR2HSV。

在 OpenCV 中，HSV 空间的取值范围是：H 为 [0, 180]，S 为[0, 255]，V 为[0, 255]。根据实验得出的 H 值对应的颜色如表 5.1 所示。

表 5.1 OpenCV 中 H 值对应的颜色

颜色	黑	灰	白	红		橙	黄	绿	青	蓝	紫
最小值	0	0	0	0	156	11	26	35	78	100	125
最大值	180	180	180	10	180	25	34	77	99	124	155

1. 颜色空间转换

编写程序 color.py，实现颜色空间转换功能，代码如下：

```
import cv2
import numpy as np
#创建图片和颜色块，参见图 5.4 的 image 部分(左图)
#ones(shape,dtype,order)创建指定形状的数组，数组元素以 1 填充。参数 shape 用来指定返
#回数组的大小；dtype 指定数组元素的类型；order 有 C 和 F 两个选项，分别代表在计算机内存中
#存储元素的顺序是行优先和列优先。后两个参数都是可选的，一般只需设定第一个参数。
img=np.ones((240,320,3),dtype=np.uint8)* 255
img[100:140,140:180]=[0,0,255]
img[60:100,60:100]=[0,255,255]
img[60:100,220:260]=[255,0,0]
img[140:180,60:100]=[255,0,0]
img[140:180,220:260]=[0,255,255]
#黄红两色的 HSV 阈值
yellow_lower=np.array([26,43,46])
yellow_upper=np.array([34,255,255])
```

```
red_lower=np.array([0,43,46])
red_upper=np.array([10,255,255])
#颜色空间转换,BGR->HSV
hsv=cv2.cvtColor(img,cv2.COLOR_BGR2HSV)
#构建掩码,参见图 5.4 的 mask 部分(中图),并使用掩码
mask_yellow=cv2.inRange(hsv,yellow_lower,yellow_upper)
mask_red=cv2.inRange(hsv,red_lower,red_upper)
mask=cv2.bitwise_or(mask_yellow,mask_red)
res=cv2.bitwise_and(img,img,mask=mask)
cv2.imshow('image',img)
cv2.imshow('mask',mask)
cv2.imshow('res',res)
cv2.waitKey(0)
cv2.destroyAllWindows()
```

程序中用到了掩码(mask)的概念。简单来说,它可以被理解为位图,可以进行腐蚀、膨胀等图形学操作。在提取感兴趣的区域、屏蔽图片某些区域、结构特征提取和特殊图像制作中都可能用到掩码。

运行程序,结果如图 5.4 的 res 部分(右图)所示。

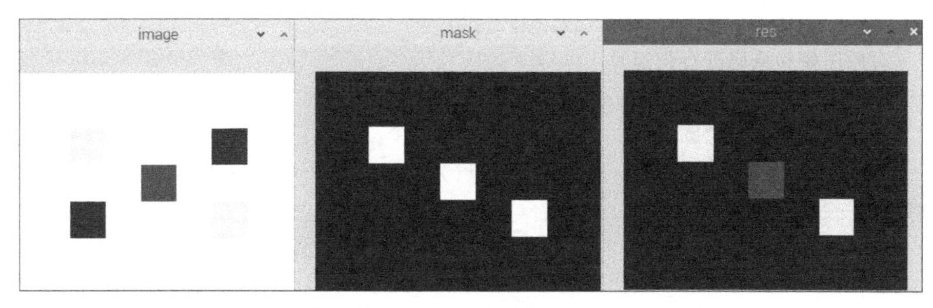

图 5.4　颜色空间转换

2. 提取物体颜色

在 HSV 空间更容易提取和表示颜色。利用这一特点,可以提取特定颜色的物体,并在摄像头的视野范围内追踪物体,实时打印物体的中心坐标。具体实现步骤如下:

(1) 获取视频流。

(2) 将 RGB 空间转换为 HSV 空间,设置特定颜色的阈值。

(3) 识别并追踪物体。

编写程序 findcolor.py,实现提取物体颜色的功能,代码如下:

```
import numpy as np
import cv2
#设定黄色的阈值
yellow_lower=np.array([9,135,231])
yellow_upper=np.array([31,255,255])
cap=cv2.VideoCapture(0)
#设置摄像头的分辨率(320,240)
```

```
cap.set(3,320)
cap.set(4,240)
while 1:
    #获取每一帧。ret 表示是否找到图像,frame 是帧本身
    ret,frame=cap.read()
    #高斯模糊
    frame=cv2.GaussianBlur(frame,(5,5),0)
    #转换到 HSV 空间
    hsv=cv2.cvtColor(frame,cv2.COLOR_BGR2HSV)
    #根据阈值设置掩码
    mask=cv2.inRange(hsv,yellow_lower,yellow_upper)
    #图像学腐蚀和膨胀操作
    #就像土壤侵蚀一样,腐蚀操作会侵蚀前景物体的边界,靠近前景的所有像素都会被腐蚀,所以
    #前景物体会变小,整幅图像的白色区域会减少。这对于去除白噪声很有用,也可以用来断开
    #两个连在一块的物体等
    #与腐蚀相反,膨胀操作会增加图像中的白色区域(前景)。一般在去噪声时先进行腐蚀操作,再
    #进行膨胀操作。腐蚀在去掉白噪声的同时也会使前景对象变小;再对它进行膨胀操作,这时噪
    #声已经被去除了,不会再出现,但是前景还在并会增加。膨胀也可以用来连接两个分开的物体
    mask=cv2.erode(mask,None,iterations=2)
    mask=cv2.GaussianBlur(mask,(3,3),0)
    #对原图像和掩码进行位运算
    res=cv2.bitwise_and(frame,frame,mask=mask)
    #寻找轮廓并绘制轮廓
    cnts=cv2.findContours(mask.copy(),cv2.RETR_EXTERNAL,cv2.CHAIN_APPROX_
SIMPLE)[-2]
    if len(cnts)>0:
    #寻找面积最大的轮廓并画出其最小外接圆。函数 cv2.minEnclosingCircle 可以找到一个
    #对象的外接圆,它是所有能够容纳对象的圆中面积最小的一个
        cnt=max(cnts,key=cv2.contourArea)
        (x,y),radius=cv2.minEnclosingCircle(cnt)
        #找到后,在轮廓上画圆
        cv2.circle(frame,(int(x),int(y)),int(radius),(255,0,255),2)
        #显示物体的位置坐标
        print(int(x),int(y))
    else:
        pass
    #显示图像
    cv2.imshow('frame',frame)
    cv2.imshow('mask',mask)
    cv2.imshow('res',res)
    if cv2.waitKey(5)&0xFF==27:
        break
cap.release()
#关闭窗口
cv2.destroyAllWindows()
```

运行程序，程序准确地圈出了摄像头视野范围内的黄色物体，效果如图 5.5 所示，运行过程中实时打印的坐标如图 5.6 所示。

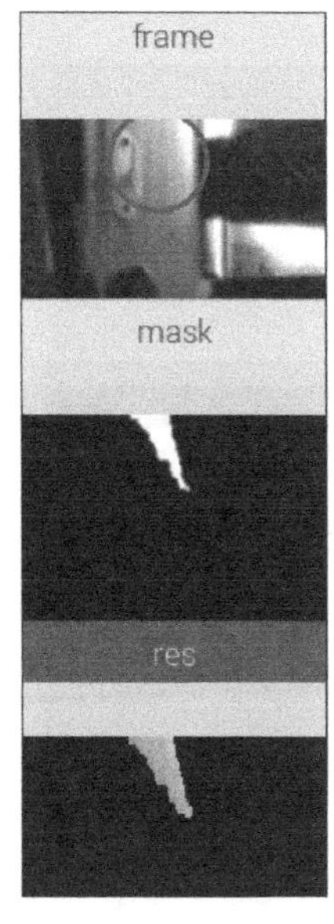

图 5.5　提取物体颜色

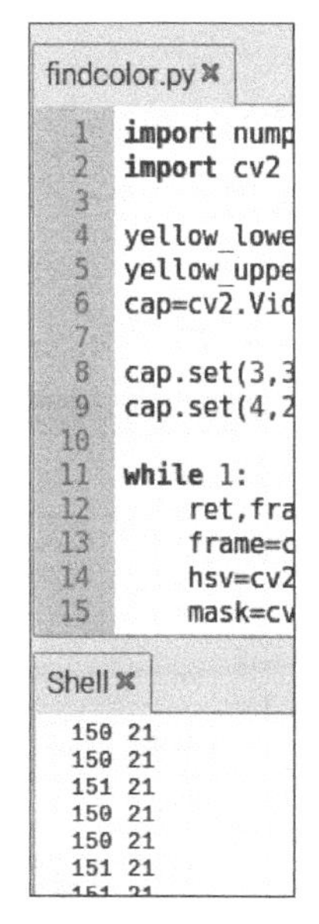

图 5.6　实时打印的坐标

3. 直方图

上述对特定颜色的识别和跟踪是建立在已经知道要追踪的物体的颜色基础上。当不知道要追踪的物体的颜色时，这种方法就不适用了。

采用 OpenCV 识别颜色的一般方法是利用颜色直方图统计 HSV 颜色空间 H 值的范围。

直方图(histogram)是一种对数据的分布进行统计的数学方法，是一种二维统计图表，其对应的坐标是统计样本和该样本对应的一种属性。例如，要统计一个学校各年级的学生人数，统计的样本为每个年级，对应的样本属性就是每个年级的人数。将直方图应用到数字图像领域，统计的样本就是图像的像素值，对应的样本属性就是图像中具有相同像素值的像素点数。

编写程序 pixel1.py，进行直方图统计，代码如下：

```
import cv2
import numpy as np
from matplotlib import pyplot as plt
img=cv2.imread('test.jpg',0)
img=cv2.resize(img,(240,320))
#直方图计算函数,通道 0,没有使用掩码
hist=cv2.calcHist([img],[0],None,[256],[0,256])
hist_max=np.where(hist==np.max(hist))
print(hist_max[0])
cv2.imshow('image',img)
#绘制直方图
```

```
plt.plot(hist)
plt.xlim([0,256])
plt.show()
cv2.waitKey(0)
cv2.destroyAllWindows()
```

运行程序,结果如图 5.7 所示。通过直方图可以对整幅图像的灰度分布有整体了解。直方图的 X 轴是灰度值(0～255),Y 轴是图像中具有同一个灰度值的像素点的数目。图 5.7 表明像素值为 123 的像素点最多。

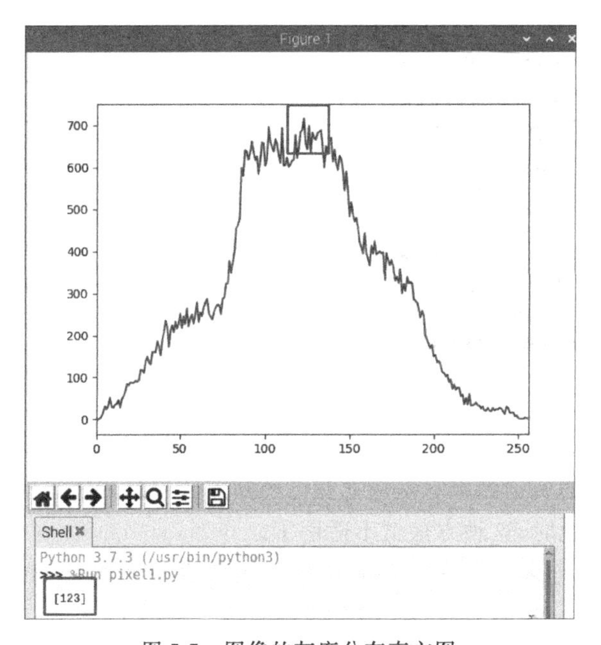

图 5.7 图像的灰度分布直方图

函数 cv2.calcHist 可以计算一幅图像的直方图的统计数据,命令格式如下:

```
cv2.calcHist(images,channels,mask,histSize,ranges)
```

该函数的参数如下。

(1) images: 原图像(图像格式为 uint8 或 float32)。当传入函数时应该用中括号括起来,例如[img]。

(2) channels: 同样需要用中括号括起来,它会告诉函数要统计哪幅图像的直方图。如果输入图像是灰度图,它的值就是[0];如果是彩色图像,它的值可以是[0]、[1]、[2],分别对应通道 B、G、R。

(3) mask: 掩码图像。如果要统计整幅图像的直方图,就把该参数值设为 None;如果想统计图像某一部分的直方图,就需要制作一个掩码图像并使用它。

(4) histSize: 直方柱的数目。也要用中括号括起来,例如[256]。

(5) ranges: 像素值范围,通常为[0,256]。

4. 二维颜色直方图

在 HSV 颜色空间中可以采用 H(色调)来表示常见的颜色。统计图像中 H 值的直方图,结合常见颜色的 H 值范围,就可以识别颜色了。

图 5.7 所示的直方图是灰度直方图(一维直方图),是对图像灰度信息的统计。OpenCV 中也存在二维直方图,即颜色直方图,两个坐标轴分别表示色调(H)和饱和度(S)。统计该直方图可以更加准确地识别颜色。

编写程序 hist.py,进行二维直方图统计,代码如下:

```
import cv2
import numpy as np
from matplotlib import pyplot as plt
img=cv2.imread('test.jpg',cv2.IMREAD_COLOR)
img=cv2.resize(img,(240,320))
hsv=cv2.cvtColor(img,cv2.COLOR_BGR2HSV)
#生成二维直方图
#指定目标图像、通道、是否使用掩码、直方柱个数和像素值
hist=cv2.calcHist([hsv],[0,1],None,[180,256],[0,180,0,256])
hist_max=np.where(hist==np.max(hist))
print(hist_max[0])
cv2.imshow('image',img)
#绘图
plt.imshow(hist,interpolation='nearest')
plt.show()
cv2.waitKey(0)
cv2.destroyAllWindows()
```

运行程序,结果如图 5.8 所示。在二维直方图中,*X* 轴显示饱和度(*S*)值,*Y* 轴显示色调(*H*)值。图中可以看出色调值为 132 处比较亮,在表 5.1 中查找色调值为 132 对应的颜色,得知紫色的区域比较多,对照图 5.9 所示的 test.jpg 也可以发现图片中紫色的区域确实比较多。

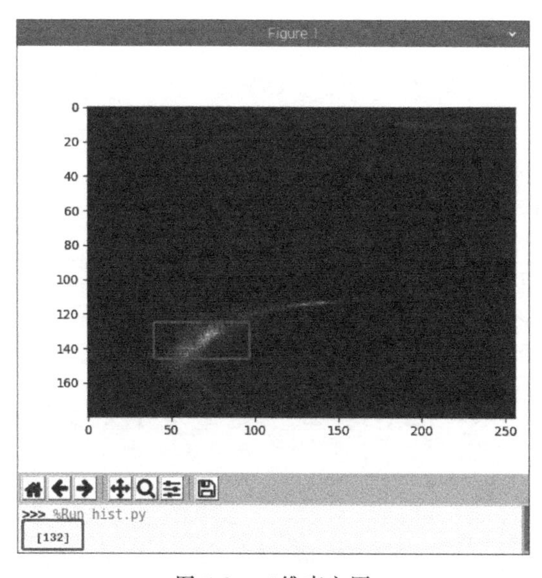

图 5.8　二维直方图

图 5.9　要处理的原图 test.jpg

因此，通过对色调值和饱和度值的判断可以在背景比较单一的场景下识别颜色。

5. 颜色识别

由于二维颜色直方图的计算量比较大，且需要色调和饱和度组成联合判断条件，所以这种方法比较烦琐。而颜色可以直接用色调的值表示，所以采用一维（H 的值）颜色直方图来实现颜色识别。

编写程序 pixel2.py 实现颜色识别，代码如下：

```
import cv2
import numpy as np
from matplotlib import pyplot as plt
#生成颜色直方图
def color_hist(img):
    #构建掩码
    mask=np.zeros(img.shape[:2],dtype=np.uint8)
    mask[70:170,100:220]=255
    #生成色调的一维颜色直方图
    hsv=cv2.cvtColor(img,cv2.COLOR_BGR2HSV)
    hist_mask=cv2.calcHist([hsv],[0],mask,[180],[0,180])
    #统计直方图，识别颜色
    object_H=np.where(hist_mask==np.max(hist_mask))
    print(object_H[0])
    return object_H[0]
    plt.plot(hist_mask)
    plt.xlim([0,180])
    plt.imshow(hist_mask,interplation='nearest')
    plt.show()
#判断直方图中的色调值，实现颜色识别
#yellow(26,34) red(156,180) blue(100,124) green(35,77) cyan-blue(78,99) orange(6,15)
#try-except 捕获 object_H 存在多个值的异常
def color_distinguish(object_H):
    try:
        if object_H>26 and object_H<34: color='yellow'
        elif object_H>156 and object_H<180: color='red'
        elif object_H>100 and object_H<124: color ='blue'
        elif object_H>35 and object_H<77: color ='green'
        elif object_H>78 and object_H<99: color ='cyan-blue'
        elif object_H>6 and object_H<15: color ='orange'
        else: color='None'
        print(color)
        return color
    except:pass
#main 函数入口
if __name__=='__main__':
    #构建图片
    img=np.ones((240,320,3),dtype=np.uint8)* 128
```

```
    img[60:180,80:240]=[0,255,255]
    #颜色识别
    object_H=color_hist(img)
    color_distinguish(object_H)
    cv2.imshow('image',img)
    cv2.waitKey(0)
```

运行程序，色调的值为 30，查表 5.1 知对应的颜色为黄色，如图 5.10 所示。

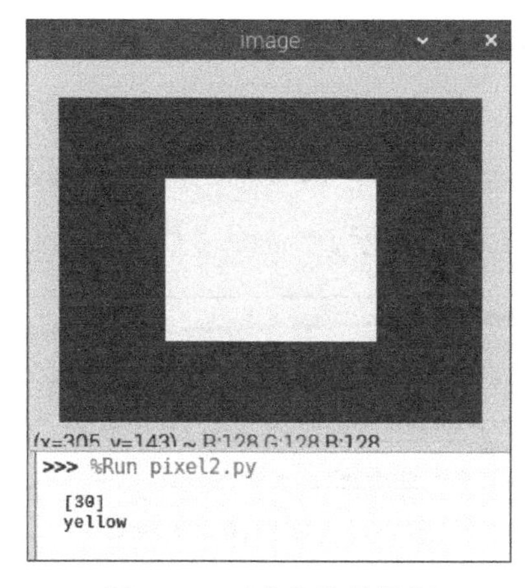

图 5.10　对黄色块的识别

5.2　视　　频

OpenCV 为使用摄像头捕获实时图像提供了一个常简单的接口，可以使用摄像头捕获一段视频，并把它转换成灰度视频显示出来。

5.2.1　视频捕获

编写程序 videocapture.py，通过摄像头实时捕获视频，代码如下：

```
import numpy as np
import cv2
cap=cv2.VideoCapture(0)
while(True):
    ret,frame=cap.read()
    cv2.imshow('frame',frame)
    if cv2.waitKey(1) & 0xFF==ord('q'):
        break
cap.release()
cv2.destroyAllWindows()
```

为了获取视频，首先创建一个 VideoCapture 对象。它的参数可以是设备的索引号或者是视频文件。设备索引号指定要使用的摄像头，参数 0 表示默认的摄像头。当设备有多个摄像头时，可以改变参数，读取摄像头的视频流。

cap.read 函数按帧读取视频，会返回两个值：ret 和 frame。ret 是布尔值，如果读取的帧是正确的则返回 True，如果文件读取到结尾，则返回 False；frame 是该帧图像的三维（R、G、B）矩阵形式。cap.read 函数无参数，但需放在死循环中，不断读取帧以形成视频。

cap.release 函数无参数。程序关闭之前务必关闭摄像头，释放资源。

5.2.2 保存视频

在上述程序中添加如下代码：

```
fourcc =cv2.VideoWriter_fourcc(* 'XVID')
out =cv2.VideoWriter('output.avi',fourcc, 20.0, (640,480))
```

添加上述代码的位置如图 5.11 所示。

```
1 import numpy as np
2 import cv2
3 cap=cv2.VideoCapture(0)
4 fourcc = cv2.VideoWriter_fourcc(*'XVID')
5 out = cv2.VideoWriter('output.avi',fourcc, 20.0, (640,480))
6 while(True):
7     ret,frame=cap.read()
```

图 5.11 添加代码的位置

创建 VideoWriter 对象，指定视频编码格式 fourcc。fourcc 是一个四字节码，用来确定视频的编码格式。可用的编码表可以从 fourcc.org 网站查询。

指定输出文件代码中的最后一个参数为视频的分辨率。

最后，程序获取摄像头的视频流，保存在当前文件夹下。

5.3 人脸识别

在 OpenCV 中，在静态图像和实时视频中检测人脸的操作类似，通俗地说，视频人脸检测只是使用摄像头读出每一帧的图像，然后再用静态图像的检测方法进行检测。

5.3.1 人脸检测

1. 人脸检测程序

编写人脸检测程序 face_tracking.py，代码如下：

```
import cv2
cap =cv2.VideoCapture(0)
cap.set(3, 320)
cap.set(4, 320)
#分类器
face_cascade =cv2.CascadeClassifier( '123.xml' )
while True:
    ret,frame =cap.read()
    #转换成灰度图
    gray =cv2.cvtColor(frame,cv2.COLOR_BGR2GRAY)
```

```
    #人脸检测
    faces =face_cascade.detectMultiScale(gray)
    if len(faces)>0:
        for (x,y,w,h) in faces:
            cv2.rectangle(frame,(x,y),(x+h,y+w),(0,255,0),2)
            result =(x,y,w,h)
            x=result[0]
            y =result[1]
    cv2.imshow("capture", frame)
    if cv2.waitKey(1) & 0xFF==ord('q'):
        break
cap.release()
cv2.destroyAllWindows()
```

以 haar 特征分类器为基础的对象检测是一种非常有效的技术，它基于机器学习，通过使用大量的正负样本图像训练，得到一个 cascade_function，最后再用它进行对象检测。

OpenCV 包含了很多已经训练好的分类器，包括人脸、眼睛、微笑等。这些 XML 文件保存在/opencv/data/haarcascades/文件夹中。

使用 OpenCV 创建面部时，首先加载需要的 XML 分类器，然后以灰度格式加载输入的图像或视频。

进行人脸检测时，首先需要启动分类器 face_cascade=cv2.CascadeClassifier('123.xml')，其中，123.xml 是 haar 级联数据。运行时，XML 文件要与程序文件位于同一文件夹下。

然后通过 face_cascade.detectMultiScale 函数进行实际的人脸检测。不能将摄像头获取的每帧图像直接传入 face_cascade.detectMultiScale 函数，而是应该先将图像转换成灰度图。

代码 gray = cv2.cvtColor(frame,cv2.COLOR_BGR2GRAY)将每一帧先转换成灰度图，在灰度图中对人脸进行查找。

如果检测到人脸 rectangle(frame,(x,y),(x+h,y+w),(0,255,0),2)，会返回人脸所在的矩形区域，其中的参数有目标帧、矩形的两个对角坐标、线条颜色和线条宽度。

运行程序，在人脸的四周生成框住人脸的矩形框，如图 5.12 所示。按同样方法，可以实现对眼睛的识别。

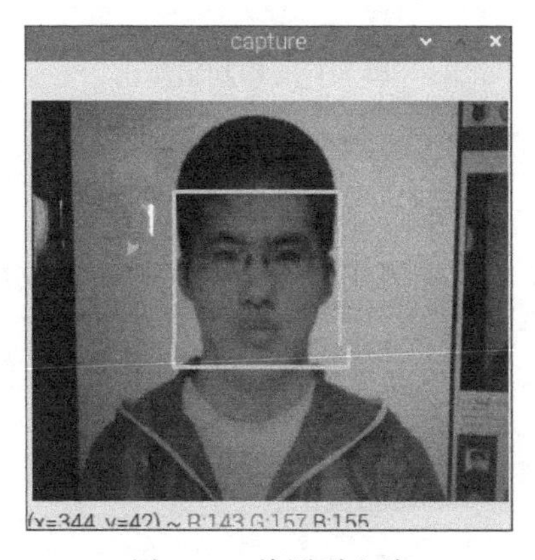

图 5.12　检测到人脸

2. 保存检测到的人脸

进一步修改程序,新增的代码如图 5.13 所示。

```
import cv2
import time
cap = cv2.VideoCapture(0)
cap.set(3, 320)
cap.set(4, 320)
face_cascade = cv2.CascadeClassifier( '123.xml' )

while True:
    ret,frame = cap.read()
    gray = cv2.cvtColor(frame,cv2.COLOR_BGR2GRAY)
    faces = face_cascade.detectMultiScale( gray )
    font=cv2.FONT_HERSHEY_SIMPLEX
    cv2.putText(frame,time.strftime("%Y-%m-%d %H:%M:%S",time.localtime
()),(20,20),font,0.8,(255,255,255),1)

    if len(faces)>0:
        for (x,y,w,h) in faces:
            cv2.rectangle(frame,(x,y),(x+h,y+w),(0,255,0),2)
            result = (x,y,w,h)
            x=result[0]
            y = result[1]
        cv2.imwrite("out.png",frame)
    cv2.imshow("capture", frame)
```

图 5.13 新增的代码

当检测到人脸时,通过 cv2.putText 将时间信息添加到照片上,通过 cv2.imwrite 将其保存为 out.png 文件,效果如图 5.14 所示。

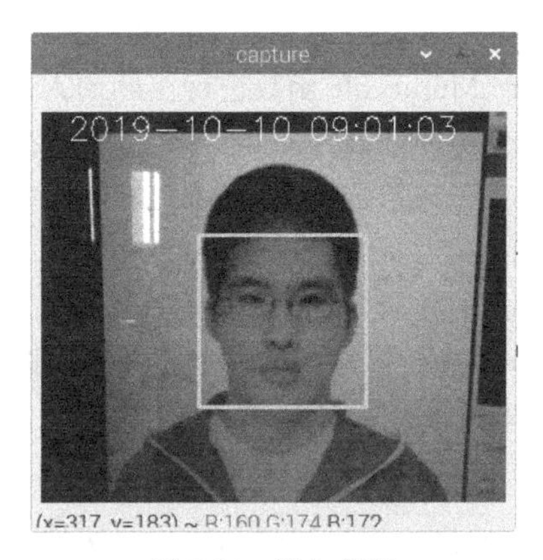

图 5.14 添加信息

5.3.2 人脸加工

识别出人脸后,将摄像头实时视频或图像中的人脸加工成如图 5.15 所示的效果。

图 5.15 人脸加工

编写程序 thuglife_photo.py,代码如下:

```
import cv2
from PIL import Image
import sys
#面具的地址和分类器的位置
maskPath = "mask.png"
```

```
cascPath = "face.xml"
#分类器构建
faceCascade = cv2.CascadeClassifier(cascPath)
image = cv2.imread('sample.jpg')
#把帧转换成灰度图
gray = cv2.cvtColor(image, cv2.COLOR_BGR2GRAY)
faces = faceCascade.detectMultiScale(gray, 1.15)
background = Image.open('sample.jpg')
for (x,y,w,h) in faces:
    cv2.rectangle(image, (x,y), (x+w, y+h), (255, 0, 0), 2)
    cv2.imshow('face detected', image)
    cv2.waitKey(0)
    mask = Image.open(maskPath)
    #实时变化面具的大小
    mask =mask.resize((w,h), Image.ANTIALIAS)
    offset = (x,y)
    #把面具放在图像上
    background.paste(mask, offset, mask=mask)
background.save('out.png')
```

程序的关键在于通过命令 from PIL import Image 导入 Python 的 PIL 包，这是一个 Python 中常见的图形处理工具。

程序中通过 maskPath、cascPath 指定面具和分类器的位置，通过 for 循环把面具放置在人脸上，其中 mask = Image.open(maskPath) 用于打开面具。

面具中的眼镜和香烟在同一张图中，只需要进行一次人脸位置查找就可以了。面具的大小需要根据人脸的大小重新定义，通过 resized_mask = mask.resize((w,h),Image.ANTIALIAS)实现；offset = (x,y)定义面具的偏移，background.paste(mask, offset, mask=mask) 将面具粘贴到人脸上。

运行程序，打开生成的图片文件 out.png，如图 5.15 所示。

5.3.3 人脸比对

通过以下网址进入百度云的人脸识别控制台(与 2.4 节类似)：

https://console.bce.baidu.com/ai/?_=1528192333418&fromai=1#/ai/face/overview/index

创建人脸识别应用，然后即可调用其 AI 能力。

应用是调用 API 服务的基本操作单元，创建人脸识别应用成功后获取 API Key 及 Secret Key，进行接口调用操作和相关配置。

编写程序“人脸比对.py”，代码如下：

```
import requests
from json import JSONDecoder
import cv2
compare_url = "https://api-cn.faceplusplus.com/facepp/v3/compare"
```

```
key = "your key"
secret = "your secret"
faceId1 = "one.jpg"
faceId2 = "one1.jpg"
data = {"api_key": key, "api_secret": secret}
files = {"image_file1": open(faceId1, "rb"), "image_file2": open(faceId2, "rb")}
response = requests.post(compare_url, data=data, files=files)
req_con = response.content.decode('utf-8')
req_dict = JSONDecoder().decode(req_con)
print(req_dict)
confindence = req_dict['confidence']
print(confindence)
if confindence>= 65:
    print('是同一个人')
else:
    print('不是同一个人')
```

运行程序,同一个目录下的图片文件 one.jpg 与 one1.jpg 是同一人和不是同一人时的结果如图 5.16 所示。

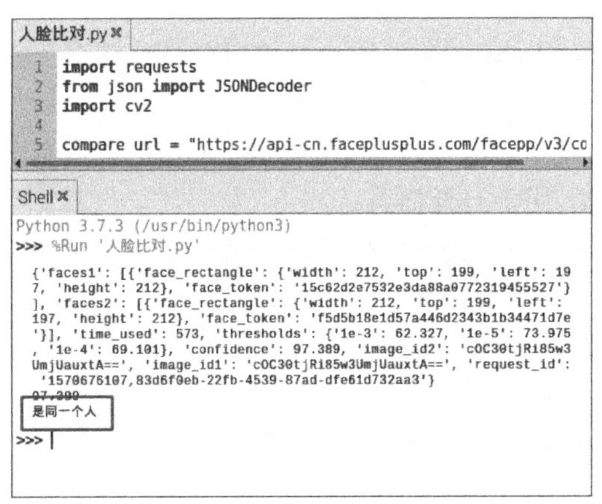

(a) 两个图片是同一人

(b) 两个图片不是同一人

图 5.16　人脸比对

5.4　运动检测

OpenCV 的运动检测有两种方法。由于树莓派的性能无法支持 OpenCV 以平滑的方式进行庞大数据集的处理,所以这里使用简单的二帧法,即:指定某一帧为比较帧(通常为视频的第一帧),然后将视频中的每一帧与比较帧进行比较,将发生变化的像素识别出来。这种方法的优点是计算量小,这是选择它的理由。

首先下载并安装必要的包,执行命令 pip3 install imutils 如图 5.17 所示。

编写程序 motion_detected_simple.py,代码如下:

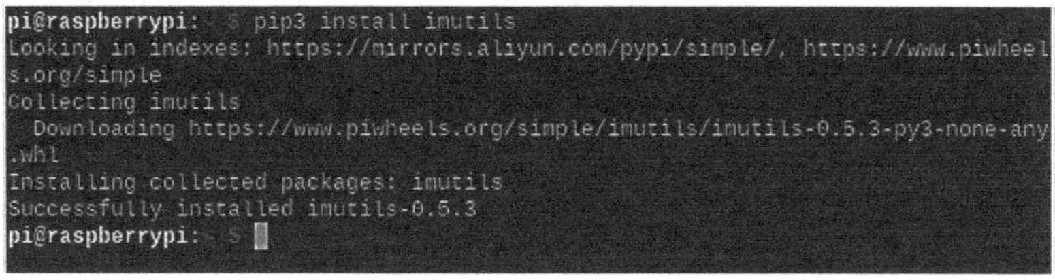

```
pi@raspberrypi:~ $ pip3 install imutils
Looking in indexes: https://mirrors.aliyun.com/pypi/simple/, https://www.piwheel
s.org/simple
Collecting imutils
  Downloading https://www.piwheels.org/simple/imutils/imutils-0.5.3-py3-none-any
.whl
Installing collected packages: imutils
Successfully installed imutils-0.5.3
pi@raspberrypi:~ $
```

图 5.17　下载并安装 imutils 包

```
from imutils.video import VideoStream
import argparse
import datetime
import imutils
import time
import cv2
#使用参数解释器简化对参数的控制
ap =argparse.ArgumentParser()
ap.add_argument("-v", "--video", help="path to the video file")
ap.add_argument("-a", "--min-area", type=int, default=500, help="minimum area
size")
args =vars(ap.parse_args())
#使用 USB 摄像头
if args.get("video", None) is None:
    vs =VideoStream(src=0).start()
    time.sleep(2.0)
#如果没有找到摄像头,则查看是否本地有视频
else:
    vs =cv2.VideoCapture(args["video"])
#初始化
firstFrame =None
while True:
    #把第一帧设置为比较帧
    frame =vs.read()
    frame =frame if args.get("video", None) is None else frame[1]
    text ="Unoccupied"
    if frame is None:
        break
    #重定义帧的大小,将 RGB 图转换为灰度图
    frame =imutils.resize(frame, width=500)
    gray =cv2.cvtColor(frame, cv2.COLOR_BGR2GRAY)
    gray =cv2.GaussianBlur(gray, (21, 21), 0)
    if firstFrame is None:
        firstFrame =gray
        continue
    #计算第一帧和当前帧的差值 absdiff
    frameDelta =cv2.absdiff(firstFrame, gray)
```

```
    thresh =cv2.threshold(frameDelta, 25, 255, cv2.THRESH_BINARY)[1]
    #对图像进行膨胀,找到差值所在位置
    thresh =cv2.dilate(thresh, None, iterations=2)
    cv2.imshow("Security Feed", frame)
    cv2.imshow("Thresh", thresh)
    cv2.imshow("Frame Delta", frameDelta)
    key =cv2.waitKey(1) & 0xFF
    if key ==ord("q"):
        break
vs.stop() if args.get("video", None) is None else vs.release()
cv2.destroyAllWindows()
```

程序运行效果如图 5.18 所示,在出现新目标时,能准确地锁定目标。

图 5.18　锁定目标

在短时间内,当整体环境不发生变化时,能够准确地找到运动目标,将发生变化的像素识别出来。这种方法非常容易实现,但是有很明显的缺点。很多时候设置比较帧进行运算的方法无法满足商业上的需求,不够灵活,因为随着时间的推移,光照强度、气候、能见度都会发生频繁的变化。

由此可见,需要一种有一定学习能力或者适当算法的解决方案,更智能地区分运动目标和背景。OpenCV 提供的解决方案是使用 KNN 或类似方法构建背景分割器。

5.5　KNN 背景分割器

OpenCV 中有 3 种背景分割器,分别是 KNN、MOG2 和 GMG。其中,KNN 背景分割器使用 BackgroundSubtractor 进行视频分析,即 BackgroundSubtractor 会对之前每一帧的背景进行学习。

编写程序 KNN.py,代码如下:

```
import cv2
import numpy as np
#构建 KNN 背景分割器
bs=cv2.createBackgroundSubtractorKNN(detectShadows=True)
camera=cv2.VideoCapture(0)
camera.set(3,320)
camera.set(4,160)
ret,frame=camera.read()
while True:
    ret,frame=camera.read()
    #计算前景掩模
    fgmask=bs.apply(frame)
    th=cv2.threshold(fgmask.copy(),244,255,cv2.THRESH_BINARY)[1]
```

```
    #设定阈值,前景掩模含有前景的白色值和阴影的灰色
    th = cv2.erode(th, cv2.getStructuringElement(cv2.MORPH_ELLIPSE, (3, 3)),
iterations=2)
    dilated=cv2.dilate(th,cv2.getStructuringElement(cv2.MORPH_ELLIPSE,(3,3)),
iterations=2)
    image, hier =cv2.findContours(dilated, cv2.RETR_EXTERNAL, cv2.CHAIN_APPROX_
SIMPLE)
    cv2.imshow("mog",fgmask)
    cv2.imshow("detection",frame)
    if (cv2.waitKey(30)&0xFF)==27:
        break
    if (cv2.waitKey(30)&0xFF)==ord('q'):
        break
camera.release()
cv2.destroyAllWindows()
```

程序首先通过 bs=cv2.createBackgroundSubtractorKNN(detectShadows=True)构建KNN背景分割器。在光照环境下,物体都会产生影子,但实际上影子并不属于运动目标的一部分,detectShadows=True 的意思是计算阴影,这样就可以将图像中的阴影区域排除,提高背景分割准确性。

通过 fgmask=bs.apply(frame)语句计算前景掩模,这种方法的核心是.apply()方法,后台有很大的计算量。这个函数能够返回前景掩模,从而区别哪些对象是背景,哪些对象是目标。得到目标之后,再将目标的轮廓检测出来就可以了。

运行程序,背景分割的效果如图 5.19 所示。

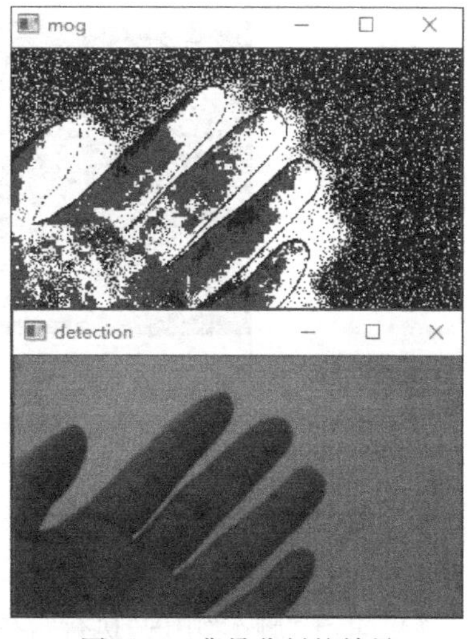

图 5.19　背景分割的效果

在图 5.19 中,下方为实景图,上方为对背景的分析图。在这种方式中,背景分割器对背景有学习的能力,会在短时间内识别不感兴趣的区域,因此,外部光照环境等因素不会对分割结果产生影响。

5.6　OpenCV 在 Home Assistant 中的实现

下面使用 OpenCV 在 Home Assistant 中实现人脸检测和计数,步骤如下。

(1) 在 configuration.yaml 中编写如下代码:

```
camera:
  -platform: ffmpeg
   name: cam1
   input: /dev/video0
image_processing:
  -platform: opencv
```

```
    scan_interval: 10000000
    name: faces in cam
    source:
      - entity_id: camera.cam1
        name: face
    classfier:
      face: /home/pi/face.xml
script:
  opencv:
    alias: face_detect
    sequence:
      - service: image_processing.scan
        data:
          entity_id: image_processing.face
```

(2) 将 face.xml 复制到 pi 文件夹下。

(3) 检查配置,重启服务,前端显示如图 5.20 所示。

图 5.20　前端显示

(4) 单击“脚本”中的“执行”,在“图像处理”中对检测到的人脸进行计数,如图 5.21 所示。

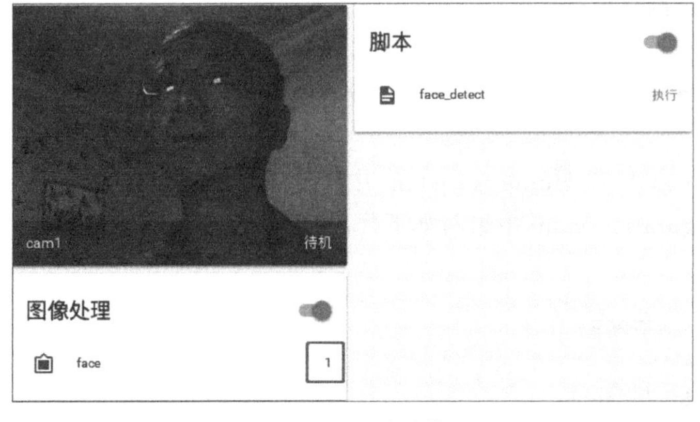

图 5.21　人脸计数

(5) 单击“图像处理”中的 face，显示人脸的数量、人脸的在图像中的位置等详细信息，如图 5.22 所示。

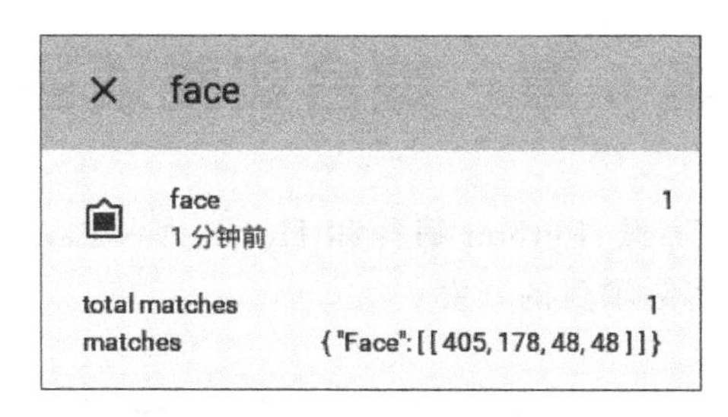

图 5.22　人脸详细信息

5.7　思　考　题

1. 结合 5.1 节的内容以及 TTS，识别实时视频流摄像头前方物体的颜色，并进行语音播报。

2. 结合 5.3 节的内容以及邮件通知，在发现人脸时进行邮件通知。

3. 基于 OpenCV，在 Home Assistant 中实现物体识别、表情识别等功能。

第6章　综合实践项目

在前几章中，介绍了树莓派、Python 编程和 Home Assistant 的基本内容。在本章中，将综合运用这些知识进行实际项目的开发。

6.1　智能音箱设计与实现

智能音箱设计使用成熟的开源项目，采用模块化架构，完成小米、百度等智能音箱所具有的基本功能，包括听、说以及根据听到的内容执行指定的任务等。

智能音箱的框架如图 6.1 所示，包括 3 层：智能音箱底层必备的硬件，包括传声器（俗称麦克风，树莓派为双麦克风扩展板）和播音设备；智能音箱必备的独立后台程序，包括关键词唤醒模块、语音识别模块、文字语音播放模块；核心控制模块，由 Home Assistant 的各种组件、服务来完成。

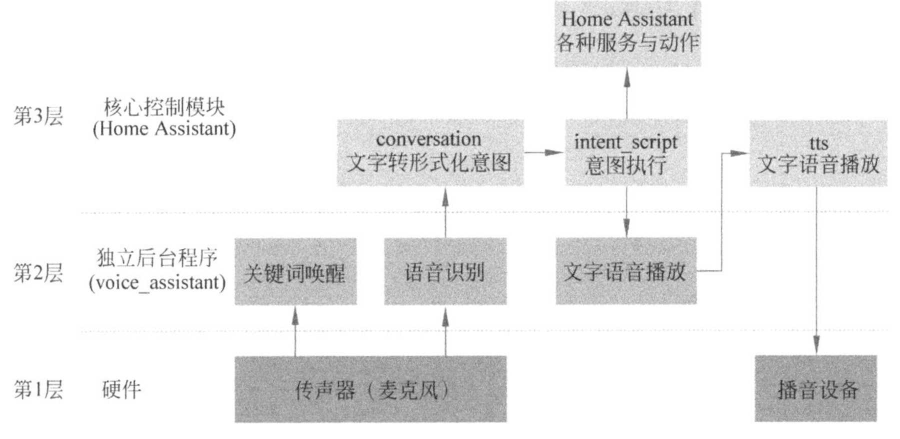

图 6.1　智能音箱框架

6.1.1　双传声器树莓派扩展板

Seeed 公司的 ReSpeaker 2-Mics Pi HAT 是专为人工智能和语音应用设计的树莓派双传声器扩展板，可以用它构建集成语音服务等功能的语音产品。

树莓派双传声器扩展板是基于 WM8960 开发的低功耗立体声编解码器。该扩展板的结构如图 6.2 所示。电路板两侧有两个传声器（MIC_L 和 MIC_R），用于采集声音，还提供 3 个 APA102 RGB LED、1 个按钮和 2 个板载 Grove 接口（IIC 和 GPIO12），用于扩展应用程序。此外，3.5mm 音频插孔和 JST 2.0 扬声器输出均可用于音频输出。

系统配置与驱动程序安装的具体步骤如下。

(1) 在 pi 文件夹下建立子文件夹 voice_assistant，今后智能音箱相关的所有内容都放在该文件夹下，便于管理。

按钮
RGB LED
WM8960
树莓派40针引脚
MIC_L
MIC_R
电源
1IC
GPIO12
JST 2.0
扬声器输出
3.5mm
音频插孔

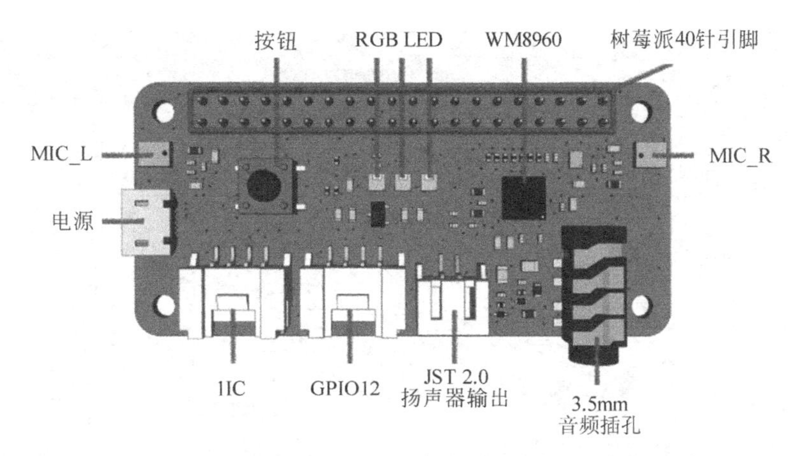

图 6.2　树莓派双麦克风扩展板

(2) 在没上电的时候，将 ReSpeaker 2-Mics Pi HAT 插到树莓派上，确保插入树莓派的时候针和孔对齐。

(3) 下载并安装声卡驱动程序。

目前树莓派内核不支持 WM 8960 编解码器，需要通过 VNC 或者 PuTTY 连接树莓派。

在 voice_assistant 文件夹下执行以下命令：

```
git clone https://github.com/respeaker/seeed-voicecard
```

克隆现有的开源 github 项目。完成后进入 seeed-voicecard 文件夹，执行 sudo ./install.sh 命令进行安装，如图 6.3 所示。

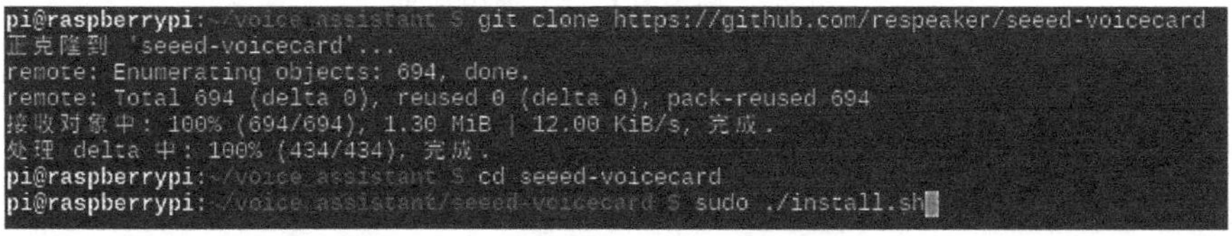

pi@raspberrypi:~/voice_assistant $ git clone https://github.com/respeaker/seeed-voicecard
正克隆到 'seeed-voicecard'...
remote: Enumerating objects: 694, done.
remote: Total 694 (delta 0), reused 0 (delta 0), pack-reused 694
接收对象中: 100% (694/694), 1.30 MiB | 12.00 KiB/s, 完成.
处理 delta 中: 100% (434/434), 完成.
pi@raspberrypi:~/voice_assistant $ cd seeed-voicecard
pi@raspberrypi:~/voice_assistant/seeed-voicecard $ sudo ./install.sh

图 6.3　下载并安装声卡驱动程序

安装的时间比较长，最后出现如图 6.4 所示的内容，表示声卡驱动程序安装成功。

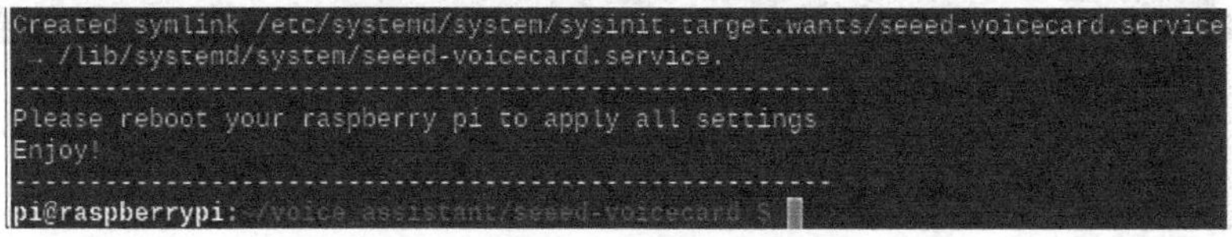

Created symlink /etc/systemd/system/sysinit.target.wants/seeed-voicecard.service
→ /lib/systemd/system/seeed-voicecard.service.
Please reboot your raspberry pi to apply all settings
Enjoy!
pi@raspberrypi:~/voice_assistant/seeed-voicecard $

图 6.4　声卡驱动程序安装成功

(4) 安装成功后，执行命令 sudo reboot，重启树莓派。

(5) 进入 seeed-voicecard 文件夹，检查声卡名称是否与源代码 seeed-voicecard 相匹配。执行命令 aplay -l 列出所有播放设备，执行命令 arecord -l 列出所有录音设备。命令执行结果如图 6.5 所示。

```
pi@raspberrypi:~ $ cd voice_assistant/seeed-voicecard
pi@raspberrypi:~/voice_assistant/seeed-voicecard $ aplay -l
**** List of PLAYBACK Hardware Devices ****
card 0: ALSA [bcm2835 ALSA], device 0: bcm2835 ALSA [bcm2835 ALSA]
  Subdevices: 7/7
  Subdevice #0: subdevice #0
  Subdevice #1: subdevice #1
  Subdevice #2: subdevice #2
  Subdevice #3: subdevice #3
  Subdevice #4: subdevice #4
  Subdevice #5: subdevice #5
  Subdevice #6: subdevice #6
card 0: ALSA [bcm2835 ALSA], device 1: bcm2835 IEC958/HDMI [bcm2835 IEC958/HDMI]
  Subdevices: 1/1
  Subdevice #0: subdevice #0
card 0: ALSA [bcm2835 ALSA], device 2: bcm2835 IEC958/HDMI1 [bcm2835 IEC958/HDMI1]
  Subdevices: 1/1
  Subdevice #0: subdevice #0
card 1: seeed2micvoicec [seeed-2mic-voicecard], device 0: bcm2835-i2s-wm8960-hifi wm8960-hifi-0 []
  Subdevices: 1/1
  Subdevice #0: subdevice #0
pi@raspberrypi:~/voice_assistant/seeed-voicecard $ arecord -l
**** List of CAPTURE Hardware Devices ****
card 1: seeed2micvoicec [seeed-2mic-voicecard], device 0: bcm2835-i2s-wm8960-hifi wm8960-hifi-0 []
  Subdevices: 1/1
  Subdevice #0: subdevice #0
pi@raspberrypi:~/voice_assistant/seeed-voicecard $
```

图 6.5　列出所有播放设备和录音设备

(6) 在树莓派的图形界面中,右击声音按钮,将它设置为默认声音输出设备,如图 6.6 所示。

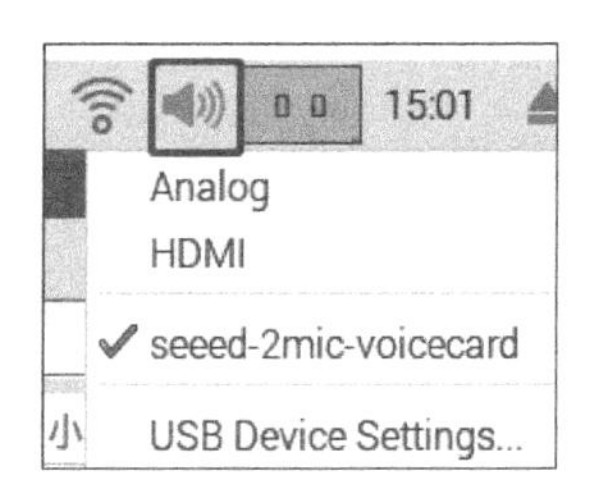

图 6.6　设置默认声音输出设备

(7) 播放测试录音文件。

执行命令 arecord -f cd -d 6 -Dhw:1,0 test.wav,表示以 CD 音质录制 6s 音频,保存到 test.wav 文件中。其中"hw:1,0"表示 card 编号为 1、device 编号为 0 的录音设备。执行命令 aplay test.wav 播放刚才录制的文件。以上命令执行过程如图 6.7 所示。

```
pi@raspberrypi:~/voice_assistant/seeed-voicecard $ arecord -f cd -d 6 -Dhw:1,0 test.wav
Recording WAVE 'test.wav' : Signed 16 bit Little Endian, Rate 44100 Hz, Stereo
pi@raspberrypi:~/voice_assistant/seeed-voicecard $ aplay test.wav
Playing WAVE 'test.wav' : Signed 16 bit Little Endian, Rate 44100 Hz, Stereo
pi@raspberrypi:~/voice_assistant/seeed-voicecard $
```

图 6.7　播放测试录音文件

6.1.2　唤醒词服务 snowboy

本节给智能音箱添加语音识别功能,将听到的声音转换为文字。

1. 安装必要的基础库

执行命令 sudo apt-get install python-pyaudio python3-pyaudio flac libpcre3 libpcre3-dev libatlas-base-dev swig,安装软件库。

PyAudio 是 Python 开源工具包,使用 PyAudio 库可以实现在 Python 程序中播放和录制音频、生成 wav 文件等功能。PyAudio 提供了 PortAudio 的 Python 语言版本，是一个跨平台的音频 I/O 库，可以视作语音领域的 OpenCV。

swig 是一个将 C 或者 C++ 编写的软件与其他各种高级编程语言（包括常用脚本编译语言，如 Perl、PHP、Python 等）进行嵌入连接的开发工具。

2. 下载 snowboy 唤醒服务

snowboy 是 Kitt.ai 开发的人工智能软件工具包，是一个高度可定制的热门词检测引擎，能够在树莓派等类 UNIX 平台上运行，让用户便捷地将语音控制功能添加到自己的硬件或者嵌入式设备上。

snowboy 底层库用 C++ 编写，通过 swig 被封装成能在多种操作系统和编程语言环境中使用的软件库。

snowboy 的唤醒词可以自由定制，并且不使用互联网，不会将声音传输到云端，以保护个人隐私。

设置好唤醒词后，snowboy 将会不断监听用户，当用户说出相关的唤醒词后，系统被唤醒并持续一段固定时间，帮助用户进行语音识别。

下载并编译 snowboy 的步骤如下：

(1) 在 voice_assistant 目录下执行命令 git clone https://github.com/Kitt-AI/snowboy，克隆 snowboy，如图 6.8 所示。

```
pi@raspberrypi:~/voice_assistant/seeed-voicecard $ cd ..
pi@raspberrypi:~/voice_assistant $ git clone https://github.com/Kitt-AI/snowboy
正克隆到 'snowboy'...
remote: Enumerating objects: 6, done.
remote: Counting objects: 100% (6/6), done.
remote: Compressing objects: 100% (4/4), done.
remote: Total 2131 (delta 2), reused 5 (delta 2), pack-reused 2125
接收对象中: 100% (2131/2131), 55.22 MiB | 19.00 KiB/s, 完成.
处理 delta 中: 100% (1060/1060), 完成.
pi@raspberrypi:~/voice_assistant $
```

图 6.8　克隆 snowboy

(2) 下载完成后，执行命令 cd /home/pi/voice_assistant/snowboy/swig/Python3，进入 snowboy 文件夹下的/swig/Python3 文件夹，执行 make 命令对 snowboy 进行编译，如图 6.9 所示。

```
pi@raspberrypi:~/voice_assistant $ cd /home/pi/voice_assistant/snowboy/swig/Pyth
on3
pi@raspberrypi:~/voice_assistant/snowboy/swig/Python3 $ make
swig -I../../ -c++ -python -o snowboy-detect-swig.cc snowboy-detect-swig.i
g++ -I/usr/include/python3.7m -I/usr/include/python3.7m  -Wno-unused-result -Wsi
gn-compare -g -fdebug-prefix-map=/build/python3.7-R4PVzl/python3.7-3.7.3=. -spec
s=/usr/share/dpkg/no-pie-compile.specs -fstack-protector -Wformat -Werror=format
-security  -DNDEBUG -g -fwrapv -O3 -Wall -I../../ -O3 -fPIC -D_GLIBCXX_USE_CXX11
_ABI=0 -std=c++0x -c snowboy-detect-swig.cc
g++ -I../../ -O3 -fPIC -D_GLIBCXX_USE_CXX11_ABI=0 -std=c++0x  -shared snowboy-de
tect-swig.o \
../..//lib/rpi/libsnowboy-detect.a -L/usr/lib/python3.7/config-3.7m-arm-linux-gn
ueabihf -L/usr/lib -lpython3.7m -lcrypt -lpthread -ldl  -lutil -lm  -Xlinker -ex
port-dynamic -Wl,-O1 -Wl,-Bsymbolic-functions -lm -ldl -lf77blas -lcblas -llapac
k -latlas -o _snowboydetect.so
pi@raspberrypi:~/voice_assistant/snowboy/swig/Python3 $
```

图 6.9　编译 snowboy

编译完成后，生成一个名为 snowboydetect.so 的文件、一个简单但难以阅读的 Python 封装文件 snowboydetect.py 以及一个更容易读懂的 Python 封装文件 snowboydecoder.py。

3. snowboy 测试

snowboy 测试过程如下。

(1) 打开/home/pi/voice_assistant/snowboy/examples/Python3/snowboydecoder.py 文件,根据 Python 3 的规范要求,将该文件中的代码行 from.import snowboydetect 修改为 import snowboydetect,其位置如图 6.10 所示。

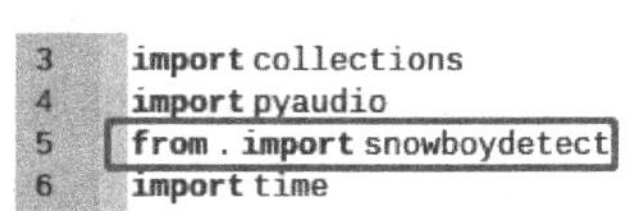

图 6.10 要修改的代码行

(2) 执行命令 cd /home/pi/voice_assistant/snowboy/examples/Python3,进入 demo.py 所在的文件夹。

(3) 执行命令 python3 demo.py /home/pi/voice_assistant/snowboy/examples/Python3/resources/models/snowboy.umdl,进入监听状态。使用 demo.py 程序的唤醒词 snowboy 测试监听功能,在监听过程中可以按 Ctrl+C 键退出,如图 6.11 所示。

```
pi@raspberrypi:~/voice_assistant/snowboy/examples/Python3 $ python3 demo.py /home/
pi/voice_assistant/snowboy/examples/Python3/resources/models/snowboy.umdl
Listening... Press Ctrl-C to exit
```

图 6.11 进入监听状态

(4) 对着话筒说话,当系统监听到唤醒词 snowboy 时,会发出"叮"的声音。图 6.12 为连续监听到两次 snowboy 时显示的信息。

```
JackShmReadWritePtr::~JackShmReadWritePtr - Init not done for -1, skipping unlock
INFO:snowboy:Keyword 1 detected at time: 2019-10-15 21:35:52
INFO:snowboy:Keyword 1 detected at time: 2019-10-15 21:36:17
^Cpi@raspberrypi:~/voice_assistant/snowboy/examples/Python3 $
```

图 6.12 监听到唤醒词 snowboy 时显示的信息

6.1.3 语音识别模块 SpeechRecognition

Python 依赖库中有一些现成的语音识别软件包,包括 apiai、google-cloud-speech、pocketsphinx、SpeechRcognition、watson-developer-cloud、wit 等。其中,wit 和 apiai 提供了一些高级语音识别的内置功能,如识别讲话者意图的自然语言处理功能;Google 公司的 SpeechRecognition 专注于语音向文本的转换,无须构建访问麦克风和从头开始处理音频文件的脚本,只需几分钟即可自动完成音频的输入、检索和运行,易用性很高。

1. 安装 SpeechRecognition

安装 SpeechRecognition 的过程如下。

(1) 在 voice_assistant 文件夹下执行命令 sudo pip3 install SpeechRecognition 进行安装。

(2) 安装成功后,执行命令 cd /usr/local/lib/python3.7/dist-packages/speech_recognition,进入安装的默认文件夹(如果是 Python 3.5,将以上命令中的 python3.7 修改为 python3.5)。

(3) 执行命令 sudo mv __init__.py __init__.py.bak 备份原文件。

(4) 执行命令 sudo wget https://github.com/zhujisheng/Home-Assistant-DIY/raw/master/__init__.py,从 github 上下载__init__.py 文件。

整个过程如图 6.13 所示。

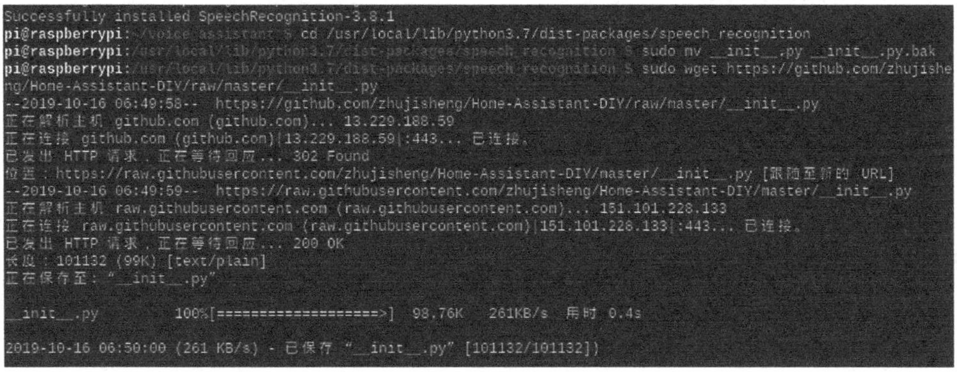

```
Successfully installed SpeechRecognition-3.8.1
pi@raspberrypi:~/voice_assistant $ cd /usr/local/lib/python3.7/dist-packages/speech_recognition
pi@raspberrypi:/usr/local/lib/python3.7/dist-packages/speech_recognition $ sudo mv __init__.py __init__.py.bak
pi@raspberrypi:/usr/local/lib/python3.7/dist-packages/speech_recognition $ sudo wget https://github.com/zhujisheng/Home-Assistant-DIY/raw/master/__init__.py
--2019-10-16 06:49:58--  https://github.com/zhujisheng/Home-Assistant-DIY/raw/master/__init__.py
正在解析主机 github.com (github.com)... 13.229.188.59
正在连接 github.com (github.com)|13.229.188.59|:443... 已连接。
已发出 HTTP 请求，正在等待回应... 302 Found
位置：https://raw.githubusercontent.com/zhujisheng/Home-Assistant-DIY/master/__init__.py [跟随至新的 URL]
--2019-10-16 06:49:59--  https://raw.githubusercontent.com/zhujisheng/Home-Assistant-DIY/master/__init__.py
正在解析主机 raw.githubusercontent.com (raw.githubusercontent.com)... 151.101.228.133
正在连接 raw.githubusercontent.com (raw.githubusercontent.com)|151.101.228.133|:443... 已连接。
已发出 HTTP 请求，正在等待回应... 200 OK
长度：101132 (99K) [text/plain]
正在保存至："__init__.py"

__init__.py         100%[===================>]  98.76K   261KB/s  用时 0.4s

2019-10-16 06:50:00 (261 KB/s) - 已保存 "__init__.py" [101132/101132])
```

图 6.13　安装语音识别模块

2. 测试 SpeechRecognition

测试 SpeechRecognition 的过程如下。

(1) 执行命令 cd /home/pi/voice_assistant 进入 voice_assistant 文件夹。

(2) 执行命令 touch voice_assistant.py，新建文件 voice_assistant.py。

(3) 执行命令 chmod +x voice_assistant.py，增加可执行权限。

(4) 在文件 voice_assistant.py 中添加如下代码：

```
import speech_recognition as sr
r =sr.Recognizer()
with sr.Microphone(sample_rate=16000) as source:
    print("开始监听")
    audio =r.listen(source,phrase_time_limit=6)
    print("开始识别")
    result =r.recognize_google_cn(audio,language='zh-CN')
    print("识别结果:"+result)
```

代码前两行引入 SpeechRecognition 库，别名为 sr。SpeechRecognition 的核心是识别器类，用于识别来自音频源的语音的各种设置和功能，程序中定义 r 为 SpeechRecognition 中的 Recognizer 类。

代码第 3～5 行打开传声器，采样率设置为 16 000，与 snowboy 中固定的采样率一致；显示文字“开始监听”；调用 listen()函数，时长为 6s，将得到的音频放在变量 audio 中。

代码第 6～8 行显示文字“开始识别”，调用 Google 中国语音识别接口，将得到的结果放在变量 result 中，然后显示结果。

(5) 执行命令 python3 voice_assistant.py，在出现“开始监听”时对着麦克风说话，识别结果如图 6.14 所示。

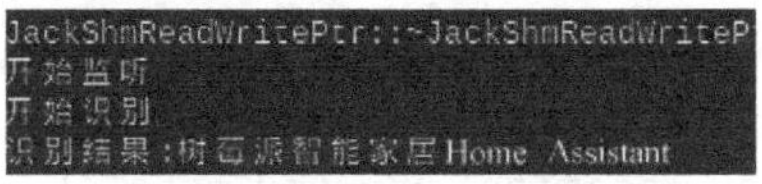

```
JackShmReadWritePtr::~JackShmReadWriteP
开始监听
开始识别
识别结果:树莓派智能家居Home Assistant
```

图 6.14　识别结果

6.1.4 唤醒后语音识别

因为 snowboy 是通过对源程序执行命令 make 进行编译得到的，它的文件夹中存在很多不需要的文件，因此在 voice_assistant 文件夹下创建 sboy 文件夹，把需要的 snowboy 项目文件放置在 sboy 文件夹中。

在 sboy 文件夹中创建文件夹 models，将唤醒词的模型识别文件/home/pi/voice_assistant/snowboy/examples/Python3/resources/models/snowboy.umdl 复制到其中，后续构建自己的唤醒词时所对应的模型文件也放在这里。

在 sboy 文件夹中创建文件夹 resources，将/home/pi/voice_assistant/snowboy/examples/Python3/resources 中 snowboy 必需的资源文件 common.res 以及作为提示音的音频文件 dong.wav、ding.wav 复制到其中。

将程序中直接使用的/home/pi/voice_assistant/snowboy/examples/Python3/snowboydecoder.py、/home/pi/voice_assistant/snowboy/swig/Python3/snowboydetect.py 以及核心动态链接库/home/pi/voice_assistant/snowboy/swig/Python3/_snowboydetect.so 复制到 sboy 文件夹中。

最终的文件结构如图 6.15 所示。

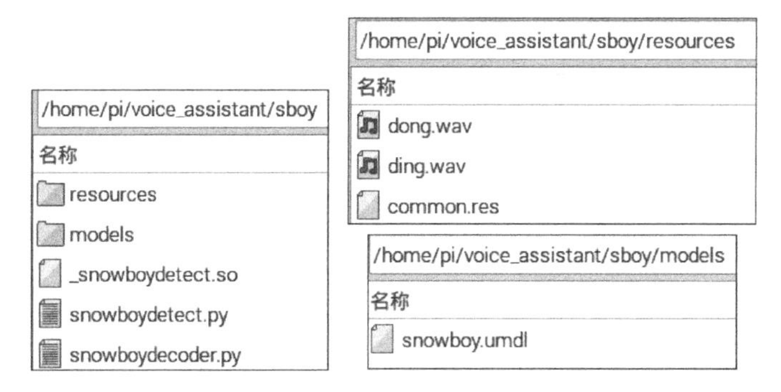

图 6.15 文件结构

修改 6.1.3 节编写的 voice_assistant 文件夹下的 voice_assistant.py 文件，实现唤醒系统并进行语音识别的功能。

1. 将 snowboy 与 SpeechRecognition 融合在一起

将 snowboy 与 SpeechRecognition 融合在一起的过程如下。

(1) 在第一行代码后添加 3 行新代码：

```
snowboy_location ='/home/pi/voice_assistant/sboy/'
```

该行指定 snowboy 对应的文件夹。

```
snowboy_models = ['/home/pi/voice_assistant/sboy/models/snowboy.umdl']
```

该行定义识别模型文件。

```
snowboy_config = (snowboy_location, snowboy_models)
```

该行将上面两个值放置在 snowboy_config 变量中。

(2) 在调用 listen 函数时增加参数 snowboy_configuration,代码如下:

```
audio =r.listen(source,
          phrase_time_limit=6,
          snowboy_configuration=snowboy_config
          )
```

(3) 运行程序。当文字"开始监听"出现时,只要不说关键词 snowboy,程序就一直等待;当监听到唤醒词时,有 6s 的时间进行识别监听和语音识别的过程如图 6.16 所示。

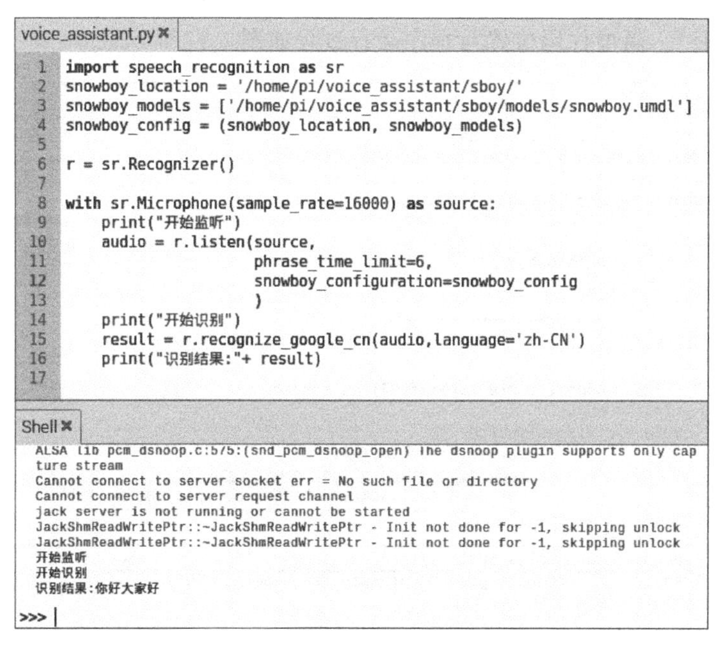

图 6.16 监听和语音识别的过程

2. 唤醒后出现提示音

修改程序,当听到唤醒词后给出提示音,以提示用户开始说话。

(1) 因为 snowboydecoder.py 并不在当前文件夹,也不在系统文件夹中。在图 6.16 所示的第 4 行代码后添加以下 4 行代码,引入 snowboydecoder。

```
import sys
sys.path.append(snowboy_location)
import snowboydecoder
sys.path.pop()
```

(2) 在图 6.16 所示的从第 10 行开始的 listen 函数中添加代码,使用提示音播放程序。

```
audio =r.listen(source,
            phrase_time_limit=6,
            snowboy_configuration=snowboy_config,
            hot_word_callback=snowboydecoder.play_audio_file
            )
```

当识别到对应的唤醒词时，hot_word_callback 函数调用 snowboydecoder 中的 play_audio_file 函数，播放默认的提示音“叮”。

(3) 在图 6.16 的第 14 行代码下添加一行代码：

```
snowboydecoder.play_audio_file(fname=snowboy_location+'resources/dong.wav')
```

当监听完成后，同样调用 snowboydecoder 中的 play_audio_file 函数，播放默认的提示音“咚”。

(4) 运行程序。当听到唤醒词 snowboy 时，会有提示音“叮”，这时用户开始说话；6s 时会出现提示者“咚”。新增代码位置与程序运行过程如图 6.17 所示。

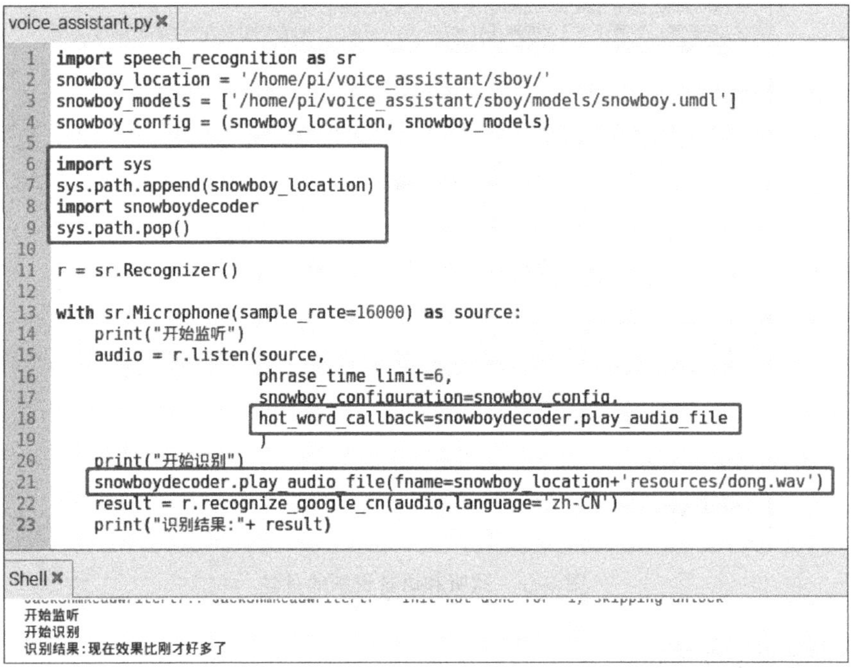

```
voice_assistant.py
1  import speech_recognition as sr
2  snowboy_location = '/home/pi/voice_assistant/sboy/'
3  snowboy_models = ['/home/pi/voice_assistant/sboy/models/snowboy.umdl']
4  snowboy_config = (snowboy_location, snowboy_models)
5
6  import sys
7  sys.path.append(snowboy_location)
8  import snowboydecoder
9  sys.path.pop()
10
11 r = sr.Recognizer()
12
13 with sr.Microphone(sample_rate=16000) as source:
14     print("开始监听")
15     audio = r.listen(source,
16                      phrase_time_limit=6,
17                      snowboy_configuration=snowboy_config,
18                      hot_word_callback=snowboydecoder.play_audio_file
19                      )
20     print("开始识别")
21     snowboydecoder.play_audio_file(fname=snowboy_location+'resources/dong.wav')
22     result = r.recognize_google_cn(audio,language='zh-CN')
23     print("识别结果:"+ result)

Shell
开始监听
开始识别
识别结果:现在效果比刚才好多了
```

图 6.17　新增代码位置与程序运行过程

3. 修改程序

实现识别完成后程序不退出，继续下一次识别。

(1) 在图 6.17 所示代码的第 13 行后添加循环代码，不断进行监听和识别：

```
while True:
```

(2) 在图 6.17 所示的代码中，将原来的第 22 行代码删除，在原第 21 行代码后添加异常处理代码，防止异常出现时程序整个退出：

```
try:
    result =r.recognize_google_cn(audio,language='zh-CN')
except sr.UnknownValueError:
    result =''
except Exception as e:
```

```
        print("识别错误:{0}".format(e))
        continue
```

如果无法完成识别,则结果为空(result = '');如果发生一般错误,例如连不上服务器,则输出错误提示(print("识别错误:{0}".format(e)))。注意以上程序代码的缩进。

(3) 运行程序,听到唤醒词后显示文字"开始监听",6s后显示文字"开始识别",再次等待唤醒词,整个程序在监听和识别之间不断循环。

添加的代码与循环监听和识别过程如图6.18所示。

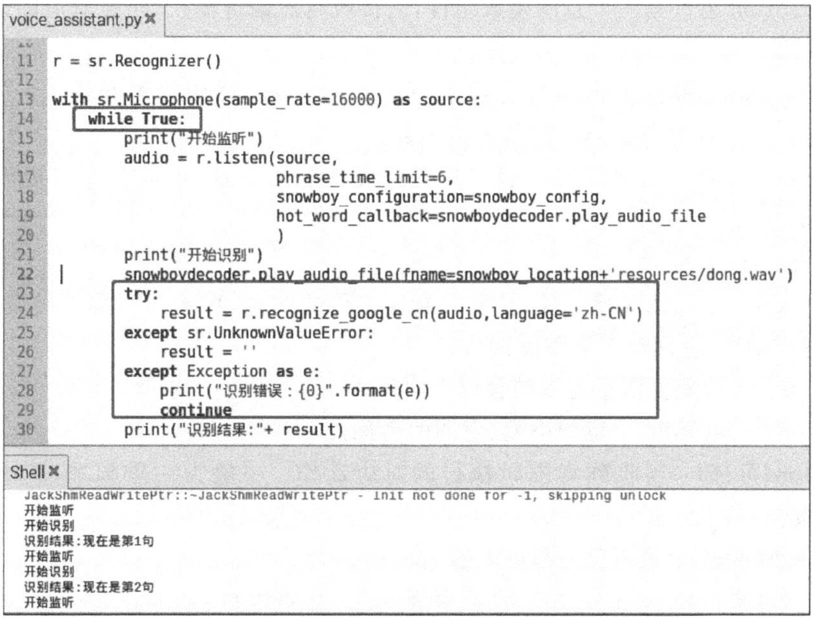

voice_assistant.py

```
11 r = sr.Recognizer()
12
13 with sr.Microphone(sample_rate=16000) as source:
14     while True:
15         print("开始监听")
16         audio = r.listen(source,
17                          phrase_time_limit=6,
18                          snowboy_configuration=snowboy_config,
19                          hot_word_callback=snowboydecoder.play_audio_file
20                          )
21         print("开始识别")
22         snowboydecoder.play_audio_file(fname=snowboy_location+'resources/dong.wav')
23         try:
24             result = r.recognize_google_cn(audio,language='zh-CN')
25         except sr.UnknownValueError:
26             result = ''
27         except Exception as e:
28             print("识别错误:{0}".format(e))
29             continue
30         print("识别结果:"+ result)
```

Shell

```
JackShmReadWritePtr::~JackShmReadWritePtr - Init not done for -1, skipping unlock
开始监听
开始识别
识别结果:现在是第1句
开始监听
开始识别
识别结果:现在是第2句
开始监听
```

图6.18 添加的代码与循环监听和识别过程

6.1.5 文字处理与反馈

以上完成了不断循环的语音监听与识别程序。接下来将通过Home Assistant完成对识别的文字的理解、相应动作的执行与相应信息的反馈。

1. 语音控制

在Home Assistant前端(仅支持Chrome或Chromium浏览器),用户输入语音,浏览器将语音转换成文字,将相应文字传递给conversation组件生成意图(intent),然后用intent_script组件处理意图,执行对应的动作。

意图是在语言处理模块与执行模块之间传递信息的一种比较通用的标准格式,可以简单认为意图是用户命令的形式化描述。在Home Assistant中,很多语音相关组件(并不是全部)是基于意图来完成工作的。

在Home Assistant中,能够生成意图的组件包括Conversation组件(通过前端传入的文字产生合适的意图)、Alexa组件(与Amazon的Alexa echo通信以获得意图)、Snips组件(使用Snips软件获得意图)。

在Home Assistant中,能够执行意图的组件包括Intent_script组件(根据配置文件中的内容决定接收不同意图后的动作内容与返回)、Shopping _ list 组件(接收 HassShoppingListAddItem 和 HassShoppingListLastItems 两个意图,对应执行往购物车中增加商品或者列出所有商品的动作)。

意图执行组件在完成对应任务的执行之后,会返回信息(意图反馈信息)给意图生成组件。一般一条意图反馈信息包含以下内容:speech(希望意图生成组件以语音或文字形式反馈给用户的内容)和 card(希望意图生成组件以图形方式反馈给用户的内容)。

1) Conversation 组件

Conversation 组件是一个意图生成组件,它接收自然语言输入,匹配对应的语法规则后激发某个意图。

Conversation 组件所接收的文字输入可能来自 Web 前端的语音输入,也可能来自 conversation.process 服务被调用时传入的参数。

Conversation 内的语法规则可能来自配置文件中的信息,也可能是直接调用 async_register 函数生成的。

2) Intent_script 组件

Intent_script 是意图执行组件,它根据配置文件的信息,决定响应哪些类型的意图,以及做什么对应动作,返回什么意图反馈信息。

intent_script 的配置信息可以包含以下内容。

- intent_type(必填):意图类型(意图的名称)。
- action(可选):当收到意图时执行的对应动作。一般为一段脚本,其中可能包含模板。
- speech(可选):意图反馈信息中的 speech 内容。
- type(可选):speech 的类型,默认值为 plain(也可以是 ssml)。
- text(必填):speech 的文字内容,可以包含模板。
- card(可选):意图反馈信息中的 card 内容。
- type(可选):card 的类型,默认值为 simple。
- title(必填):card 的标题。
- content(必填):card 的内容。
- async_action(可选):默认值为 False,表示等待 action 执行完毕之后再返回;当值为 True 时,表示无须等待 action 执行完毕就返回。

2. 编写 voice.yaml 文件

在/home/pi/.homeassistant/packages 文件夹下新建文件 voice.yaml,代码如下:

```
conversation:
  intents:
    AboutEat:
      -".* (?:卓|越|班).* "
intent_script:
  AboutEat:
    speech:
      text:卓越班全屋智能课程
```

当命令词中出现关键词“卓”“越”“班”时，给出固定的反馈(在 text 中定义)。

保存文件，检查配置，重启服务。

3. 客户端访问设置

Home Assistant 对外提供 API 接口，客户端通过 token 认证后可以访问 Home Assistant。

(1) 在 voice_assistant 目录下执行以下命令：

```
wget https://github.com/zhujisheng/Home-Assistant-DIY/raw/master/ha_cli.py
```

获取客户端调用 API 过程的 py 程序。

(2) 在 Home Assistant 的前端页面中创建长期访问令牌，如图 6.19 所示。

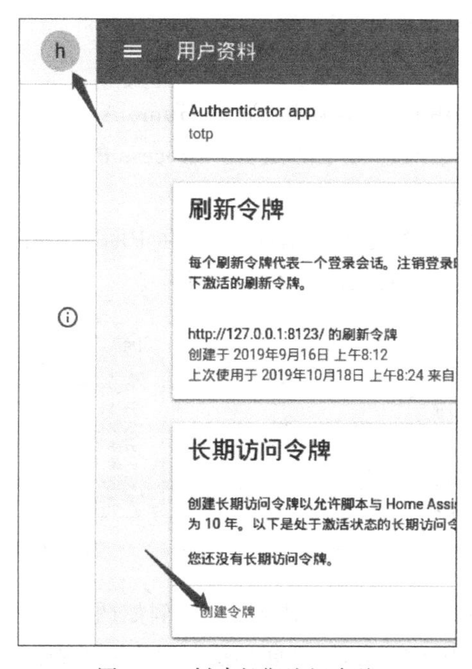

图 6.19 创建长期访问令牌

(3) 单击“创建令牌”，在出现的对话框中输入文字，如 voice，单击“确定”按钮，复制生成的令牌(eyJ0eXAiOiJKV1QiLCJhbGciOiJIUzI1NiJ9.eyJpc3MiOiJh…)，如图 6.20 所示。

图 6.20 生成的长期访问令牌

4. 修改 voice_assistant.py 程序

步骤如下：

(1) 在第一行下添加命令 from ha_cli import ha_cli，导入 ha_cli 类。

(2) 再添加命令 ha_token='图 6.20 中生成的长期访问令牌'，添加访问令牌。

(3) 在图 6.18 的第 11 行命令 r = sr.Recognizer()的下面添加命令 ha = ha_cli(token=ha_token)，初始化 ha_cli，传入 token。

(4) 在程序最后添加如下代码：

```
try:
    speech =ha.process(result)
    if speech =="Sorry, I didn't understand that":
    ha.speak(speech, tts='google_say')
except Exception as e:
    print("与 HomeAssistant 通信失败:{0}".format(e))
    continue
```

在语音识别结束后，调用 process 函数，通过 Home Assistant 的 API 调用 Conversation 组件，并触发 Intent_script 中对应命令的执行。process 的返回值也就是需要播放的文字，调用 ha_cli 的 speak 进行播放。

然后编写异常捕获代码。发生异常情况时，不会中断程序的正常运行，如图 6.21 所示。

(5) 运行程序，监听和识别的过程如图 6.22 所示。

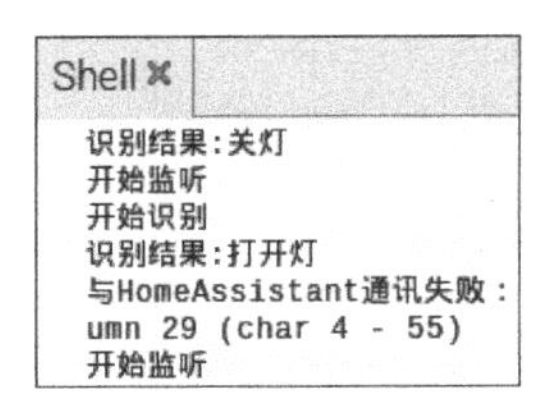

图 6.21 异常捕获

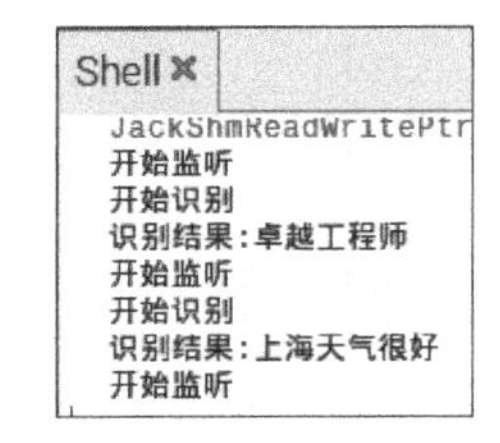

图 6.22 监听和识别的过程

如果识别到 Conversation 中定义的语音命令，例如图 6.22 中的“卓越工程师”，其中包含了在 voice.yaml 文件中设定的关键词“卓”“越”“班”中的两个(至少一个)，就用语音播报在 voice.yaml 文件的 text 中设置的“卓越班全屋智能课程”。如果遇到没有定义的语音命令，例如图 6.22 中的“上海天气很好”，就用语音播报在 voice_assistant.py 程序中设定的英文“Sorry, I didn't understand that”。

(6) 将 speech = ha.process(result)下的代码修改为

```
if speech =="Sorry, I didn't understand that":
    speech =result +"? 我实在不明白你在说什么"
    ha.note(message=result)
ha.speak(speech, tts='google_say')
```

将语音播报内容改成 result(本例中是“上海天气很好”)、问号和“我实在不明白你在说什么”，并在 Home Assistant 前端以通知的方式显示 result 对应的文本，如图 6.23 所示。

整个程序的架构如图 6.24 所示。

5. 百度 tts

在 2.4.1 节中使用了百度 tts，在智能音箱中也可以使用它代替默认的 Google tts，可以

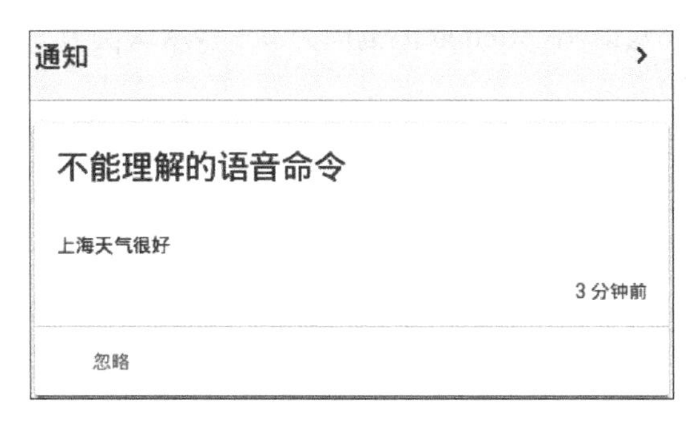

图 6.23　以通知的方式显示文本

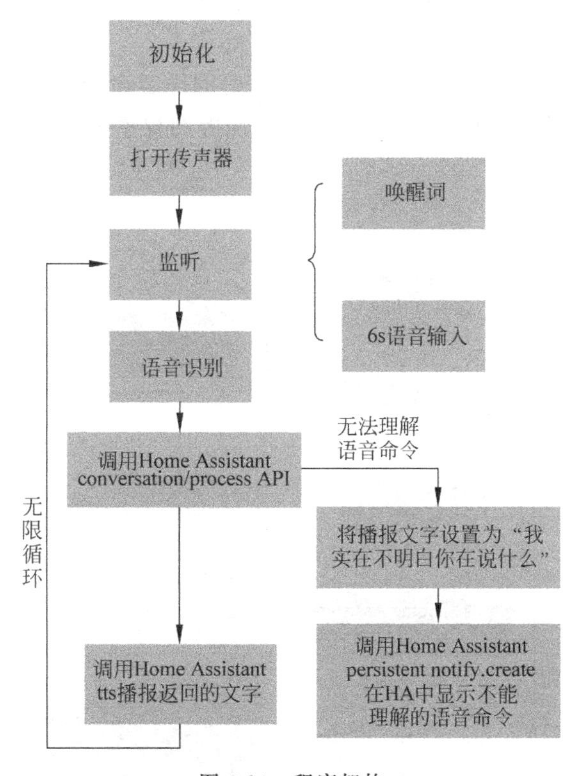

图 6.24　程序架构

将声音设置为不同的语音、语调等。

(1) 修改 configuration.yaml 文件：

```
tts:
  -platform: baidu
   app_id: 9931748
   api_key: v8F8gdImFAxLzNjEaS2IkGPo
   secret_key: 0XpIXObdI7f4bBaa962rXFvE7ROaoeGs
   person: 4
```

person 的值可以设置为 0、1、3、4，默认值为 0；此外，还可以添加选项语速(speed，取值范围为 0～9，默认值为 5）、语调（pitch 取值范围为 0～9，默认值为 5）、音量（volume，取值范围为 0～15，默认值为 5）。

（2）保存文件，检查配置，重启服务。

（3）修改 voice_assistant.py 程序。将代码 ha.speak(speech, tts='google_say')修改为 ha.speak(speech, tts='baidu_say')。

（4）运行程序。

6.1.6 图灵机器人

在程序 voice.yaml 中，通过定义关键词“卓”“越”“班”以及“text：卓越班全屋智能课程”来进行应答。采用这种逐条定义的方式，目的是让各种可能输入的指令都得到满意的应答，工作量十分巨大，是一个几乎不可能完成的任务。

解决方法是，当遇到 Home Assistant 不能理解的语音命令时，通过调用 Internet 上开放的服务，如图灵机器人，来获得应答。调用开放服务的程序架构如图 6.25 所示。

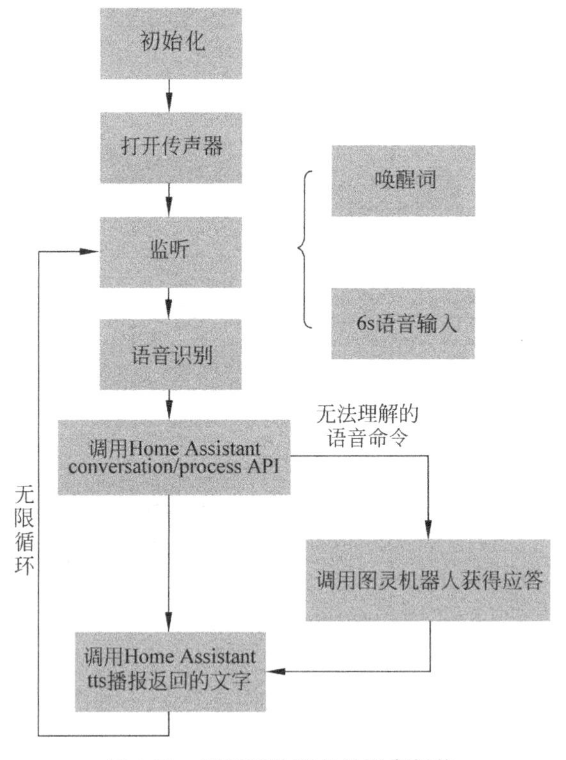

图 6.25 调用开放服务的程序架构

艾伦·图灵是英国数学家、逻辑学家，被誉为“计算机科学之父”和“人工智能之父”。1936 年，艾伦·图灵提出图灵机的设想，为计算机发展奠定了理论和思想基础。1950 年，艾伦·图灵发表论文《机器能思考吗》，提出一种用于判定机器是否具有智能的测试方法，即著名的图灵测试。

2014 年，一群对人工智能充满热情的年轻人发布了图灵机器人，以此向人工智能先驱艾伦·图灵致敬。

1. 注册图灵机器人

访问图灵 API 官网 www.turingapi.com 进行注册。登录后创建图灵机器人,记录用户 ID 和 apikey,如图 6.26 所示。注意,不要打开“密钥”选项,否则运行后续 Python 程序时,会出现语音提示“加密方式错误”。

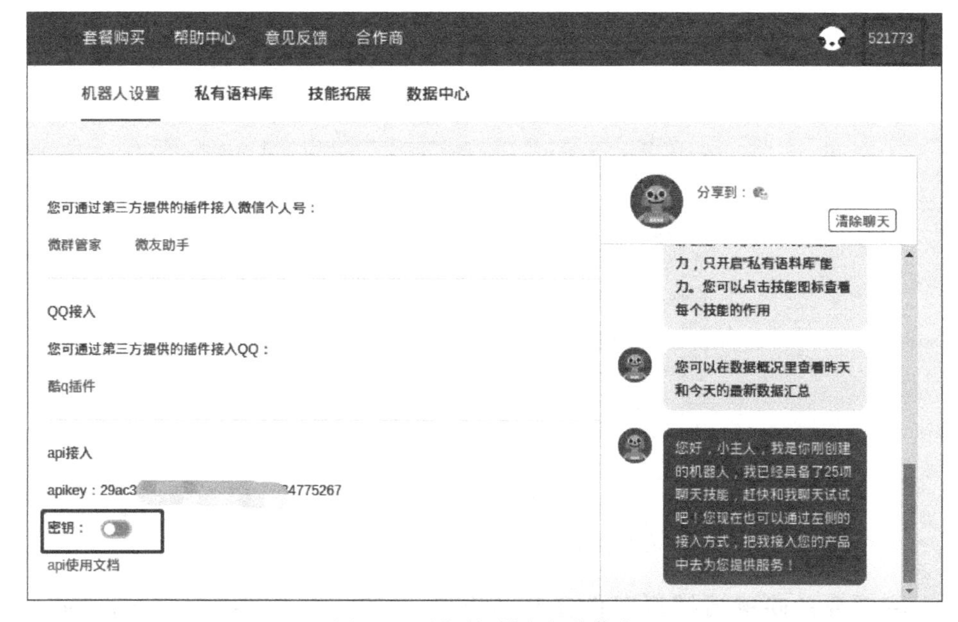

图 6.26　图灵机器人相关信息

2. 获得访问图灵 API 的 Python 代码

在 voice_assistant 下执行命令 wget https://github.com/zhujisheng/Home-Assistant-DIY/raw/master/ais_cli.py,获得 Python 文件。

3. 修改 voice_assistant.py 文件

步骤如下:

(1) 在第二行代码下添加代码 from ais_cli import tuling123,引入 ais_cli 库中的 tuling123 类。

(2) 将上面记录的用户 ID 和 apikey 添加到代码中:

```
tuling_user_id = '521773'
tuling_api_key = '29ac3dbde10a4da79e10177734775267'
```

(3) 初始化图灵机器人。在 ha = ha_cli(token=ha_token)下添加代码:

```
tuling = tuling123(user_id=tuling_user_id, api_key=tuling_api_key)
```

(4) 改写遇到不能处理的语音命令时进行处理的代码。将代码“speech = result + "?我实在不明白你在说什么"”改写为 speech = tuling.command(result),直接调用图灵机器人的 command 函数获得返回值。

(5) 运行程序。当检测到“卓”“越”“班”3 个字中的任何一个时,调用 Home Assistant 的 voice.yaml 中的应答;当检测到其他语音时,调用图灵机器人进行应答。

6.1.7 自定义唤醒词

以上程序中都使用 snowboy 这个唤醒词，本节介绍如何给智能音箱设置自定义唤醒词。

1. 设置多个唤醒词

在 snowboy/resources/models 目录下，存在多个已经训练好的唤醒词模型文件，如图 6.27 所示。

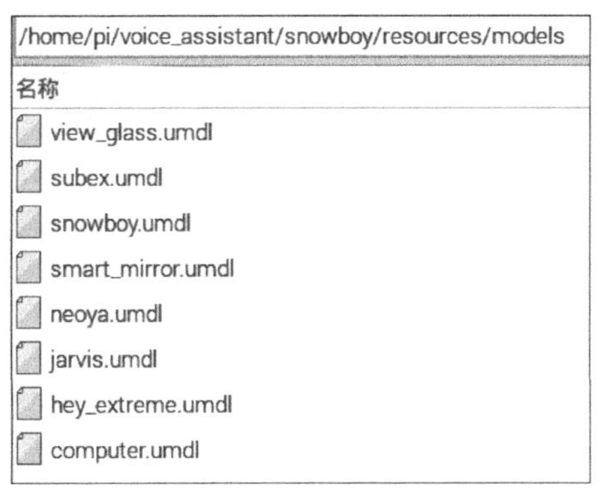

图 6.27 已经训练好的唤醒词模型文件

(1) 将需要的唤醒词模型文件复制到/home/pi/voice_assistant/sboy/models 文件夹中。

(2) 修改 voice_assistant.py 程序。

在原代码 snowboy_models = ['/home/pi/voice_assistant/sboy/models/snowboy.umdl']中添加需要的模型文件名，例如：

```
snowboy_models = ['/home/pi/voice_assistant/sboy/models/snowboy.umdl',
                  '/home/pi/voice_assistant/sboy/models/smart_mirror.umdl']
```

(3) 运行程序，当出现“开始监听”时，通过唤醒词 smart mirror 或 snowboy 中的任何一个均可实现 6.1.6 节的功能。

2. 制作个性化唤醒词

在 voice_assistant 文件夹下新建 tmp 文件夹，在这个文件夹中实现个性化唤醒词的制作。

(1) 在 tmp 文件夹下执行命令 sudo apt-get install sox，安装录制与播放声音的工具软件 sox。

(2) 执行命令 rec -r 16000 -c 1 -b 16 -e signed-integer 1.wav，录制唤醒词，如“电娃”，录制完成后按 Ctrl+C 键退出录制。录制唤醒词的过程如图 6.28 所示。

(3) 分别执行命令 rec -r 16000 -c 1 -b 16 -e signed-integer 2.wav 和 rec -r 16000 -c 1 -b 16 -e signed-integer 3.wav，再次录制唤醒词“电娃”，并将它们存放在不同的文件中。

(4) 访问 snowboy 官网的链接 http://docs.kitt.ai/snowboy/#restful-api-calls，其中有 snowboy 训练唤醒词模型的 Python 程序 training_service.py，如图 6.29 所示。

```
pi@raspberrypi:~/voice_assistant/tmp $ rec -r 16000 -c 1 -b 16 -e signed-integer 1.wav
rec WARN alsa: can't encode 0-bit Unknown or not applicable
rec WARN formats: can't set 1 channels; using 2

Input File     : 'default' (alsa)
Channels       : 2
Sample Rate    : 16000
Precision      : 16-bit
Sample Encoding: 16-bit Signed Integer PCM

In:0.00% 00:00:03.58 [00:00:00.00] Out:53.2k [   ===|===   ]        Clip:0    ^C
Aborted.
pi@raspberrypi:~/voice_assistant/tmp $
```

图 6.28　录制唤醒词

The following is a sample call script using Python. Save the file as `training_service.py`:

```
1   import sys
2   import base64
3   import requests
4
5
6   def get_wave(fname):
7       with open(fname) as infile:
8           return base64.b64encode(infile.read())
9
10
11  endpoint = "https://snowboy.kitt.ai/api/v1/train/"
```

图 6.29　训练唤醒词模型的 Python 程序

(5) 复制全部代码,在 tmp 文件夹中新建文件 training_service.py,将复制的代码粘贴到该文件中。需要修改其中的部分代码,如图 6.30 所示。

```
14  ############# MODIFY THE FOLLOWING #############
15  token = ""
16  hotword_name = "???"
17  language = "en"
18  age_group = "20_29"
19  gender = "M"
20  microphone = "macbook microphone"
21  ############### END OF MODIFY ##################
```

图 6.30　要修改的代码

(6) 在 snowboy 官网 https://snowboy.kitt.ai/上进行注册,获取 token 和免费使用次数,如图 6.31 所示。

Your API token:　542bd65647e1db70c15a2e994657b5e2ff23ed3a

You have used 0/1000 of your monthly quota.

图 6.31　token 和免费使用次数

(7) 修改 training_service.py 程序在图 6.30 中所示的部分代码:

```
token = "542bd65647e1db70c15a2e994657b5e2ff23ed3a"
hotword_name = "dianwa"
language = "zh"
```

```
age_group ="20_29"
gender ="M"
microphone ="2-Mics Pi"
```

在 hotword_name 中输入唤醒词对应的自定义模板文件名称，将 language 修改为 zh（中文），在 microphone 中输入对应的麦克风名称。

(8) 生成模型文件。在 tmp 文件夹中执行命令 python2 training_service.py 1.wav 2.wav 3.wav dianwa.umdl，生成模型文件 dianwa.umdl。

snowboy 官网中的 training_service.py 是通过 Python 2 编写的，只能在 Python 2 环境下运行；3 个 wav 文件是前面录制的 3 个唤醒词音频文件；生成的模型文件 dianwa.umdl 的名称是用户定义的，与 training_service.py 程序中的 hotword_name = "dianwa"对应。

(9) 将制作好的模型文件复制到/home/pi/voice_assistant/sboy/models 中。

(10) 修改 voice_assistant.py 文件内容为

```
snowboy_models = ['/home/pi/voice_assistant/sboy/models/snowboy.umdl',
                  '/home/pi/voice_assistant/sboy/models/dianwa.umdl']
```

添加唤醒词“电娃”对应的模型文件 dianwa.umdl。

(11) 修改唤醒词敏感度。

相对于 snowboy 提供的唤醒词，用户自己训练的唤醒词由于样本量比较少，非常容易被触发，需要修正 speech_recognition 库中唤醒词的敏感度。

执行命令 sudo nano /usr/local/lib/python3.7/dist-packages/speech_recognition/__init__.py，在出现的窗口中按 Ctrl+W 键，进入搜索状态，输入关键词 SetSen，如图 6.32 所示。

图 6.32 搜索关键词

按回车键启动搜索。在搜索到的代码中，将敏感度改为 0.45，如图 6.33 所示。

修改后，按 Ctrl+O 键将修改内容写入文件，然后按 Ctrl+X 键退出搜索状态。

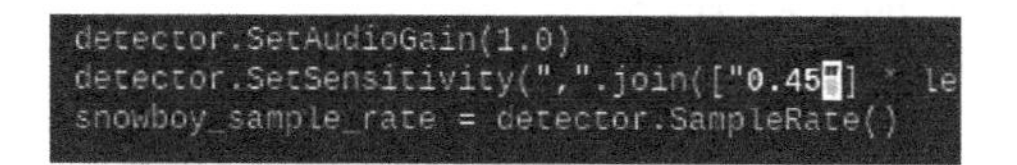

图 6.33　修改敏感度

(12) 运行程序,在出现文字“开始监听”后,当程序听到唤醒词“电娃”时触发识别。

敏感度的值可以根据实际运行情况进行调整,在不太容易被唤醒时将该值调大些,而在比较容易被误唤醒时将该值调小些。

6.2　MagicMirror 在 Home Assistant 中的实现

MagicMirror 是一个开源模块化的智能映像平台,它曾经被树莓派官方杂志票选为最有趣的 50 个树莓派项目之首。

6.2.1　MagicMirror 安装

1. 安装 10.x 版(最新)的 nodejs

步骤如下:

(1) 执行命令 curl -sL https://deb.nodesource.com/setup_10.x | sudo -E bash -。

(2) 执行命令 sudo apt-get install -y nodejs。

(3) 安装结束后,输入命令 node -v,检查版本信息。如果结果如图 6.34 所示,说明正确安装了 nodejs 10.x 和 npm。

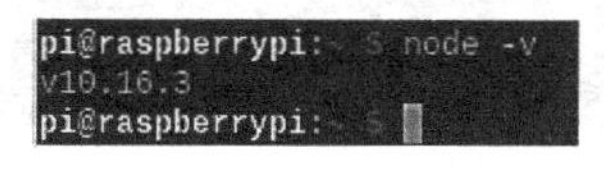

图 6.34　正确安装的信息

2. 克隆 github MagicMirror 项目

执行命令 git clone https://github.com/MichMich/MagicMirror,克隆 MagicMirror 项目。

3. 安装并启动项目

进入/home/pi/MagicMirror 文件夹,执行命令 npm install && npm start,经过较长时间的安装后,结果如图 6.35 所示。

看到这个页面,说明已成功安装 MagicMirror。根据图 6.35 中的提示,创建一个 config 文件,它类似于 Home Assistant 的配置文件。

4. 创建配置文件 config.js

步骤如下:

(1) 按 Ctrl+Q 键退出图 6.35 所示的页面,进入 config 文件夹中,执行命令 mv config.js.sample config.js,将 config.js.sample 改名为 config.js,如图 6.36 所示。

(2) 返回 MagicMirror 文件夹,执行命令 npm start。如果看到如图 6.37 所示的画面,说明 MagicMirror 成功启动。

(3) 按 Ctrl+M 键最小化页面,打开配置文件 config.js,可以看到默认安装了日历、当前天气、天气预报等模块，如图 6.38 所示。

图 6.35　成功安装后的界面

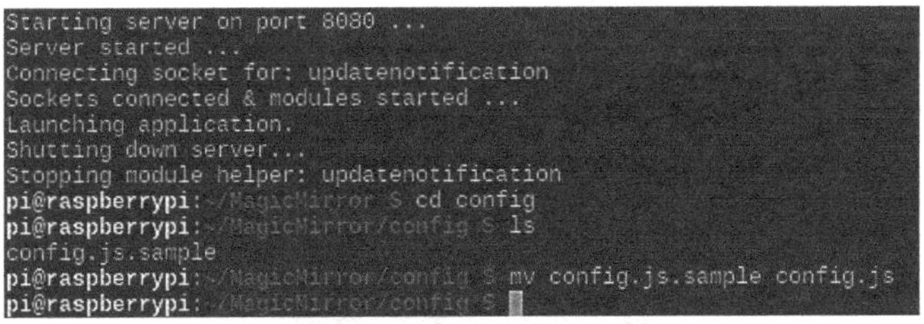

```
Starting server on port 8080 ...
Server started ...
Connecting socket for: updatenotification
Sockets connected & modules started ...
Launching application.
Shutting down server...
Stopping module helper: updatenotification
pi@raspberrypi:~/MagicMirror $ cd config
pi@raspberrypi:~/MagicMirror/config $ ls
config.js.sample
pi@raspberrypi:~/MagicMirror/config $ mv config.js.sample config.js
pi@raspberrypi:~/MagicMirror/config $ 
```

图 6.36　生成配置文件 config.js

图 6.37　成功启动 MagicMirror

```
56    {
57      module: "currentweather",
58      position: "top_right",
59      config: {
60        location: "New York",
61        locationID: "", //ID from http://bulk
62        appid: "YOUR_OPENWEATHER_API_KEY"
63      }
64    },
65    {
66      module: "weatherforecast",
67      position: "top_right",
68      header: "Weather Forecast",
69      config: {
70        location: "New York",
71        locationID: "5128581", //ID from http
72        appid: "YOUR_OPENWEATHER_API_KEY"
73      }
74    },
```

图 6.38　配置文件内容

6.2.2　天气组件 Open Weather 的配置与安装

在 config.js 的当前天气和天气预报模块中，填入自己所在城市的 ID 以及对应的 API key，就可以在 MagicMirror 上显示个性化的相关信息。天气组件 Open Weather 的配置与安装步骤如下。

1. 注册 Open Weather

(1) 访问网站 https://openweathermap.org，注册用户，获取 API key(在配置文件中称为 appid)。

(2) 访问网站 http://bulk.openweathermap.org/sample/city.list.json.gz，下载后找到所在城市的 ID(locationID)，上海为 1796236。

(3) 将上述内容填写到配置文件中，如图 6.39 所示。

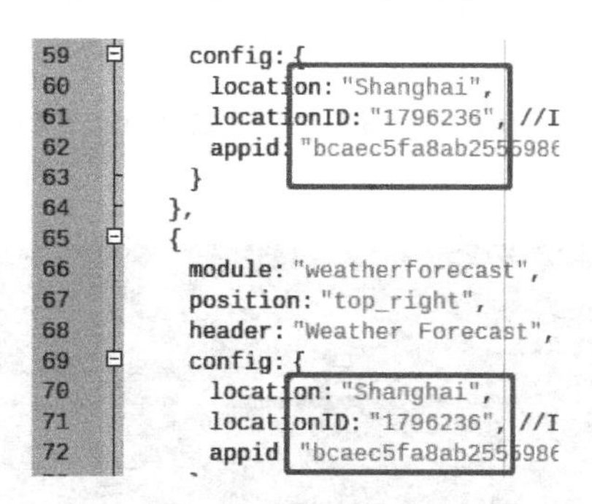

图 6.39　修改配置文件内容

(4) 保存文件，切换到 MagicMirror 界面，按 Ctrl+R 键刷新页面，结果如图 6.40 所示。

(5) 按 Ctrl+Q 键退出 MagicMirror，如果出现如图 6.41 所示的内容，表示 npm 的版本需要更新。执行命令 sudo npm install npm -g 对 npm 进行更新，然后可以输入命令 npm -v 查看版本信息。

2. 修改显示文字为中文

打开配置文件 config.js，修改如下。

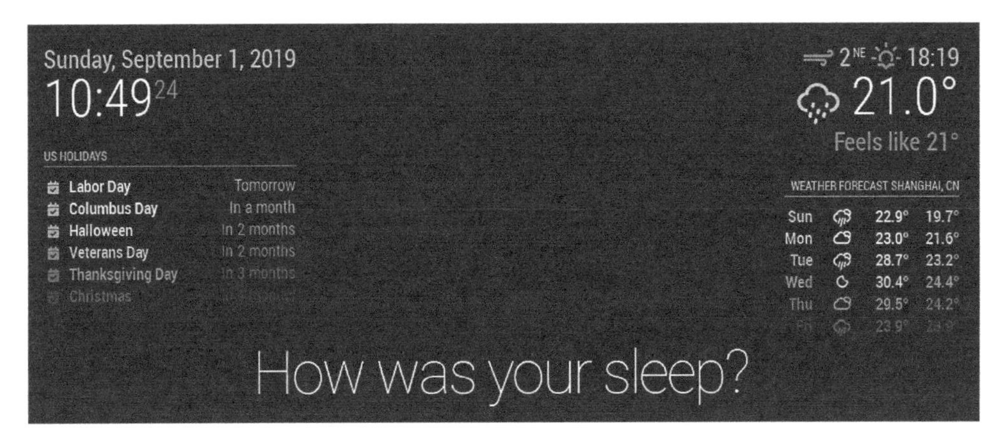

图 6.40　显示上海本地天气和天气预报信息

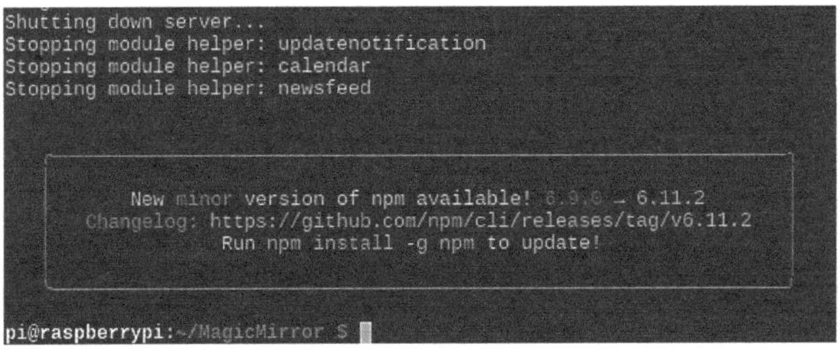

```
Shutting down server...
Stopping module helper: updatenotification
Stopping module helper: calendar
Stopping module helper: newsfeed

        New minor version of npm available! 6.9.0 → 6.11.2
    Changelog: https://github.com/npm/cli/releases/tag/v6.11.2
               Run npm install -g npm to update!

pi@raspberrypi:~/MagicMirror $
```

图 6.41　npm 更新信息

(1) 将语言设置为中文。将第 24 行代码 language："en" 改为 language："zh-cn"。

(2) 更改要显示的提示信息。将第 68 行代码 header："Weather Forecast" 改为 header："天气预报"。

(3) 保存文件，在 MagicMirror 文件夹下执行命令 npm start，重启 npm，效果如图 6.42 所示。

图 6.42　显示中文信息

6.2.3 第三方组件 Weekly Schedule 的配置与安装

npm 是 JavaScript 的包管理工具，也是 nodejs 平台默认的包管理工具，通过 npm 可以安装、分享、分发代码以及管理项目依赖关系。

npm 所有的安装依赖项都会参考 MagicMirror 文件夹下的 package.json 文件，当使用 npm install 命令安装的时候，它会自动根据这个依赖文件找到对应的安装依赖项。package.json 文件中的相关内容如图 6.43 所示。

```
58  "dependencies":{
59    "colors":"^1.1.2",
60    "electron":"^3.0.13",
61    "express":"^4.16.2",
62    "express-ipfilter":"^1.0.1",
63    "feedme":"latest",
64    "helmet":"^3.9.0",
65    "iconv-lite":"latest",
66    "moment":"latest",
67    "request":"^2.88.0",
68    "rrule":"^2.6.2",
69    "rrule-alt":"^2.2.8",
70    "simple-git":"^1.85.0",
71    "socket.io":"^2.1.1",
72    "valid-url":"latest"
73  }
```

图 6.43　安装依赖项

MagicMirror 所有的组件都安装在 modules 文件夹下，事先已经安装好的时间等默认组件在它的 default 文件夹下。通过 MagicMirror 的第三方库可以找到自己想安装的组件并进行配置。

1. 查找 MMM-WeeklySchedule 组件

步骤如下：

(1) 在官方 github 网站 https://github.com/MichMich/MagicMirror，可以看到第三方库的链接，如图 6.44 所示。

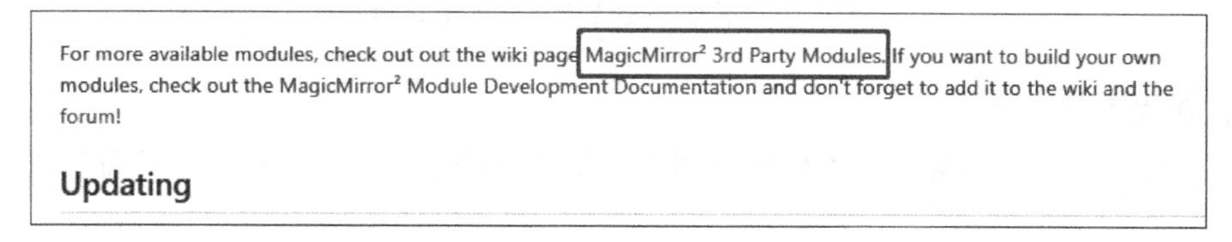

图 6.44　MagicMirror 第三方库的链接

(2) 单击链接，可以看到第三方库的分类，如图 6.45 所示。

(3) 单击 News / Religion / Information 分类，找到 MMM-WeeklySchedule 组件(该组件可以显示一周的时间表)，单击进入详细页面(https://github.com/pinsdorf/MMM-WeeklySchedule)，其中有包括代码示例在内的各种资料。

2. 下载并安装 MMM-WeeklySchedule 组件

步骤如下：

(1) 进入 modules 文件夹，执行命令 git clone https://github.com/pinsdorf/MMM-WeeklySchedule.git，克隆 MagicMirror 的第三方库 MMM-WeeklySchedule。

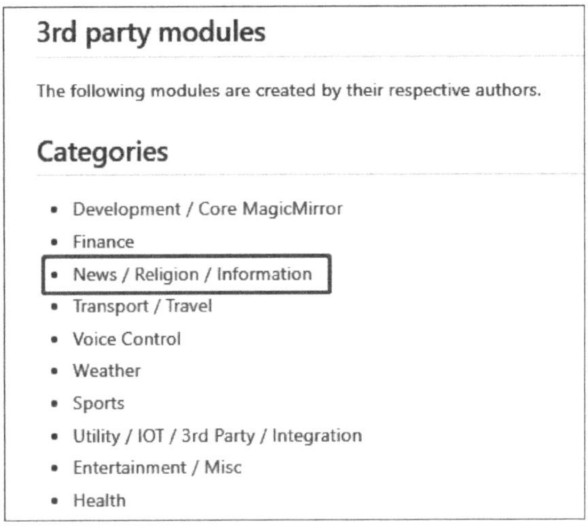

3rd party modules

The following modules are created by their respective authors.

Categories

- Development / Core MagicMirror
- Finance
- News / Religion / Information
- Transport / Travel
- Voice Control
- Weather
- Sports
- Utility / IOT / 3rd Party / Integration
- Entertainment / Misc
- Health

图 6.45　MagicMirror 第三方库的分类

(2) 进入 MMM-WeeklySchedule 文件夹，执行命令 npm install 进行安装。

(3) 安装完成后，返回 MagicMirror 文件夹。

整个过程如图 6.46 所示。

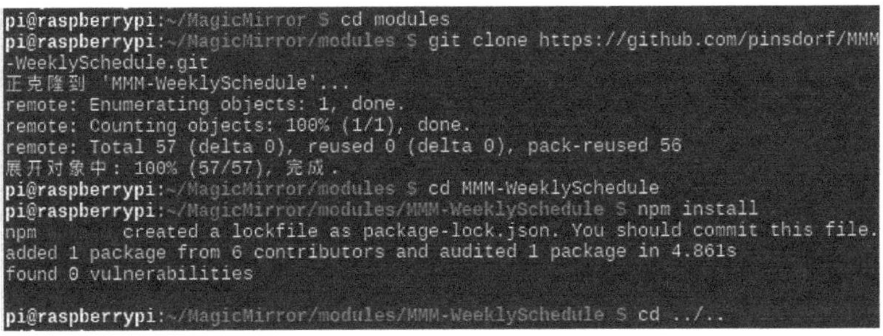

```
pi@raspberrypi:~/MagicMirror $ cd modules
pi@raspberrypi:~/MagicMirror/modules $ git clone https://github.com/pinsdorf/MMM
-WeeklySchedule.git
正克隆到 'MMM-WeeklySchedule'...
remote: Enumerating objects: 1, done.
remote: Counting objects: 100% (1/1), done.
remote: Total 57 (delta 0), reused 0 (delta 0), pack-reused 56
展开对象中: 100% (57/57), 完成.
pi@raspberrypi:~/MagicMirror/modules $ cd MMM-WeeklySchedule
pi@raspberrypi:~/MagicMirror/modules/MMM-WeeklySchedule $ npm install
npm       created a lockfile as package-lock.json. You should commit this file.
added 1 package from 6 contributors and audited 1 package in 4.861s
found 0 vulnerabilities

pi@raspberrypi:~/MagicMirror/modules/MMM-WeeklySchedule $ cd ../..
```

图 6.46　下载并安装第三方库的过程

3. 修改配置文件

在 config.js 文件的两个组件代码之间添加如下代码(位置如图 6.47 中的箭头所示)：

```
{
  module: "MMM-WeeklySchedule",
  position: "top_left",
  header: "Hermione's classes",
  config: {
     schedule: {
        timeslots: [ "8:00", "10:00", "12:00", "14:00", "16:00" ],
        lessons: {
          mon: [ "Potions", "Defense against the Dark Arts", "Lunch Break",
                "Transfiguration" ],
          tue: [ "", "Astronomy", "Lunch Break", "Charms", "History of Magic" ],
          wed: [ "Arithmancy", "Divination", "Lunch Break", "Muggle Studies",
```

```
                "Herbology" ],
            thu: [ "Care of Magical Creatures", "Care of Magical Creatures",
                "Lunch Break", "Transfiguration", "Charms" ],
            fri: [ "Potions", "Herbology", "Lunch Break", "Charms", "Defense
                against the Dark Arts" ],
            // no entries for saturday
            sun: [ "", "Quidditch Match", "Sunday Lunch" ]
          }
        },
        updateInterval: 1 * 60 * 60 * 1000,
        showNextDayAfter: "16:00"
    }
},
```

4. 运行组件

执行命令 npm start,效果如图 6.48 所示。

```
65          {
66              module: "weatherforecast",
67              position: "top_right",
68              header: "天气预报",
69              config: {
70                  location: "Shanghai",
71                  locationID: "1796236",   /
72                  appid: "bcaec5fa8ab255598
73              }
74          },
75          {
76              module: "newsfeed",
```

图 6.47　添加代码的位置

图 6.48　组件效果

6.2.4 获取 Home Assistant 中的实体信息

要获取 Home Assistant 中的实体信息,需要 MMM-homeassistant-sensors 组件。具体操作步骤如下。

1. 下载并安装 MMM-homeassistant-sensors 组件

步骤如下:

(1) 进入 modules 文件夹,执行命令 git clone https://github.com/leinich/MMM-homeassistant-sensors.git,下载 MMM-homeassistant-sensors 组件。

(2) 进入 MMM-homeassistant-sensors 文件夹,执行命令 npm install,安装该组件。

2. 修改配置文件

在 config.js 文件的两个组件代码之间添加如下代码(位置参考 6.2.3 节):

```
{
    module: 'MMM-homeassistant-sensors',
    position: 'center',
    config: {
        host: "192.168.2.148",
        port: "8123",
        https: false,
        token: "YOUR_LONG_LIVED_HASS_TOKEN",
        prettyName: false,
        stripName: false,
        debuglogging: false,
        values: [{
                sensor: "automation.test",
                icons: [{
                        "default": "chip"
                        }
                    ]
                }
                ]
        }
},
```

在上面的代码中，host 为 Home Assistant 的 IP 地址（树莓派的地址），token 为 Home Assistant 的长期有效令牌（参见 6.1.5 节），sensor 为要联动的组件。

单击前端概览页面的“开发者工具”栏中的状态按钮，选择需要联动的组件，如“自动化 test”，复制其实体名称 automation.test，粘贴到 config.js 文件的 sensor 中。

3. 修改 MMM-homeassistant-sensors 组件代码

由于 MMM-homeassistant-sensors 组件的更新速度比较慢，需要进行如下修改。

打开 MagicMirror/modules/MMM-homeassistant-sensors/MMM-homeassistant-sensors.js 文件，第 14 行代码为 updateInterval：300000，它的作用是控制时间参数，单位是毫秒，默认设置为 300000（即 300s）。将其修改为 1000（即 1s）。

4. 启动 MagicMirror

进入 MagicMirror 文件夹，执行命令 npm start。Home Assistant 实体 test 的状态为 on，如图 6.49 所示。

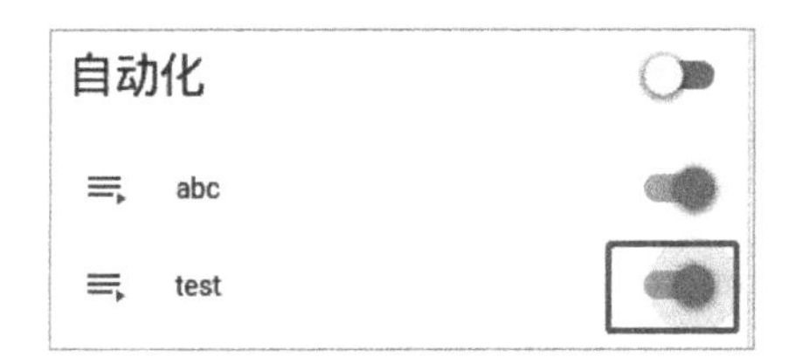

(a) Home Assistant前端显示自动化test的状态

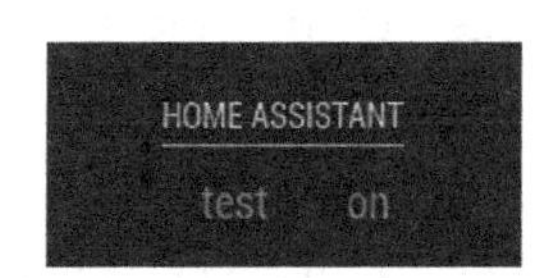

(b) 在MagicMirror中显示获取的test的状态

图 6.49　获取 Home Assistant 组件实体信息

最小化 MagicMirror 后，在前端改变实体 test 的状态为 off。切换到 MagicMirror，会立刻显示实体 test 的 off 状态。

6.2.5 与智能音箱联动

在 6.1 节中，智能音箱可以播放语音回复。本节实现将语音回复对应的文字显示在 MagicMirror 界面中的功能。

1. 下载并安装 MMM-kalliope 组件

步骤如下：

(1) 进入 MagicMirror/modules 文件夹，执行命令 git clone https://github.com/kalliope-project/MMM-kalliope.git，下载组件。

(2) 进入 MMM-kalliope 文件夹，执行命令 npm install，进行组件安装。

2. 在 config.js 文件的两个组件代码之间添加如下代码：

```
{
    module: "MMM-kalliope",
    position: "upper_third",
    config: {
        title: "魔镜"
        }
},
```

3. 修改 voice_assistant.py 文件内容

在第一行前添加一行代码：

```
import requests
```

添加以下代码：

```
headers ={'Content-Type': 'application/json',}
print("提示信息"+speech)
data ='{"notification":"KALLIOPE", "payload":"'+speech+'"}'
data =data.encode('utf-8')
response = requests.post('http://localhost:8080/kalliope', headers=headers,
data=data)
```

添加的代码所在位置如图 6.50 所示。

4. 开启两个 LX 终端运行程序

步骤如下：

(1) 在一个 LX 终端的/home/pi/voice_assistant 文件夹下执行命令 python3 voice_assistant.py，启动智能音箱。

(2) 在另一个 LX 终端的/home/pi/MagicMirror 文件夹下执行命令 npm start，启动 MagicMirror。

(3) 当智能音箱监听到唤醒词后开始识别，当识别出“卓”“越”“班”3 个字中的任何一个时，调用 Home Assistant 文件 voice.yaml 中的内容进行应答；当检测到其他词语时，调用图灵机器人进行应答。同时,MagicMirror 界面上显示应答语音对应的文字,如图 6.51 所示;LX 终端上的 MagicMirror 界面内容如图 6.52 所示;LX 终端上的 voice_assistant 界面内容如图 6.53 所示。

```
try:
  speech = ha.process(result)
  if speech == "Sorry, I didn't understand that":
    speech = tuling.command(result)
    ha.note(message=result)
  #和魔镜的通信
  headers = {'Content-Type': 'application/json',}
  print("提示信息"+speech)
  data = '{"notification":"KALLIOPE", "payload":"'+speech+'"}'
  data = data.encode('utf-8')
  response = requests.post('http://localhost:8080/kalliope', headers=headers, data=data)
  ha.speak(speech, tts='baidu_say')
except Exception as e:
  print("与HomeAssistant通讯失败:{0}".format(e))
  continue
```

图 6.50　添加的代码所在位置

(a) 检测到设定词语时的应答

上海:周一 10月21日,多云 东北风转持续无风向,最低气温17℃,最高气温24℃。

(b) 调用图灵机器人的应答

图 6.51　MagicMirror 与智能音箱互动

```
pi@raspberrypi: ~/MagicMirror
文件(F) 编辑(E) 标签(T) 帮助(H)
Create new news fetcher for url: http://www.nytimes.com/services/xml/rss
ePage.xml - Interval: 300000
卓越班全屋智能课程
上海:周一 10月21日,多云 东北风转持续无风向,最低气温17度,最高气温24℃。
如果你什么都不说,我也不知道怎么回答你呀
我可以表示无言以对啊!
最近智商有点下滑,聊的不好多多包涵。
反正不是我。
```

图 6.52　MagicMirror 界面内容

```
pi@raspberrypi: ~/voice_assistant
文件(F) 编辑(E) 标签(T) 帮助(H)
开始识别
识别结果:卓越
提示信息卓越班全屋智能课程
开始监听
开始识别
识别结果:上海天气怎么样
提示信息上海:周一 10月21日,多云 东北风转持续无风向,最低气温17℃,最高气温24℃。
开始监听
开始识别
识别结果:
提示信息如果你什么都不说,我也不知道怎么回答你呀
开始监听
开始识别
识别结果:上海电力大学如何
提示信息我可以表示无言以对啊!
开始监听
开始识别
识别结果:天上明月光
提示信息最近智商有点下滑,聊的不好多多包涵。
开始监听
开始识别
识别结果:李白是谁
提示信息反正不是我。
开始监听
```

图 6.53　voice_assistant 界面内容

6.3 思 考 题

1. 通过智能音箱控制智能设备，实现全屋智能。
2. 参考悟空机器人网站 https://wukong.hahack.com，尝试如图 6.54 所示的功能。

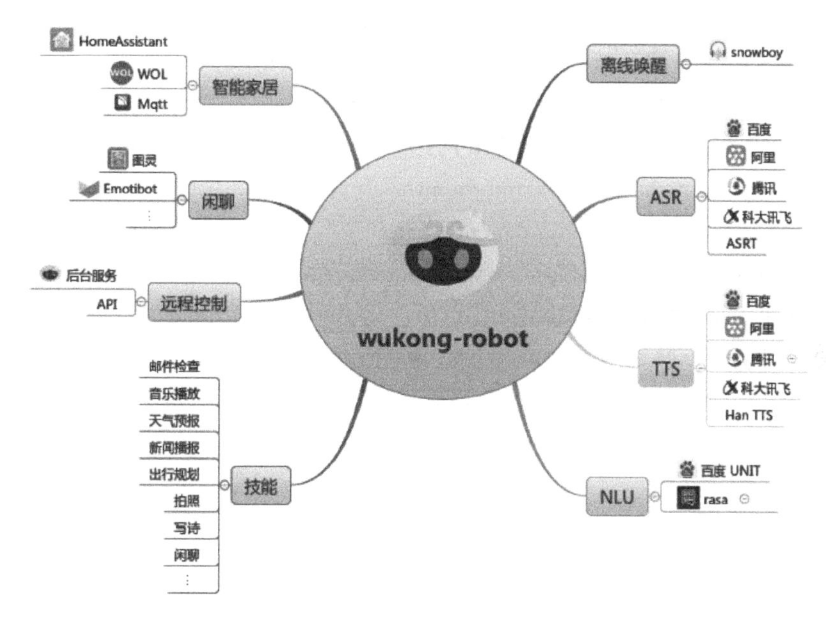

图 6.54 悟空机器人的功能

3. 结合 MagicMirror 与智能音箱，对“全屋智能”进行功能拓展。

智能家居开发的相关资源网站如下：

[1] Home Assistant 官方网站. https://www.home-assistant.io.

[2] Home Assistant 中文 GitHub 网站. https://home-assistant-china.github.io.

[3] HACHINA 官方网站. https://www.hachina.io.

[4] TensorFlow 官方网站. https://www.tensorflow.org/? hl=zh-cn.

[5] Python 官方文档. https://docs.python.org/3/library.

[6] Python 中文文档. https://docs.python.org/zh-cn/3/.

[7] 树莓派官方网站. https://www.raspberrypi.org.

[8] Home Assistant 源代码 GitHub 网站. https://github.com/home-assistant/home-assistant/tree/dev/homeassistant/components.

[9] OpenCV 官方网站. http://opencv.org.

[10] OpenCV 中文网站. http://www.opencv.org.cn/.

[11] OpenCV 源代码 GitHub 网站. http://github.com/opencv.

[12] NumPy 官方网站. https://www.numpy.org.cn/.

图书资源支持

感谢您一直以来对清华版图书的支持和爱护。为了配合本书的使用，本书提供配套的资源，有需求的读者请扫描下方的“书圈”微信公众号二维码，在图书专区下载，也可以拨打电话或发送电子邮件咨询。

如果您在使用本书的过程中遇到了什么问题，或者有相关图书出版计划，也请您发邮件告诉我们，以便我们更好地为您服务。

我们的联系方式：

地　　址：北京市海淀区双清路学研大厦 A 座 714

邮　　编：100084

电　　话：010-83470236　010-83470237

客服邮箱：2301891038@qq.com

QQ：2301891038（请写明您的单位和姓名）

资源下载：关注公众号“书圈”下载配套资源。

资源下载、样书申请

书圈

获取最新书目

观看课程直播